위상수학

이상기 지음

대구대학교출판부

ㅁ저자 소개

이상기

현재 : 대구대학교 사범대학 수학교육과 교수

저서 : 미적분학

대수 및 기하학

집합과 논리

집합기초론

일반위상수학

초판 발행 | 2010년 2월 26일

1판 2쇄 | 2017년 2월 20일

지은이 | 이상기

펴낸이 | 홍덕률

펴낸곳 | 대구대학교출판부

경북 경산시 진량읍 내리리 15

전화 053) 850-8662 | 팩스 053) 850-5669

http://press.daegu.ac.kr/

찍은곳 | 동아문화사

ISBN 978-89-7794-543-2-93410

정가 | 13,000원

책머리에

기하학과 해석학으로부터 자연스러운 방법으로 발전한 위상수학은 많은 수학 분야에서 강력한 도구일 뿐만 아니라 자연스럽고, 기하학적이며, 직관적으로 흥미를 끄는 수학적 한 분야이다. 따라서 위상수학은 그 자체로 아름다움을 가지고 있을 뿐 아니라 학생들로 하여금 분명하고 정확한 증명을 하는 기술을 향상 시키데 유력한 과목이다.

본서는 Topology에 관심을 갖고 있는 대학생들을 위한 입문서라 할 수 있다. 따라서 쉽고 직관적으로 이론을 전개하였으며, 수학에 관한 어느 정도의 지식만 갖추었다면 충분히 이해할 수 있도록 개념과 정의를 자세하게 설명하였다. 해석학분야의 기본 지식은 몇 가지 개념에 대한 동기를 이해하는 데 필요하고, 대수학분야의 기초적인 군 이론에 대한 지식은 기본군의 이해에 대하여 필요하다. 본서는 특히 독자를 염두에 두고 썼으며, 증명은 그 주제를 쉽게 이해하도록 하였으며, 표시법은 분명하고 직관적으로 전개하였다. 난이도가 다양한 연습문제를 각 절 끝에 수록하였다.

1장에서는 위상수학의 이론 전개에 꼭 필요한 집합에 관한 주제를 다루고 2장과 3장에서는 위상공간의 개념 즉, 개집합과 연속함수, 기저, 극한점 및 내점과 같은 개념들이 소개된다. 부분공간, 곱공간과 상공간에 대한 절은 역시 핵심적인 자료이다. 4장에서는 거리공간의 개념 및 거리 위상을 다루고 5장에서는 분리에 관한 개념 및 분리공간들이 소개된다. 6장에서는 연결성의 개념이 소개된다. 연결성은 위상수학의 직관적 이해에 바탕을 둔 입문과정에 속한다. 따라서 연결성의 개념을 이용하여 우리에게 중간값정리, 고정점정리 등을 매우 간단하게 증명할 수 있도록 소개한다. 7장에서 소개되는 컴팩트공간은 위상수학에서 대단히 중요한 공간이다. 이어서 심화 과정으로 8장에서는 함수공간을 소개하고 9장에서는 대수학의 기본이론을 바탕으로 기본군을 소개하였다.

앞으로 보다 위상수학의 성숙한 입문서가 될 수 있도록 여러분들의 기탄없는 충고와 관심이 있기를 기대하며, 본서를 출판할 수 있도록 배려해주신 대구대학교출판부에 심심한 사의를 표하는 바이다.

2010년 2월　저자

차 례

제1부

제2부

제3부

제1부

제 1 장 집 합

§1.1 논 리

명제(proposition)란 참(true)과 거짓(false)의 판단이 가능한 서술문(statement)을 의미한다. 명제의 참, 거짓을 그 명제의 진리값(truth value)이라 하고 참인 경우 T로, 거짓인 경우 F로 나타낸다. 명제는 보통 소문자 $p, q, r, \cdots$ 등으로 나타낸다. 명제는 몇 개의 명제들의 합성으로 이루어지기도 한다.

정의 1.1.1 두 명제 p, q를 "그리고"(and)라는 연결자를 이용하여 합성할 수 있다. 이것을 두 명제 p, q의 **합접**(conjunction)이라 하고 $p \wedge q$로 나타낸다. 이 합성명제 $p \wedge q$의 진리값은 다음의 **진리표**(truth table)에 의하여 정의된다.

p	q	$p \wedge q$
T	T	T
T	F	F
F	T	F
F	F	F

정의 1.1.2 두 명제 p, q를 "혹은"(or)으로 합성할 수 있다. 이것을 두 명제 p, q의 **이접**(disjunction)이라 하고 $p \vee q$로 나타낸다. 이 합성명제 $p \vee q$의 진리값은 다음의 진리표에 의하여 정의된다.

p	q	$p \vee q$
T	T	T
T	F	T
F	T	T
F	F	F

정의 1.1.3 한 명제 p를 "부정"(not)으로 합성할 수 있고 이것을 명제 p의 **부정**(negation)이라 한다. 이 명제를 $\sim p$로 나타내고 그 진리값은 다음의 진리표에 의하여 정의된다.

p	$\sim p$
T	F
F	T

정의 1.1.4 "만일 p이면 q이다." 라는 형태의 합성명제를 **조건문**(conditional statement)라고 하고 $p \to q$로 나타낸다. 이 합성명제의 진리값은 다음 표에 의하여 정의된다.

p	q	$p \to q$
T	T	T
T	F	F
F	T	T
F	F	T

정의 1.1.5 명제 p, q에 대하여 $p \leftrightarrow q$로 나타내는 합성명제를 **쌍조건문**(biconditional statement)이라 하고 그 진리값은 다음표와 같다.

p	q	$p \leftrightarrow q$
T	T	T
T	F	F
F	T	F
F	F	T

$p \leftrightarrow q$의 진리값은 $(p \rightarrow q) \wedge (q \rightarrow p)$의 진리값과 각 논리적 가능성에 대하여 같음을 알 수 있다.

정의 1.1.6 명제 $p, q, \cdots$ 들의 합성명제 P가 **항진명제**(tautology)라 함은 명제 P의 진리값이 $p, q, \cdots$ 들의 진리값에 관계없이 항상 참(true)일때를 의미한다.

정의 1.1.7 단순명제 혹은 복합명제 P, Q에 대하여 조건문 $P \rightarrow Q$가 항진명제일 때 이것은 **함의**(implication)라 하고 $P \Rightarrow Q$와 같이 나타낸다.

정의 1.1.8 쌍조건문 $P \leftrightarrow Q$가 항진명제 일 때 이를 **동치**(equivalence)라 하고 $P \Leftrightarrow Q$로 나타낸다.

정의 1.1.9 항진명제에 반하여 모든 논리적 가능성의 각 경우마다 그 논리값이 항상 거짓인 명제를 **모순명제**(contradiction)라고 한다.

연습 문제 1.1

1. 다음에서 명제를 골라내고 그 진리값을 말하여라.
   (1) 바람이 분다.
   (2) $x+5=8$ 일때, $x=3$ 이다.
   (3) 아리스로텔레스는 평발이었다.
   (4) 사회주의는 그르다.
   (5) 이건희씨는 우리나라에서 제일 가는 부자이다.
   (6) 안전띠를 매시오.

2. 다음 명제들의 진리표를 만들어라.
   (1) $\sim(\sim p)$
   (2) $p \wedge p$
   (3) $\sim[p \wedge (\sim q)]$
   (4) $p \wedge (\sim q)$
   (5) $(p \wedge q) \wedge (\sim p)$
   (6) $\sim(p \wedge q)$
   (7) $(\sim q) \rightarrow (\sim p)$
   (8) $p \leftrightarrow q$
   (9) $(p \vee q) \wedge (p \vee r)$
   (10) $p \vee (q \wedge r)$

3. 다음을 증명하여라.
   (1) $p \vee t \Leftrightarrow t$
   (2) $p \wedge c \Leftrightarrow c$
   (3) $(p \rightarrow q) \Rightarrow (p \vee r) \rightarrow (q \vee r)$

   단, 여기서 t는 항진명제, c는 모순명제이다.

§1.2 집 합

집합을 문자로 나타내기 위하여 대문자 $X, Y, A, \cdots$ 를 쓰고 집합에 속하는 대상을 나타내기 위하여 소문자 $a, x, y, \cdots$ 를 사용한다. X가 한 집합이고 a가 X에 속하는 대상이면 'a는 X의 원소(element)' 또는 a는 X에 속한다(a belong to X)라고 하고 $a \in X$로 쓴다. a가 X에 속하지 않으면, $a \notin X$로 쓴다.

두 집합 X, Y가 똑같은 대상들로 이루어져 있을 때 X와 Y는 같은 집합이라 하고 $X = Y$로 쓴다.

집합 X의 모든 원소가 역시 Y의 원소일 때 X를 Y의 부분집합(subset)이라고 하고 $X \subset Y$로 쓴다. $X \subset Y$이고 $X \neq Y$일때 X는 Y의 진부분집합(proper subset)이라 한다.

원소가 없는 집합을 공집합(empty set)이라 하고 기호로 $\varnothing$를 사용한다.

집합을 표시하는 방법은 두 가지가 있다. 하나의 방법은 그 집합의 원소를 나열하는 원소나열법(tabular form)이다. 두 번째 방법은, 속하는 원소의 조건을 제시하여 표시하는 조건제시법(set-builder form)이다. 예를들면 X가 a, b, c를 원소로 갖는 집합이라면 원소나열법으로 $X = \{a, b, c\}$로 나타낸다. 집합 X가 4보다 큰 자연수들의 집합일 때 조건제시법으로 $X = \{n \in \mathrm{N} \mid n > 4\}$로 나타낸다. 여기서 $X = \{n \in \mathrm{N} \mid n > 4\} = \{5, 6, 7, \cdots\}$임을 알 수 있다.

고려하는 모든 집합을 포함하는 집합을 전체집합(universal set)이라 부른다.

우리는 주어진 집합들로부터 새로운 집합을 만들 수 있다.

정의 1.2.1 X 또는 Y에 속하는 모든 원소의 집합을 X와 Y의 **합집합**(union)이라 하고 $X \cup Y$로 쓴다. 즉,

$$X \cup Y = \{x \mid x \in X \text{ 또는 } x \in Y\}$$

X와 Y에 동시에 속하는 모든 원소들의 집합을 X와 Y의 **교집합**(intersection)이라 하고 $X \cap Y$로 쓴다. 즉,

$$X \cap Y = \{x \mid x \in X \text{ 이고 } x \in Y\}$$

X에 속하지만 Y에 속하지 않는 모든 원소의 집합을 X에 관한 Y의 여집합(complement of Y relative to X)이라 하고 $X-Y$로 쓴다. 즉,

$$X-Y = \{x \mid x \in X \text{ 이고 } x \notin Y\}$$

전체집합에 관한 A의 여집합을 A의 여집합이라 하고 A^C로 쓴다. 즉,

$$A^C = \{x \mid x \notin A\}$$

[그림 1.2.1]은 합집합, 교집합, 여집합을 그림으로 설명해준다.

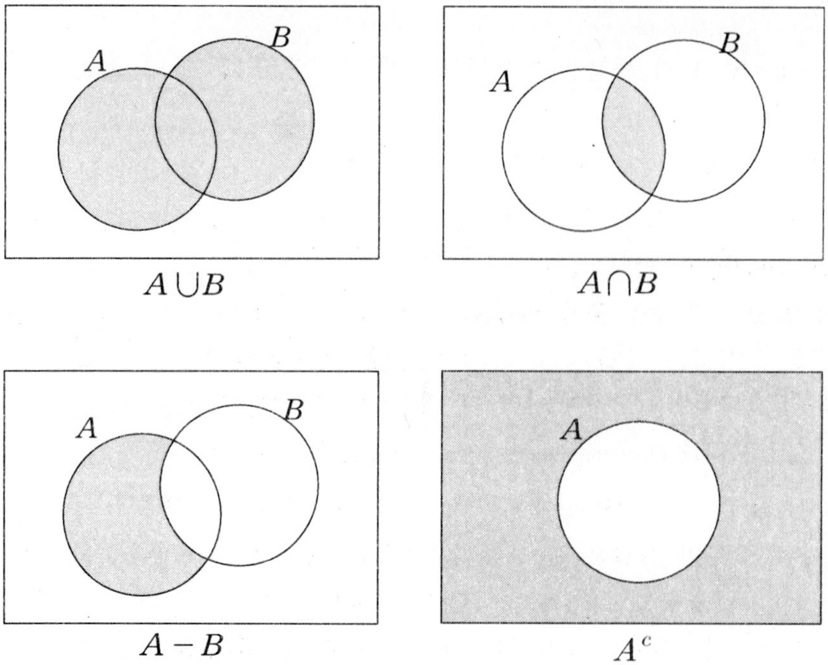

[그림 1.2.1]

일반적으로, X, Y, Z가 집합이면

(1) $X \subset X \cup Y$

(2) $X \cap Y \subset X$

(3) $X \cup Y = Y \cup X$, $X \cap Y = Y \cap X$

(4) $(X \cup Y) \cup Z = X \cup (Y \cup Z)$, $(X \cap Y) \cap Z = X \cap (Y \cap Z)$

이 성립한다.

정리 1.2.1

X, Y를 집합이라 하고 $X\subset Y$이면

(1) $X\cup Y=Y$ (2) $X\cap Y=X$

정리 1.2.2

X, Y, Z가 집합이면

(1) $X\cup(Y\cap Z)=(X\cup Y)\cap(X\cup Z)$

(2) $X\cap(Y\cup Z)=(X\cap Y)\cup(X\cap Z)$

증 명 (1) $x\in X\cup(Y\cap Z)$를 임의로 택한다. 그러면 $x\in X$ 또는 $x\in Y\cap Z$이다. 먼저 $x\in X$인 경우, $X\subset X\cup Y$, $X\subset X\cup Z$이므로 $x\in X\cup Y, x\in X\cup Z$이다. 즉 $x\in(X\cup Y)\cap(X\cup Z)$를 만족한다.

다음으로 $x\in Y\cap Z$인 경우, $x\in Y$이고 $x\in Z$이다. $Y\subset X\cup Y$, $Z\subset X\cup Z$이므로 $x\in X\cup Y$이고 $x\in X\cup Z$이다. 즉 $x\in(X\cup Y)\cap(X\cup Z)$이다.

그러므로 $X\cup(Y\cap Z)\subset(X\cup Y)\cap(X\cup Z)$를 증명하였다.

한편, $x\in(X\cup Y)\cap(X\cup Z)$를 임의로 택하자. 그러면 $x\in X\cup Y$이고 $x\in X\cup Z$이다. 따라서 $x\in X$이거나 $x\in Y$이고 $x\in X$이거나 $x\in Z$이다. 첫째 $x\in X$인 경우, $X\subset X\cup(Y\cap Z)$이므로 $x\in X\cup(Y\cap Z)$이다. 둘째 $x\notin X$라 하면 $x\in Y$이고 $x\in Z$이 되어야 한다. 즉 $x\in Y\cap Z$이다.

$Y\cap Z\subset X\cup(Y\cap Z)$이므로 $x\in X\cup(Y\cap Z)$이다.

그러므로 $X\cup(Y\cap Z)\supset(X\cup Y)\cap(X\cup Z)$이 성립한다.

따라서 $X\cup(Y\cap Z)=(X\cup Y)\cap(X\cup Z)$이 증명된다.

(2)의 증명도 같은 방법으로 할 수 있다. □

정리 1.2.3

A, B를 X의 부분집합들이라 하면

(1) $X-(A\cup B)=(X-A)\cap(X-B)$

(2) $X-(A\cap B)=(X-A)\cup(X-B)$

이 성질을 **De Morgan의 법칙**이라 한다.

증 명 (1) 임의의 $x\in X-(A\cup B)$에 대하여, 여집합의 정의로부터 $x\in X$이고, $x\notin(A\cup B)$이다. 합집합의 정의에 의하여 $x\notin A$이고 $x\notin B$이다. 즉 $x\in X-A$이고 $x\in X-B$이다. 그러므로 $x\in(X-A)\cap(X-B)$이다. 한편 $x\in(X-A)\cap(X-B)$를 임의로 택하자. $x\in X-A$이고 $x\in X-B$이므로 $x\notin A$이고 $x\notin B$이다. 따라서 $x\notin A\cup B$이다. 즉 $x\in X-(A\cup B)$이다.

(2)의 증명도 같은 방법으로 할 수 있다. □

집합의 대상 a, b에 대하여 순서쌍 (a, b)는 직관적으로 a가 처음에 나오고 b가 두 번째에 오는 한 집합으로 생각한다. 따라서 두 순서쌍 (a, b)와 (c, d)가 같을 필요충분조건은 $a=c$이고 $b=d$일 경우가 될 것이다.

정의 1.2.2 X와 Y가 집합일때 X의 원소 a와 Y의 원소 b로 얻어지는 모든 순서쌍들의 집합을 **카테시안곱**(cartesian product) $X\times Y$라 한다. 즉

$$X\times Y=\{(a, b)\mid a\in X \text{ 이고 } b\in Y\}$$

평면 $\mathbb{R}\times\mathbb{R}$은 실수 $\mathbb{R}$의 모든 순서쌍들의 집합임을 알 수 있다.

X가 한 집합일때, X의 모든 부분집합들을 모아놓은 집합을 X의 **멱집합**(power set)이라하고 $\wp(X)$로 나타낸다. 즉

$$\wp(X)=\{A\mid A\subset X\}$$

이다. 원소 자체가 집합으로 이루어진 집합을 **모임**(collection) 또는 **족**(family)이라고도 한다.

정의 1.2.3 $\mathscr{A}$ 를 한 집합족이라 하자. 이때 $\mathscr{A}$ 의 모든 원소들의 합집합을 $\bigcup \mathscr{A}$ 로 나타낸다. 즉

$$\bigcup \mathscr{A} = \bigcup\{A \mid A \in \mathscr{A}\}$$

이다. 따라서 어떤 원소 x가 $\bigcup \mathscr{A}$ 의 원소일 필요충분조건은 적당한 한 원소 $A \in \mathscr{A}$ 에 대하여 $x \in A$ 이다.

마찬가지로, $\mathscr{A}$ 의 모든 원소들의 교집합을 $\bigcap \mathscr{A}$ 로 나타낸다. 즉

$$\bigcap \mathscr{A} = \bigcap\{A \mid A \in \mathscr{A}\}$$

이다. 따라서 어떤 원소 x가 $\bigcap \mathscr{A}$ 의 원소일 필요충분조건은 모든 원소 $A \in \mathscr{A}$ 에 대하여 $x \in A$ 이다.

$\bigcup\mathscr{A}$ 에 대한 다른 표시법은 $\bigcup_{A \in \mathscr{A}} A$ 이고 $\bigcap\mathscr{A}$ 에 대해서는 $\bigcap_{A \in \mathscr{A}} A$ 이다.

연습 문제 1.2

1. X, Y, Z 그리고 W가 집합 일때, 다음을 증명하여라.
   (1) $X \subseteq Y$일 필요충분조건은 $X \cap Y = X$ 이다.
   (2) $X \cap (Y \cup Z) = (X \cap Y) \cup (X \cap Z)$
   (3) $X - (Y \cup Z) = (X - Y) \cap (X - Z)$
   (4) $X - (Y \cap Z) = (X - Y) \cup (X - Z)$
   (5) $X \times (Y \cup Z) = (X \times Y) \cup (X \times Z)$
   (6) $(W \times X) \cup (Y \times Z) \subseteq (W \cup Y) \times (X \cup Z)$

2. 다음 집합의 멱집합을 구하여라.
   (1) $X = \{1, 2, 3\}$ (2) $X = \{a\}$ (3) $X = \varnothing$

3. 순서쌍 (a, b)를 $\{\{a\}, \{a, b\}\}$로 정의할 때, 다음을 증명하여라.
   $(a_1, b_1) = (a_2, b_2)$일 필요충분조건은 $a_1 = a_2,\ b_1 = b_2$이다.

4. 집합 X의 부분집합 B에 대하여

$$\mathscr{P}(X:B) = \{A \in \mathscr{P}(X) \mid B \subseteq A\}$$

   이라 할때,
   (1) $X = \{a, b, c, d, e\},\ B = \{a, b\}$에 대하여 $\mathscr{P}(X:B)$를 구하여라.
   (2) $\mathscr{P}(X:\varnothing) = \mathscr{P}(X)$임을 보여라.

5. X가 공집합이 아닌 임의의 집합일 때, 다음 중 옳은 것은?
   (1) $X \in \mathscr{P}(X)$ (2) $X \subset \mathscr{P}(X)$
   (3) $\{X\} \in \mathscr{P}(X)$ (4) $\{X\} \subset \mathscr{P}(X)$

6. 다음 집합을 구하여라.
   (1) $\bigcap_{n \in \mathbb{N}} [0, \frac{1}{n}]$ (2) $\bigcup_{n \in \mathbb{N}} [0, \frac{1}{n}]$

§1.3 함 수

정의 1.3.1 집합 X에서 집합 Y로의 **함수**(function) f는 X의 각 원소 x에 Y의 유일한 원소 $y=f(x)$를 대응시키는 규칙을 의미한다. 이때 집합 X를 f의 **정의역**(domain), Y를 f의 **공역**(codomain)이라 하고 함수 f를 $f: X \to Y$ 또는 $X \xrightarrow{f} Y$로 나타낸다.

정의 1.3.2 $f: X \to Y$가 한 함수이고 $x \in X$라 하면 대응되는 $f(x) = y \in Y$ 를 f에 있어서 x의 **값**(value) 또는 f에 의한 x의 **상**(image)이라한다. Y의 원소 중 상들을 모아놓은 집합을 $f(X)$라 하고 f의 **치역**(range)이라 한다. 즉

$$f(X) = \{f(x) \mid x \in X\}$$

이다.

예제 1.3.1 함수 $f: \mathbb{R} \to \mathbb{R}$, $f(x) = x^2$ 에서

$f(\mathbb{R}) = \{f(x) \mid x \in \mathbb{R}\} = [0, \infty)$이 됨을 알 수 있다.

정의 1.3.3 $f: X \to Y$를 함수, $A \subset X$, $B \subset Y$라 하자. 집합 $f(A)$를

$$f(A) = \{f(x) \mid x \in A\}$$

로 정의한다. 이 $f(A)$를 f에 의한 A의 **상**(image)이라 한다.

집합 $f^{-1}(B)$를

$$f^{-1}(B) = \{x \in X \mid f(x) \in B\}$$

로 정의한다. 이 $f^{-1}(B)$를 f에 의한 B의 **역상**(inverse image)이라 한다.

$f^{-1}(Y) = X$이고 $f^{-1}(B)$는 공집합이 될 수도 있다.

정 리 1.3.1

$f: X \to Y$를 한 함수라 하고 A와 B는 X의 부분집합, C와 D는 Y의 부분집합이라 하자. 그러면 다음의 성질들이 성립한다.

(1) $A \subset B$ 이면 $f(A) \subset f(B)$

(2) $C \subset D$ 이면 $f^{-1}(C) \subset f^{-1}(D)$

(3) $f(A \cup B) = f(A) \cup f(B)$

(4) $f^{-1}(C \cup D) = f^{-1}(C) \cup f^{-1}(D)$

(5) $f(A \cap B) \subset f(A) \cap f(B)$

(6) $f^{-1}(C \cap D) = f^{-1}(C) \cap f^{-1}(D)$

(7) $f(A - B) \subset f(A) - f(B)$

(8) $f^{-1}(C - D) = f^{-1}(C) - f^{-1}(D)$

정 의 1.3.4 집합 X에서 X로의 **항등함수**(identity function)는 각 $x \in X$에 대하여 $1_X(x) = x$로 정의되는 함수 $1_X: X \to X$를 말한다.

정 의 1.3.5 $f: X \to Y$를 함수, $A \subset X$라 하자. 각 $a \in A$에 대하여 $f|_A(a) = f(a)$로 정의되는 함수 $f|_A: A \to Y$를 A에 대한 f의 **축소함수**(restriction of f to A)이라 한다.

정 의 1.3.6 $f: A \to Y$를 함수, $A \subset X$라 하자. $g: X \to Y$가 함수로서 임의의 $a \in A$에 대하여 $f(a) = g(a)$일때 g를 f의 **확대함수**(extension)라 한다.

예 제 1.3.2 $f: [0, 1] \to \mathbb{R}$, $f(t) = 0$, $g: \mathbb{R} \to \mathbb{R}$, $g(x) = 0$라 하면 f는 g의 제한(또는 축소)함수 이고 g는 f의 확대함수가 된다.

정 의 1.3.7 $f: X \to Y$, $g: Y \to Z$를 함수라 하자. $(g \circ f)(x) = g(f(x))$로 정의되는 함수 $g \circ f: X \to Z$를 f와 g의 **합성함수**(composition)이라 한다.

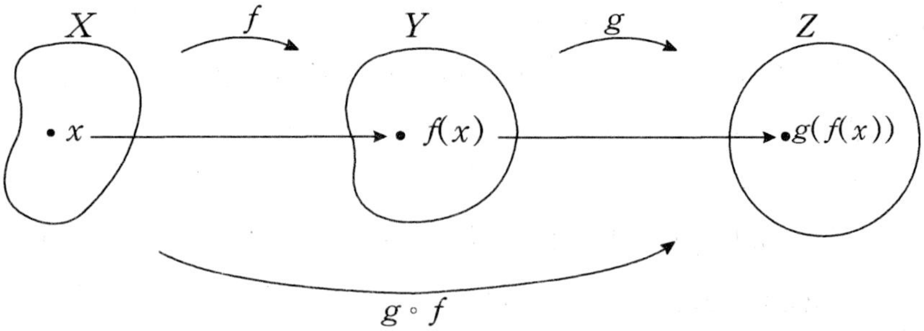

[그림 1.3.2]

정의 1.3.8 함수 $f: X \to Y$가 **단사**(injective) 또는 **일대일**(one-to-one)이라 함은 X의 서로 다른 임의의 두 원소 a, b에 대하여 $f(a) \neq f(b)$일 때를 의미한다. 단사인 함수를 **단사함수**(injection)라 한다.

따라서, 함수 $f: X \to Y$가 단사일 필요충분조건은 임의의 $a, b \in X$에 대하여 $f(a) = f(b)$이면 $a = b$이다.

정의 1.3.9 함수 $f: X \to Y$가 **전사**(surjective) 또는 **위로대응**(map X onto Y)이라 함은 $f(X) = Y$일 때를 의미한다. 전사인 함수를 **전사함수**(surjection) 또는 **위로함수**(onto function)라 한다.

정의 1.3.10 함수 $f: X \to Y$가 **전단사**(bijective) 또는 **일대일대응**(one-to-one correspondence)이라 함은 f가 단사이고 전사일 때이다. 전단사인 함수를 **전단사함수**(bijection)이라 한다.

함수 $f: X \to Y$가 전단사이면 f의 역함수 $f^{-1}: Y \to X$가 존재한다.

정리 1.3.2

두 함수 $f: X \to Y$, $g: Y \to Z$에 대하여

(1) $g \circ f$가 전사이면 g가 전사이다.

(2) $g \circ f$가 단사이면 f가 단사이다.

증 명

(1) $g \circ f$가 전사이므로 $(g \circ f)(X) = g(f(X)) = Z$이고

$f(X) \subset Y$이므로 $g(f(X)) \subset g(Y)$이다.

따라서 $g(Y) = Z$이다.

(2) 임의의 $a, b \in X$에 대하여 $f(a) = f(b)$이면 $g : Y \to Z$가 함수이므로

$(g \circ f)(a) = g(f(a)) = g(f(b)) = (g \circ f)(b)$이고,

$g \circ f$가 단사이므로 $a = b$이다. 그러므로 f는 단사이다. □

함수에 대하여 다음 성질들이 성립하며, 이들 증명은 독자에게 맡긴다.

정리 1.3.3

$f : X \to Y$를 함수라 하자. 만약 한 함수 $g : Y \to X$가 존재하여

$g \circ f = 1_X$, $f \circ g = 1_Y$이면 f는 전단사이고 $f^{-1} = g$ 이다.

정리 1.3.4

$f : X \to Y$, $g : Y \to Z$가 함수라 하자.

(1) f, g가 각각 단사이면 $g \circ f$도 단사이다.

(2) f, g가 각각 전사이면 $g \circ f$도 전사이다.

정리 1.3.5

$f : X \to Y$, $g : Y \to Z$가 전단사 함수일 때, 다음이 성립한다.

$$(g \circ f)^{-1} = f^{-1} \circ g^{-1}$$

정리 1.3.6

$f : X \to Y$가 함수이고 $A \subset X$, $B \subset Y$라 하면,

(1) $A \subset f^{-1}(f(A))$

(2) f가 단사이면, $A=f^{-1}(f(A))$

(3) $f(f^{-1}(B))\subset B$

(4) f가 전사이면 $f(f^{-1}(B))=B$

(5) $f^{-1}(Y-B)=X-f^{-1}(B)$

정의 1.3.11 X, Y를 집합이라 하고, 함수 $\pi_1: X\times Y\to X$, $\pi_2: X\times Y\to Y$를 다음과 같이 정의할 때, 임의의 원소 $(x, y)\in X\times Y$에 대하여

$$\pi_1(x, y)=x,\ \pi_2(x, y)=y$$

이 함수 π_1, π_2를 **사영함수**(projection)라 한다. 특히 π_1을 첫번째 사영함수(1-st projection), π_2를 두번째 사영함수(2-nd projection)라고 한다.

정리 1.3.7

$\pi_1: X\times Y\to X$, $\pi_2: X\times Y\to Y$를 사영함수라 하고 $A\subset X$, $B\subset Y$ 라 하면, 다음이 성립한다.

(1) $\pi_1^{-1}(A)=A\times Y$

(2) $\pi_2^{-1}(B)=X\times B$

(3) $\pi_1^{-1}(A)\cap\pi_2^{-1}(B)=A\times B$

정의 1.3.12 자연수 집합 N 에서 집합 X로의 함수 $a: \mathrm{N}\to X$를 X에서 점열(sequence)이라 한다. 임의의 $n\in\mathrm{N}$ 에 대하여 $a(n)\equiv a_n$으로 쓰고 a를 $\{a_n\}_{n\in\mathrm{N}}$, $\{a_n\}_{n=1}^{\infty}$, (a_n), $(a_1, a_2, \cdots, a_n, \cdots)$등으로 표시한다.

정의 1.3.13 $a=(a_n)$는 X에서 점열이고 함수 $g: \mathrm{N}\to\mathrm{N}$ 는 각 $n\in\mathrm{N}$ 에서 $g(n)<g(n+1)$인 증가함수라 하자. 이때 합성함수 $a\circ g: \mathrm{N}\to X$를 a의 **부분점열**(subsequence)이라 한다. 부분점열 $a\circ g$를 (a_{n_k})라고 표시한다.

예제 1.3.3 $a: \mathrm{N} \to \mathbb{R}$, $a_n = \dfrac{1}{n}$ 이라 하고 $g: \mathrm{N} \to \mathrm{N}$, $g(n) = 2n$ 이라 하면, $n \in \mathrm{N}$ 에 대하여 $g(n+1) = 2(n+1) = 2n+2 > 2n = g(n)$ 이고, 따라서 $a \circ g: \mathrm{N} \to \mathbb{R}$ 은 $\mathbb{R}$ 에서 a 의 부분점열이다. 즉,

$$a = \left(1, \frac{1}{2}, \frac{1}{3}, \frac{1}{4}, \cdots, \frac{1}{n}, \cdots\right)$$

$$a \circ g = \left(\frac{1}{2}, \frac{1}{4}, \frac{1}{6}, \cdots, \frac{1}{2n}, \cdots\right)$$

연습 문제 1.3

1. 함수 $f:X\to Y$와 X의 부분집합 A, B에 대하여 다음을 증명하여라.
   (1) $A\subseteq B$이면 $f(A)\subseteq f(B)$
   (2) $f(A\cap B)\subseteq f(A)\cap f(B)$
   (3) $f(A)-f(B)\subseteq f(A-B)$
   (4) $f(A\cap B)\neq f(A)\cap f(B)$인 예를 드시오

2. 함수 $f:X\to Y$와 Y의 부분집합 C, D에 대하여 다음을 증명하여라.
   (1) $C\subseteq D$이면 $f^{-1}(C)\subseteq f^{-1}(D)$
   (2) $f^{-1}(C\cup D)=f^{-1}(C)\cup f^{-1}(D)$
   (3) $f^{-1}(C\cap D)=f^{-1}(C)\cap f^{-1}(D)$
   (4) $f(X-f^{-1}(Y-C))\subseteq C$

3. 단사이지만 전사가 아닌 함수의 예를 들어라.

4. 전사이지만 단사가 아닌 함수의 예를 들어라.

5. 함수 $f:X\to Y$, $g:Y\to Z$에 대하여 다음을 증명하여라.
   (1) 합성함수 $g\circ f:X\to Z$가 전사이면 $g:Y\to Z$가 전사이다.
   (2) $g\circ f:X\to Z$가 단사이면 $f:X\to Y$가 단사이다.
   (3) $Z=X$이고 $g\circ f=1_X$, $f\circ g=1_Y$이면 $f^{-1}=g$, $f=g^{-1}$이다.
   (4) f, g가 단사(전사)이면 $g\circ f$도 단사(전사)이다.
   (5) f, g가 전단사이면 $(g\circ f)^{-1}=f^{-1}\circ g^{-1}$이다.

6. 점열 (a_n)이 각 $n \in \mathrm{N}$에 대하여 $a_n = (n^2 - 2n) / 5n$ 으로 정의되고 함수 $g : \mathrm{N} \rightarrow \mathrm{N}$이 $g(n) = 3n - 1$로 정의될 때,

(1) 부분점열 $(a \circ g)_n$의 첫째항, 둘째항, 셋째항 그리고 여섯번째항을 구하여라.

(2) 부분점열 $(a \circ g)_n$의 일반항을 구하여라.

7. $\pi_1 : X \times Y \rightarrow X$, $\pi_2 : X \times Y \rightarrow Y$를 사영함수라 할때, $A \subseteq X$, $B \subseteq Y$에 대하여

(1) $\pi_1^{-1}(A) = A \times Y$, $\pi_2^{-1}(B) = X \times B$

(2) $\pi_1^{-1}(A) \cap \pi_2^{-1}(B) = A \times B$임을 증명하여라.

8. 자연수의 집합 N과 모든 짝수의 집합 N_e사이에 일대일대응이 존재함을 증명하여라.

§1.4 첨수족과 카테시안곱

정의 1.4.1 $\mathscr{A}$ 를 공집합이 아닌 집합족이라 하자. 한 집합 J 에서 $\mathscr{A}$ 위로 대응시키는 함수 $f: J \to \mathscr{A}$ 를 $\mathscr{A}$ 에 대한 첨수를 주는 함수(indexing function)라 한다. 이 때 집합 J 를 **첨수집합**(index set)라 하고 함수 f 에 의하여 대응된 집합족 $\mathscr{A}$ 를 **첨수족**(indexed family)이라 한다.

J 에 주어진 임의의 원소 α 에 대하여 $f(\alpha)$ 를 A_α 로 나타내고 첨수족 $\mathscr{A}$ 를 $\{A_\alpha \mid \alpha \in J\}$ 로 쓴다. 첨수를 주는 함수 $f: J \to \mathscr{A}$ 는 반드시 전사이어야 한다. 그러나 일반적으로 단사가 될 필요는 없다.

$\mathscr{A}$ 가 첨수족 $\{A_\alpha \mid \alpha \in J\}$ 일때, 합집합 $\bigcup \mathscr{A}$ 와 교집합 $\bigcap \mathscr{A}$ 를 다음과 같이 나타낸다.

$$\bigcup \mathscr{A} = \bigcup_{\alpha \in J} A_\alpha \quad \text{또는} \quad \bigcup \mathscr{A} = \bigcup \{A_\alpha \mid \alpha \in J\}$$

$$\bigcap \mathscr{A} = \bigcap_{\alpha \in J} A_\alpha \quad \text{또는} \quad \bigcap \mathscr{A} = \bigcap \{A_\alpha \mid \alpha \in J\}$$

예제 1.4.1 자연수집합 N 을 첨수집합이라 하고 각 $n \in \mathrm{N}$ 에 대하여 A_n을 개구간 $\left(-\frac{1}{n}, \frac{1}{n}\right)$이라 하면 $\mathscr{A} = \{A_n \mid n \in \mathrm{N}\}$은 N 에 의하여 첨수된 첨수족이고

$$\bigcup \mathscr{A} = \bigcap_{n \in \mathrm{N}} A_n = \bigcap_{n \in \mathrm{N}} \left(-\frac{1}{n}, \frac{1}{n}\right) = \{0\}$$

$$\bigcap \mathscr{A} = \bigcup_{n \in \mathrm{N}} A_n = \bigcup_{n \in \mathrm{N}} \left(-\frac{1}{n}, \frac{1}{n}\right) = (-1, 1)$$

이다.

예제 1.4.2 실수집합 $\mathbb{R}$을 첨수집합이라 하고 각 $x \in \mathbb{R}$에 대하여

$$A_x = [x, \infty)$$

라 하면, $\mathscr{A} = \{A_x \mid x \in \mathbb{R}\}$는 $\mathbb{R}$에 의하여 첨수된 첨수족이다. 따라서

$$\bigcup_{x \in \mathbb{R}} A_x = \bigcup_{x \in \mathbb{R}} [x, \infty) = (-\infty, \infty) = \mathbb{R}$$

$$\bigcap_{x \in \mathbb{R}} A_x = \bigcap_{x \in \mathbb{R}} [x, \infty) = \varnothing$$

이다.

정리 1.4.1

$\{X_\alpha \mid \alpha \in J\}$는 임의의 첨수족이고 Y를 한 집합이라 하자. 그러면,

(1) $\bigcup_{\alpha \in J} (X_\alpha \cap Y) = (\bigcup_{\alpha \in J} X_\alpha) \cap Y$

(2) $\bigcap_{\alpha \in J} (X_\alpha \cup Y) = (\bigcap_{\alpha \in J} X_\alpha) \cup Y$

이 성립된다. (이 성질을 **일반분배법칙**이라고도 한다.)

증 명 (1) $x \in \bigcup_{\alpha \in J} (X_\alpha \cap Y)$를 임의로 택한다. 합집합의 정의에 의하여 적당한 한 $\alpha \in J$가 존재하여 $x \in X_\alpha \cap Y$이 성립한다. 따라서 적당한 한 $\alpha \in J$에 대하여 $x \in X_\alpha$이고 또한 $x \in Y$이다. 그러므로 $x \in \bigcup_{\alpha \in J} X_\alpha$이고 $x \in Y$이다. 따라서 $x \in (\bigcup_{\alpha \in J} X_\alpha) \cap Y$이 성립된다. 반대로 임의의 $x \in (\bigcup_{\alpha \in J} X_\alpha) \cap Y$에 대하여, 교집합의 정의에 의하여 $x \in \bigcup_{\alpha \in J} X_\alpha$이고 $x \in Y$이다. 합집합의 정의에 의하여, 적당한 한 $\alpha \in J$가 존재하여 $x \in X_\alpha$이고 또한 $x \in Y$이다. 그러므로 적당한 한 $\alpha \in J$에 대하여 $x \in X_\alpha \cap Y$이다. 따라서 $x \in \bigcup_{\alpha \in J} (X_\alpha \cap Y)$이 성립된다.

(2)의 증명은 마찬가지 방법으로 증명할 수 있다. □

정리 1.4.2

(De Morgan의 법칙) $\{X_\alpha \mid \alpha \in J\}$를 집합 X의 부분집합들의 첨수족이라 하면

(1) $\bigcup_{\alpha \in J}(X - X_\alpha) = X - \bigcap_{\alpha \in J} X_\alpha$

(2) $\bigcap_{\alpha \in J}(X - X_\alpha) = X - \bigcup_{\alpha \in J} X_\alpha$

이 성립한다.

증 명 여기서는 (1)만 증명하기로 하자.

$x \in \bigcup_{\alpha \in J}(X - X_\alpha)$를 임의로 택하자. 합집합의 정의에 의하여 적당한 한 $\alpha \in J$에 대하여 $x \in X - X_\alpha$이다. 따라서 $x \in X$이고 어떤 $\alpha \in J$에 대하여 $x \notin X_\alpha$이다. 그러므로 $x \in X$이고 $x \notin \bigcap_{\alpha \in J} X_\alpha$이다. 따라서 $x \in X - \bigcap_{\alpha \in J} X_\alpha$가 성립한다.

반대로 $x \in X - \bigcap_{\alpha \in J} X_\alpha$를 임의로 택하자. 여집합의 정의에 의하여 $x \in X$이고 $x \notin \bigcap_{\alpha \in J} X_\alpha$이다. 따라서 $x \in X$이고 적당한 한 $\alpha \in J$에 대하여 $x \notin X_\alpha$이어야한다. 그러므로 적당한 한 $\alpha \in J$에 대하여 $x \in X - X_\alpha$이다.
따라서 $x \in \bigcup_{\alpha \in J}(X - X_\alpha)$이 성립한다. □

집합족의 카테시안곱에 대하여 알아보자. 각 자연수 $m \in \mathbb{N}$에 대하여 $I_m = \{1, 2, 3, \cdots, m\}$이라 하자. 한 집합 X에 대하여, X의 m개 원소들의 순서쌍 $(x_1, x_2, x_3, \cdots, x_m)$을 함수 $x : I_m \to X$, $x(i) = x_i$로 생각하자. 따라서 m개 원소들의 순서쌍 $(x_1, x_2, x_3, \cdots, x_m)$은 유한점열 임을 알 수 있다.

정의 1.4.2 임의의 자연수 $m \in \mathbb{N}$에 대하여 $\{X_i \mid i \in I_m\}$을 한 첨수족이라 하자. $\{X_i \mid i \in I_m\}$의 **카테시안곱**(cartesian product) $\prod_{i \in I_m} X_i$는 $x(i) \in X_i$를 만족하는 함수 $x : I_m \to \bigcup_{i \in I_m} X_i$의 집합을 의미한다. 즉

$$\prod_{i \in I_m} X_i = \{x \mid x : I_m \to \bigcup_{i \in I_m} X_i,\ x(i) \in X_i\}$$
$$= \{(x_1, x_2, \cdots, x_m) \mid x_i \in X_i\}$$

이다.

$\prod_{i \in I_m} X_i$을 $X_1 \times X_2 \times X_3 \times \cdots \times X_m$으로 나타내기도 한다.

m개의 원소들의 순서쌍 $(x_1, x_2, \cdots, x_m)$을 m-짝(m-tuple)이라고 한다.

따라서 카테시안곱 $\prod_{i \in I_m} X_i$는 각 $i=\{1, 2, 3, \cdots, m\}$에 대하여 $x_i \in X_i$인 원소들의 m-짝$(x_1, x_2, \cdots, x_m)$들의 집합이다.

위 정의를 일반화하여 w-짝(w-tuple) $(x_1, x_2, \cdots, x_m, \cdots)$들의 집합인 $\prod_{i \in \mathrm{N}} X_i$ (또는 $\prod_{i=1}^{\infty} X_i$)를 소개하기로 하자.

정의 1.4.3 자연수 N에 의하여 첨수된 집합족 $\{X_i \mid i \in \mathrm{N}\}$에 대하여 $X = \bigcup_{i=1}^{\infty} X_i$라 하자. 집합족 $\{X_i \mid i \in \mathrm{N}\}$의 **카테시안곱**(cartesian product)은 각 $i \in \mathrm{N}$에 대하여 $x(i) = x_i \in X_i$인 함수 $x : \mathrm{N} \to X$의 집합을 의미한다. 즉

$$\prod_{i \in \mathrm{N}} X_i = \left\{x \mid x : \mathrm{N} \to \bigcup_{i=1}^{n} X_i,\quad x(i) \in X_i\right\}$$

이다. 여기서 $\prod_{i \in \mathrm{N}} X_i$의 원소 $x = (x_1, x_2, \cdots, x_n, \cdots)$를 ω-짝 (ω-tuple)이라 한다.

예제 1.4.3 각 $i \in \mathrm{N}$에 대하여 $X_i = \mathbb{R}$일 때 $\prod_{i \in \mathrm{N}} X_i$를 $\mathbb{R}^{\omega}$로 쓰고 이를 무한차원 유클리드 공간(infinite-dimensional Euclidean space)이라 한다. 즉

$$\mathbb{R}^{\omega} = \{(x_1, x_2, \cdots, x_n, \cdots) \mid x_i \in \mathbb{R}\}$$

이다. $\mathbb{R}^{\omega}$의 ω-짝 $(x_1, x_2, \cdots, x_n, \cdots)$을 간단히 $(x_i)_{i=1}^{\infty}$ (또는 (x_i))으로 표시한다.

정의 1.4.4 임의의 첨수집합 J에 의하여 첨수된 집합족 $\{X_\alpha \mid \alpha \in J\}$에 대하여, $\{X_\alpha \mid \alpha \in J\}$의 카테시안곱 $\prod_{\alpha \in J} X_\alpha$은 각 $\alpha \in J$에 대하여 $x(\alpha) = x_\alpha \in X_\alpha$인 함수 $x : J \to \bigcup_{\alpha \in J} X_\alpha$의 집합을 의미한다. 즉

$$\prod_{\alpha \in J} X_\alpha = \{x \mid x : J \to \bigcup_{\alpha \in J} X_\alpha,\ x(\alpha) \in X_\alpha\}$$

이다.

여기서 $x \in \prod_{\alpha \in J} X_\alpha$를 $(x_\alpha)_{\alpha \in J}$로 나타낸다.

예제 1.4.4 $\mathbb{R}^+ = \{a \in \mathbb{R} \mid a > 0\}$이고 각 $a \in \mathbb{R}^+$에 대하여

$$X_a = [0, a]$$

라 하자. $x : \mathbb{R}^+ \to \bigcup_{a \in \mathbb{R}^+} X_a$, $x(a) = x_a = \dfrac{a}{2}$ 인 함수 x는 $\prod_{a \in \mathbb{R}^+} X_a$의 원소이다. 왜냐하면 $x(a) = x_a = \dfrac{a}{2} \in [0, a]$이기 때문이다.

연습 문제 1.4

1. $\{X_\alpha \mid \alpha \in J\}$를 첨수족이라 하고 각 $\alpha \in J$에 대하여 $A_\alpha \subseteq X_\alpha$할 때 $\prod_{\alpha \in J} A_\alpha \subseteq \prod_{\alpha \in J} X_\alpha$임을 증명하여라.

2. $\{X_\alpha \mid \alpha \in J\}$, $\{Y_\alpha \mid \alpha \in J\}$를 첨수족이라 할 때 다음을 증명하여라.
   (1) $\prod_{\alpha \in J} X_\alpha \cup \prod_{\alpha \in J} Y_\alpha \subseteq \prod_{\alpha \in J} (X_\alpha \cup Y_\alpha)$
   (2) $\prod_{\alpha \in J} X_\alpha \cap \prod_{\alpha \in J} Y_\alpha = \prod_{\alpha \in J} (X_\alpha \cap Y_\alpha)$

3. $f : X \to Y$를 함수, $\{A_\alpha \mid \alpha \in J\}$를 공 아닌 X의 부분집합들의 집합족이고 $\{B_\beta \mid \beta \in I\}$를 공 아닌 Y의 부분집합들의 집합족이라 할 때 다음을 증명하여라.
   (1) $f(\bigcup_{\alpha \in J} A_\alpha) = \bigcup_{\alpha \in J} f(A_\alpha)$
   (2) $f(\bigcap_{\alpha \in J} A_\alpha) \subseteq \bigcap_{\alpha \in J} f(A_\alpha)$
   (3) $f^{-1}(\bigcup_{\beta \in I} B_\beta) = \bigcup_{\beta \in I} f^{-1}(B_\beta)$
   (4) $f^{-1}(\bigcap_{\beta \in I} B_\beta) = \bigcap_{\beta \in I} f^{-1}(B_\beta)$

4. $m, n \in \mathbb{N}$, $m \leq n$에 대하여
   (1) 단사함수 $f : \mathbb{R}^m \to \mathbb{R}^n$을 보여라.
   (2) 단사함수 $f : \mathbb{R}^m \to \mathbb{R}^\omega$을 보여라.
   (3) 전단사함수 $f : \mathbb{R}^m \times \mathbb{R}^n \to \mathbb{R}^{m+n}$을 보여라.
   (4) 전단사함수 $f : \mathbb{R}^\omega \times \mathbb{R}^\omega \to \mathbb{R}^\omega$을 보여라.

§1.5 관 계

정의 1.5.1 X를 집합이라 하자. X위의 한 **관계**(relation) $\mathscr{R}$은 집합 $X\times X$의 부분집합이다.

$\mathscr{R}$이 X에서 한 관계이고 $(x, y)\in\mathscr{R}$ 이면 x는 y에 관계된다(x is related to y)라고 말하고 $x\mathscr{R}y$ 라고 쓴다.

예제 1.5.1 $\mathscr{R}=\{(x, y)\in\mathbb{R}\times\mathbb{R} \mid x < y\}$라고 하면 $\mathscr{R}$은 실수집합 $\mathbb{R}$에서 한 관계이다. 마찬가지로

$$\mathscr{R}_1=\{(x, y)\in\mathbb{R}\times\mathbb{R} \mid x\leq y\}$$

역시 $\mathbb{R}$에서 한 관계이다.

정의 1.5.2 집합 $\mathscr{R}(\neq 0)$이 X에서 한 관계라 하자.

(1) $\mathscr{R}$이 X에서 **반사적**(reflexive)이라 함은 모든 $x\in X$에 대하여 $(x, x)\in\mathscr{R}$이 만족할 때이다. 즉, 각 $x\in X$에 대하여 $x\mathscr{R}x$ 이다.

(2) $\mathscr{R}$이 X에서 **대칭적**(symmetric)이라 함은 모든 $x, y\in X$에 대하여

$$(x, y)\in\mathscr{R} \Rightarrow (y, x)\in\mathscr{R}$$

이 만족할 때이다.

(3) $\mathscr{R}$이 X에서 **추이적**(transitive)이라 함은 모든 $x, y, z\in X$에 대하여

$$(x, y)\in\mathscr{R} \text{ 이고 } (y, z)\in\mathscr{R} \Rightarrow (x, z)\in\mathscr{R}$$

이 만족할 때이다.

정의 1.5.3 관계 $\mathscr{R}\subset X\times X$이 X에서 **동치관계**(equivalence relation)라 함은 $\mathscr{R}$이 반사적, 대칭적, 추이적일 때이다.

관계 $\mathscr{R}$ 은 보통 기호 $\sim$ 로 나타낸다. 즉 $(x, y) \in \mathscr{R}$ 일때 $x \sim_{\mathscr{R}} y$또는 단순히 $x \sim y$로 나타낸다. 이 표시법을 이용하여 관계 $\sim$ 이 X에서 동치관계라는 뜻은

(a) $x \in X$이면 $x \sim x$이다.
(b) $x \sim y$이면 $y \sim x$이다.
(c) $x \sim y$이고 $y \sim z$이면 $x \sim z$이다.

예제 1.5.2 자연수 $n \in \mathbb{N}$ 일 때 정수 $\mathbb{Z}$ 에서의 관계 $\sim$ 를 다음과 같이 정의하자.

임의의 $a, b \in \mathbb{Z}$ 에 대하여

$$a \sim b \text{일 필요충분조건은 } a - b \text{가 } n \text{의 배수이다.}$$

이때, 관계 $\sim$ 은 $\mathbb{Z}$ 에서 동치관계이고 $a \sim b$를 $a \equiv b \pmod{n}$으로 나타낸다. 또 이를 $\mathbb{Z}$ 에서 n을 법으로 하는 **합동**(congruence modulo n)이라 한다.

정의 1.5.4 관계 $\sim$ 을 집합 X에서 동치관계라 하자. 각 $x \in X$에 대하여 x의 **동치류**(equivalence class) $[x]$를 다음과 같이 정의한다.

$$[x] = \{y \in X \mid x \sim y\}$$

예제 1.5.3 2를 법으로 하는 합동관계 $\sim$ 에서

$$\begin{aligned}[0] &= \{x \in \mathbb{Z} \mid x - 0 = x \text{ 가 2의 배수}\} \\ &= \{2n \mid n \in \mathbb{Z}\} \\ [1] &= \{x \in \mathbb{Z} \mid x - 1 \text{ 이 2의 배수}\} \\ &= \{2n + 1 \mid n \in \mathbb{Z}\}\end{aligned}$$

이다. 또한 $[2] = [0]$, $[3] = [1]$ 이다.

정리 1.5.1

관계 $\sim$ 이 X에서 동치관계일 때, 임의의 $x, y \in X$에 대하여 다음 성질이 만족된다.

(1) $x \in [x]$

(2) $x \sim y$ 일 필요충분조건은 $[x] = [y]$ 이다.

(3) $x \not\sim y$ 일 필요충분조건은 $[x] \cap [y] = \varnothing$ 이다.

(4) $[x] = [y]$ 또는 $[x] \cap [y] = \varnothing$ 이다.

정의 1.5.5 $X(\neq \varnothing)$를 한 집합이라 하자. $\mathscr{A} \subset \mathscr{P}(X)$가 X의 한 **분할**(partition)이라함은 다음의 조건을 만족할 때이다.

(1) 임의의 $A \in \mathscr{A}$에 대하여, $A \neq \varnothing$ 이다.

(2) $\bigcup \mathscr{A} = X$ 이다.

(3) 임의의 $A, B \in \mathscr{A}$에 대하여, $A \neq B$이면 $A \cap B = \varnothing$ 이다.

즉 $\mathscr{A}$가 X의 한 분할이란 X의 각 원소가 $\mathscr{A}$의 꼭 하나의 원소에 속한다는 것이다.

관계 $\sim$ 이 X에서 한 동치관계이면 X의 동치류들의 집합족

$\mathscr{A} = \{ [x] \mid x \in X \}$는 X의 한 분할이 된다.

마찬가지로 $\mathscr{A}$가 X의 한 분할이면 $\mathscr{A}$에 의하여 다음과 같이 X의 한 관계를 정의할 수 있다.

$x \sim y$일 필요충분조건은 x, y가 모두 $\mathscr{A}$의 한 같은 원소에 포함된다.

관계 $\sim$ 이 동치관계임을 증명하는 것은 간단하다.

예제 1.5.4 $A = 3\mathbb{Z}$; 3의 배수들의 집합

$B = 3\mathbb{Z} + 1$; $n = 3q + 1$ 형태의 정수의 집합

$$C = 3\mathbb{Z} + 2 \,;\ n = 3q + 2 \text{ 형태의 정수의 집합}$$

이라 두면 $\mathscr{A} = \{A, B, C\}$는 $\mathbb{Z}$의 한 분할이다. 이 분할에 의하여 유도되는 $\mathbb{Z}$ 위의 동등관계는 3을 법으로 하는 합동관계가 됨을 알 수 있다.

관계 $\sim$ 가 순서관계일 때 보통 기호 $\leq$ 로 나타낸다. 즉

$x \sim y$일 경우 $x \leq y$로 나타낸다.

정의 1.5.6 집합 $X(\neq \varnothing)$에서 관계 $\leq$ 가 **반대칭적**(antisymmetric)이라 함은

$$x \leq y \text{ 이고 } y \leq x \text{ 이면 } x = y$$

을 만족할 때이다.

정의 1.5.7 집합 $X(\neq \varnothing)$에서 관계 $\leq$ 가 X에서 **부분순서**(partial order)라 함은 관계 $\leq$ 가 반사적, 반대칭적이고 추이적일 때를 의미한다. X에 한 부분순서 $\leq$가 주워질 때, $(X, \leq)$를 **부분순서집합**(partially ordered set)이라 한다.

예제 1.5.5 정수집합 $\mathbb{Z}$에서 보통순서 $\leq$ 는 부분순서이다.

예제 1.5.6 집합 X에서 $(\mathscr{P}(X), \subseteq)$는 부분순서집합이다.

정의 1.5.8 $(X, \leq)$를 한 부분순서집합이라 하자. X의 두 원소 x, y가 **비교가능**(comparable)하다는 뜻은 $x \leq y$이거나 $y \leq x$일 경우를 의미한다.

집합 $C(\subset X)$가 **사슬**(chain)이라는 뜻은 C의 임의의 두 원소가 항상 비교가능할 경우를 의미한다.

X자체가 사슬일 때 우리는 $\leq$ 를 **선형순서**(linear order) 또는 **전순서**(total order)라 하고 $(X, \leq)$를 **선형순서집합** 또는 **전순서집합**(totally ordered set)이라 한다.

예제 1.5.7 $(\mathbb{R}, \leq)$는 선형순서이나 두 원소 이상을 갖는 집합 X에서

$(\wp(X), \subset)$는 선형순서집합이 아니다.

정의 1.5.9 $(X, \leq)$를 선형순서집합이라 하자. X의 모든 공집합이 아닌 부분집합이 최소원소를 가질 때, $\leq$를 X에서 **정렬순서**(well order)라 하고 $(X, \leq)$를 **정렬순서집합**(well ordered set)이라 한다.

예제 1.5.8 자연수에서 보통순서 $\leq$는 정렬순서이다. 그러나 정수집합 $\mathbb{Z}$에서 보통순서 $\leq$는 정렬순서가 아니다.

정의 1.5.10 두 정렬집합 $(X, \leq), (Y, \leq')$에서 전단사함수 $f: X \rightarrow Y$가 **순서동형함수**(order isomorphism)이라 함은 임의의 $x_1, x_2 \in X$에서 $x_1 \leq x_2$이면 $f(x_1) \leq' f(x_2)$를 만족하는 것이다.

수학에서 중요한 공리들 몇 개를 소개한다.

[선택공리(Axiom of choice)]

공집합이 아닌 집합을 원소로 하는 임의의 집합족 $\mathscr{A}(\neq \varnothing)$에 대하여 다음과 같이 정의된 함수 f가 존재한다.

$$f: \mathscr{A} \rightarrow \bigcup \mathscr{A}, \ f(A) \in A$$

이 함수 f를 **선택함수**(choice function)라고 한다.

$f(\mathscr{A}) = C$라 두면, C는 $\mathscr{A}$의 각 원소로부터 꼭 하나의 원소를 포함하는 집합이 된다.

[정렬원리(Well-ordering Principle)]

임의의 집합 $X(\neq \varnothing)$는 적당한 순서 $\leq$가 존재하여 $(X, \leq)$는 정렬순서집합이다. 즉, 임의의 집합 X는 정렬가능하다.

정의 1.5.11 $(X, \leq)$를 부분순서집합이라 하자. X의 원소 x에 대하여 $x \leq y$가 성립하는 x와 다른 X의 원소 y가 존재하지 않을 때 x를 **극대**(maximal)라고 한다. 마찬가지로 $x \geq y$가 성립하는 x와 다른 X의 원소 y가 존재하지 않을 때 x를 **극소**(minimal)라고 한다.

예제 1.5.9 X가 집합일 때 $(\wp(X), \subset)$의 극대는 X이다. 그러나 $(\mathrm{N}, \leq)$는 극대를 가지지 않는 부분순서집합이다.

정의 1.5.12 $(X, \leq)$를 부분순서집합이라 하고, $A(\neq\varnothing) \subset X$라 두자. 한 원소 $x \in X$에 대하여, x를 A의 **상계**(upper bound of A)라 함은 임의의 $a \in A$에 대하여, $a \leq x$가 성립할 때이다. $x \in X$가 A의 **최소상계**(least upper bound)라는 뜻은 x는 A의 상계이고 y가 A의 임의의 상계이면 $x \leq y$가 성립할 때이다. 즉, 최소상계란 A의 상계들 중에서 최소원소를 의미한다.

마찬가지로 **하계**(lower bound)와 **최대하계**(greatest lower bound)를 정의할 수 있다.

연습 문제 1.5

1. $n(n \in \mathbb{N})$을 법으로 하는 합동관계가 $\mathbb{Z}$ 위에서 동치관계임을 증명하여라.

2. 관계 $\sim$가 집합 X위에서 동치관계이고, $x, y \in X$일때 다음을 증명하여라.
   (1) $x \in [x]$
   (2) $x \sim y \Leftrightarrow [x] = [y]$
   (3) $x \not\sim y \Leftrightarrow [x] \cap [y] = \varnothing$
   (4) $[x] = [y]$ or $[x] \cap [y] = \varnothing$

3. X를 공집합이 아닌 집합이고 $\mathscr{A}$를 X의 한 분할이라 하자.
   X위의 한 관계 $\sim$를 다음과 같이 정의하자. 임의의 $x, y \in X$에 대하여,
   $x \sim y$일 필요충분조건은 한 원소 $A \in \mathscr{A}$가 존재하여 $x, y \in A$이다.
   위 관계 $\sim$에 대하여 다음을 증명하여라.
   (1) 관계 $\sim$은 X위의 한 동치관계이다.
   (2) $X/\sim = \{[x] \mid x \in X\}$이 $\mathscr{A}$와 같다.

4. X위의 한 동치관계를 $\sim (\subseteq X \times X)$라 하고 $A(\neq \varnothing) \subset X$일 때
   $\sim_A = \sim \cap (A \times A)$는 A위의 한 동치관계가 된다.

5. 함수 $f: X \to Y$가 전사이고 임의의 $x, y \in X$에 대하여, $f(x) = f(y)$일 때 그리고 그때만 x와 y가 서로 관계있다고 정의된 관계 $\sim$에 대하여 다음을 증명하여라.
   (1) 관계 $\sim$이 X위의 한 동치관계이다.
   (2) 동치류들의 집합 $X/\sim$과 Y사이에 일대일대응이 존재함을 보여라.

6. 부분순서이나 선형순서가 아닌 보기를 공집합이 아닌 유한집합 X에서 드시오.

7. 유한집합 $X(\neq\varnothing)$에서 모든 선형순서는 정렬순서임을 보여라.

8. $(X, \leq)$가 선형순서집합이고 $A\subseteq X$일 때 $\leq_A = \leq\cap(A\times A)$가 A에서 선형순서임을 보여라.

9. $X(\neq\varnothing)$을 한 집합이라 하고 $\mathbb{R}^X=\{f \mid f:X\to\mathbb{R}$ 는 함수$\}$ 위의 한 관계 $\sim$를 다음과 같이 정의하자. 임의의 $f, g\in\mathbb{R}^X$에 대하여

$$f\leq g \Leftrightarrow f(x)\leq g(x)$$

이다.

(1) $(\mathbb{R}^X, \leq)$가 부분순서집합임을 증명하여라.

(2) 어떤 조건에서 $(\mathbb{R}^X, \leq)$가 선형순서집합이 될 수 있는지 보여라.

10. $X=\{1,2,3,4,5,6,7\}$일 때

(1) 보통순서 $\leq$가 주어졌을 경우 극대원소와 극소원소를 찾아라.

(2) 만약 x가 y의 약수일 때 그리고 그 때에 $x\leq' y$라고 정의하자. 이때 $(X, \leq')$에서 극대원소와 극소원소를 찾아라.

§1.6 무한집합

정의 1.6.1 두 집합 X, Y에 대하여 X와 Y가 **같은 농도**(same cardinality)를 갖는다라는 뜻은 X에서 Y로의 일대일대응이 존재한다는 것이다. 이때 기호 $X \sim Y$로 쓴다.

정리 1.6.1

X, Y와 Z가 집합이라 하면

(1) $X \sim X$ 이다.

(2) $X \sim Y$이면 $Y \sim X$ 이다.

(3) $X \sim Y$이고 $Y \sim Z$이면 $X \sim Z$ 이다.

증 명 (1)과 (2)는 생략하고 (3)을 증명해보자. $X \sim Y$이고 $Y \sim Z$이면, 정의에 의하여 일대일대응 $f : X \to Y$와 $g : Y \to Z$가 존재한다. 그러면 합성함수 $h = g \circ f$는 X에서 Z로의 일대일대응이 된다. 따라서 $X \sim Z$가 성립한다.

정의 1.6.2 집합 X가 **유한집합**(finite set)이라는 뜻은 $X = \varnothing$ 이거나 적당한 자연수 $n \in \mathbb{N}$ 에 대하여 $X \sim I_n$이 되는 것이다. 여기서 $I_n = \{1, 2, \cdots, n\}$이다. 유한집합이 아닌 집합을 **무한집합**(infinite set)이라 한다.

정의 1.6.3 집합 X가 **셈가능무한집합**(countable infinite set)이란 $X \sim \mathbb{N}$ 일 때이다. X가 유한하거나 셈가능무한일때 X를 **셈가능집합**(countable set)라 한다. 셈가능집합이 아닌 집합을 **셀수없는집합**(uncountable set)이라 한다.

정리 1.6.2

임의의 집합 X에서, $X \nsim \wp(X)$이다.

증 명 먼저 $X=\varnothing$이면 $\wp(X)=\{\varnothing\}$이고 따라서 $\varnothing \nsim \{\varnothing\}$이 성립한다. $X \neq \varnothing$이고 $X \sim \wp(X)$라고 가정하자. $f: X \to \wp(X)$를 일대일대응이라 하고 $A=\{x \in X \mid x \notin f(x)\}$라 하자. $A \in \wp(X)$이고 f가 전단사함수이므로 적당한 원소 $p \in X$가 존재하여 $f(p)=A$가 되어야 한다.

첫째, $p \in A$라 가정하자. 그러면 $p \in f(p)=A$이므로 $p \notin A$이다. 이것은 모순이다.

둘째, $p \notin A$라 가정하자. 그러면 $p \notin f(p)=A$이므로 $p \in A$이다. 이것도 모순이다.

어느 경우던지 모순명제를 포함한다. 따라서 X와 $\wp(X)$는 같은 농도를 갖지 않는다.

자연수 N에 대하여 $\mathrm{N} \nsim \wp(\mathrm{N})$이므로 $\wp(\mathrm{N})$은 셀 수 없는 집합이다.

정리 1.6.3

N의 모든 부분집합은 셈가능집합이다.

증 명 N의 임의의 부분집합 X에 대하여, 만약 X가 유한집합이면 정의에 의하여 X는 셈가능집합이 된다. 한편 X가 무한집합일 경우, 한 함수 $f: \mathrm{N} \to X$를 다음과 같이 정의하자. 수학적 귀납법에 의하여

$f(1)$은 X의 최소원소

$f(2)$은 $X-\{f(1)\}$의 최소원소

각 $n \in \mathrm{N}$에 대하여

$f(n+1)$은 $X-\{f(1), \cdots, f(n)\}$의 최소원소

함수 f가 단사임은 분명하다.

$f(\mathrm{N})=X$임을 보이자. 각 $n\in\mathrm{N}$에 대하여 $f(n)\geq n$임을 쉽게 알 수 있고, $f(\mathrm{N})\neq X$라고 가정하자. 그러면 $X-f(\mathrm{N})\neq\varnothing$이고 p를 $X-f(\mathrm{N})$의 최소원소라 하자. 그러면 $p<f(p)$ 이고 $p\neq 1$이다. $p\in X$이고 p는 $X-f(I_{p-1})$의 최소원소 $f(p)$보다 작다. 따라서 $p\in f(I_{p-1})$가 되어야 한다. 따라서 $p\in f(I_{p-1})\subset f(\mathrm{N})$이므로 $p\in f(\mathrm{N})$이다. 이것은 p가 $X-f(\mathrm{N})$의 최소원소라는 사실에 모순이다. 그러므로 f는 전사함수이다. 즉 f가 일대일대응이 되므로 $\mathrm{N}\sim X$이고 따라서 X는 셈가능집합이 된다. □

정리 1.6.4

집합 $X(\neq\varnothing)$가 셈가능집합일 필요충분조건은 한 단사함수 $f:X\to\mathrm{N}$가 존재하는 것이다.

증 명 ($\Leftarrow$): $X(\neq\varnothing)$에 대하여 단사함수 $f:X\to\mathrm{N}$가 존재한다고 가정하자. 만약 X가 유한집합이면 정의에 의하여 X가 셈가능집합이다. X를 무한집합이라 가정하자. f가 단사함수이므로 $f(X)$는 N의 무한부분집합이 된다. 따라서 $f(X)$는 셈가능무한집합이 된다. $f:X\to f(X)$가 전단사함수이므로 역함수 $f^{-1}:f(X)\to X$가 존재하고, $f(X)$가 셈가능무한집합이므로 전단사함수 $g:\mathrm{N}\to f(X)$가 있다. 따라서 $f^{-1}\circ g:\mathrm{N}\to X$가 전단사함수이므로 X는 셈가능무한집합이 된다. 그러므로 X는 셈가능집합이다.

($\Rightarrow$): $X(\neq\varnothing)$를 셈가능집합이라 하자. 만약 X가 셈가능무한집합이면 전단사함수 $f:X\to\mathrm{N}$가 존재한다. 만약 X가 유한집합이면 정의에 의하여 적당한 $n\in\mathrm{N}$에 대하여 $X\sim I_n$이 성립한다. 따라서 전단사 함수 $f:X\to I_n$이 존재하고 이 함수 $f:X\to\mathrm{N}$는 단사함수가 된다. □

정리 1.6.5

모든 무한집합은 셈가능무한집합을 포함한다.

증 명 X를 무한집합이라 하자. 정렬공리에 의하여 한 정렬순서 $\le$가 존재한다. 한 함수 $f:\mathrm{N}\to X$를 다음과 같이 정의하자. 수학적 귀납법에 의하여,

$f(1)$은 X의 최소원소

$f(2)$는 $X-\{f(1)\}$의 최소원소

각 $n\in\mathrm{N}$에 대하여

$f(n+1)$은 $X-\{f(1), f(2), \cdots, f(n)\}$의 최소원소

와 같이 정의할 수 있다. f가 단사함수임은 분명하다. 그러므로 $f(\mathrm{N})$은 X의 셈가능무한집합이 된다. □

모든 짝수인 자연수의 집합을 N_e, 모든 홀수인 자연수의 집합을 N_o라고 두면, N_e와 N_o 모두 셈가능무한집합이다.

이를 이용하여 다음 정리를 증명할 수 있다.

정리 1.6.6

두 셈가능무한집합의 합집합은 셈가능무한집합이다.

증 명 X와 Y를 셈가능무한집합이라 하자.
첫째, $X\cap Y=\varnothing$인 경우, $X\sim\mathrm{N}$이고 $\mathrm{N}\sim\mathrm{N}_e$이므로 $X\sim\mathrm{N}_e$이다. 마찬가지로 $Y\sim\mathrm{N}_o$이다. 따라서 $X\cup Y\sim\mathrm{N}_e\cup\mathrm{N}_o=\mathrm{N}$이므로 $X\cup Y$는 셈가능무한집합이다.
둘째, $X\cap Y\neq\varnothing$인 경우, $C=X-Y$라 두면 $C\cap Y=\varnothing$이고 $C\cup Y=X\cup Y$이다. C가 유한집합이면 $C\cup Y$가 셈가능무한집합임은 쉽게 증명된다. C가 무한집합이면 첫째 경우에 의하여 $C\cup Y$는 셈가능무한집합이 된다. 그러므로 $X\cup Y$는 셈가능무한집합이다. □

위 정리를 확장하면, 유한개의 셈가능무한집합들의 합집합은 역시 셈가능무한집합이 됨을 알 수 있다. 이를 더욱 확장하여 다음 정리를 얻을 수 있다.

정리 1.6.7

셈가능한 집합들의 셈가능한 합집합은 셈가능집합이다.

증 명 J를 공집합이 아닌 셈가능집합이라 하고, 각 $\alpha \in J$에 대하여 X_α를 셈가능집합이라 하자. $X = \bigcup_{\alpha \in J} X_\alpha$라 하자. J가 셈가능집합이므로 단사함수 $f: J \to \mathbb{N}$가 존재한다. 각 $x \in X$에 대하여

$$J_x = \{\alpha \in J \mid x \in X_\alpha\}$$

라 두면 $J_x \subset J$이고 $f(J_x) \subset \mathbb{N}$이다. $(\mathbb{N}, \leq)$ 정렬집합이므로 $f(J_x)$의 최소원소를 n_x라 하자. $n_x \in f(J_x)$이므로 적당한 $\alpha_x \in J_x$에 대하여 $f(\alpha_x) = n_x$가 성립한다. X_{α_x}가 셈가능집합이므로 단사함수 $f_{\alpha_x}: X_{\alpha_x} \to \mathbb{N}$가 존재한다. 함수 $g: X \to \mathbb{N}$을

$$g(x) = 2^{n_x} \cdot 3^{f_{\alpha_x}(x)}$$

로 정의하면, g가 단사함수가 된다. 왜냐하면, $x, y \in X$이고 $g(x) = g(y)$라 가정하면

$$2^{n_x} \cdot 3^{f_{\alpha_x}(x)} = 2^{n_y} \cdot 3^{f_{\alpha_y}(y)}$$

이다. 따라서 $n_x = n_y$, $f_{\alpha_x}(x) = f_{\alpha_y}(y)$가 된다. f가 단사이고

$$f(\alpha_x) = n_x = n_y = f(\alpha_y)$$

이므로 $\alpha_x = \alpha_y$이고, f_{α_x}가 단사이므로

$$f_{\alpha_x}(x) = f_{\alpha_y}(y) = f_{\alpha_x}(y)$$

에 의하여 $x = y$이다. 따라서 함수 $g: X \to \mathbb{N}$는 단사함수이다.
그러므로 $X = \bigcup_{\alpha \in J} X_\alpha$는 셈가능집합이다. □

정리 1.6.8

셈가능집합의 유한카테시안곱은 셈가능집합이다.

증 명 여기서 두 셈가능집합의 카테시안곱이 셈가능임을 증명하면 귀납적 증명에 의하여 충분하겠다.

집합 X, Y를 공집합이 아닌 셈가능집합이라 하면 단사함수 $f:X\to \mathbb{N}$, $g:Y\to \mathbb{N}$이 존재한다. 함수 $h:X\times Y\to \mathbb{N}$을 $h(x, y)=2^{f(x)}3^{g(x)}$로 정의하면 h가 단사가 된다. 왜냐하면, $h(x, y)=h(a, b)$라 가정하자.

그러면

$$2^{f(x)}3^{g(y)}=2^{f(a)}3^{g(b)}$$

가 되고, 따라서 정수의 기본정리에 의하여 $f(x)=f(a)$, $g(y)=g(b)$가 된다. f와 g가 단사이므로 $x=a$, $y=b$이다. 따라서 $(x, y)=(a, b)$가 되어서 h는 단사함수이다. □

정리 1.6.9

임의의 집합 X에 대하여 전사함수 $f:X\to\mathcal{P}(X)$가 존재하지 않는다.

정리 1.6.10

자연수 집합 $\mathbb{N}$에 대하여 $\mathcal{P}(\mathbb{N})$은 셀 수 없는 집합이다.

증 명 $\mathcal{P}(\mathbb{N})$이 셈가능집합이라 가정하자. 따라서 $\mathbb{N}\sim\mathcal{P}(\mathbb{N})$이다. $f:\mathbb{N}\to\mathcal{P}(\mathbb{N})$을 전단사함수라 하면, 위 정리와 모순이다.

정리 1.6.11

실수집합 $\mathbb{R}$에서 개구간 $(0, 1)$과 $\mathbb{N}$은 같은 농도를 갖지 않는다. 즉, $(0, 1)$은 셀 수 없는 집합이다.

증 명 간접증명법에 의하여, $(0, 1) \sim \mathrm{N}$ 이라 가정하자.
$f : \mathrm{N} \to (0, 1)$를 전단사함수라 하면 각 $n \in \mathrm{N}$ 에 대하여, $f(n) \in (0, 1)$이고 소수로 유일하게 $f(n) = 0.a_{n_1}a_{n_2}\cdots$ 으로 표시된다.
(여기서 각 i 에 대하여 $a_{n_i} \in \{0, 1, 2, \cdots, 9\}$)
즉,

$$\begin{aligned} f(1) &= 0.a_{11}a_{12}a_{13}\cdots \\ f(2) &= 0.a_{21}a_{22}a_{23}\cdots \\ &\vdots \\ f(n) &= 0.a_{n1}a_{n2}a_{n3}\cdots \\ &\vdots \end{aligned}$$

소수 $p = 0.p_1p_2p_3\cdots$ 를 다음과 같이 취하자. 각 $n \in \mathrm{N}$ 에 대하여

$$p_n = \begin{cases} 3, & a_{nn} \neq 3 \\ 2, & a_{nn} = 3 \end{cases}$$

그러면 각 $m \in \mathrm{N}$ 에 대하여 $p \neq f(m)$이다. 왜냐하면 p의 소수 m번째 숫자와 $f(m)$의 소수 m번째 숫자가 다르기 때문이다. 그러므로 f는 전사함수가 아니다. 이는 f가 전단사함수라는 사실에 모순이다. 따라서 $(0, 1) \nsim \mathrm{N}$ 이다. □

정리 1.6.12

실수 집합 $\mathbb{R}$ 은 셀 수 없는 집합이다.

증 명 $\mathbb{R}$ 은 셈가능집합이라 가정하면, $\mathbb{R}$ 의 모든 부분집합이 셈가능이 되어야 한다. 그러나 부분집합 $(0, 1)$은 $\mathbb{R}$ 의 셀 수 없는 부분집합이다. 따라서 $\mathbb{R}$ 은 셀 수 없는 무한집합이다. □

정리 1.6.13

모든 무리수들의 집합은 셀 수 없는 집합이다.

증 명 모든 유리수들의 집합 $\mathbb{Q}$ 이 셈가능집합이므로, 만약 무리수들의 집합 $\mathbb{R}-\mathbb{Q}$ 가 셈가능집합이면 $\mathbb{R}=\mathbb{Q}\cup(\mathbb{R}-\mathbb{Q})$ 도 셈가능집합의 합집합이므로 셈가능집합이 되어야 한다. 이는 $\mathbb{R}$ 이 셀 수 없는 집합이라는 사실에 모순이다. □

예제 1.6.1 각 $n\in \mathrm{N}$ 에 대하여 $X_n=\{0,1\}$이고 $X=\prod_{n\in \mathrm{N}} X_n$이라면 X는 셀 수 없는 집합이다.

[풀이] X를 셈가능집합이라 가정하자. 그러면 한 전사함수 $f:\mathrm{N}\to X$가 존재한다. 각 $n\in\mathrm{N}$ 에 대하여 $f(n)\in X$ 이므로

$$f(n)=(a_{n_1},\, a_{n_2},\, \cdots)$$

(여기서, 각 i 에 대하여 $a_{n_i}\in\{0,1\}$)으로 표시된다.

한 점 $a=(a_1,\, a_2,\, \cdots,\, a_n,\, \cdots)$을 다음과 같이 취하자.

각 $n\in\mathrm{N}$ 에 대하여

$$a_n=\begin{cases}1, & a_{nn}=0\\ 0, & a_{nn}=1\end{cases}$$

그러면 모든 $m\in\mathrm{N}$에 대하여, $f(m)\neq a$이다. 왜냐하면 $f(m)$의 m째 성분 a_{mm}과 a의 m째 성분 a_m이 서로 다르기 때문이다. 그러므로 $a\notin f(\mathrm{N})$이고 따라서 f는 전사가 아니다. □

연습 문제 1.6

1. $\mathbb{N} \sim \mathbb{Z}$ 임을 보여라.

2. $(-1, 1) \sim \mathbb{R}$ 임을 보여라.

3. 셈가능집합의 부분집합이 셈가능임을 증명하여라.

4. X가 무한집합이고 함수 $f: X \to \mathbb{N}$가 단사이면 X가 셈가능이 됨을 보여라.

5. $\mathscr{F} = \{A \subset \mathbb{N} \mid A$는 유한집합$\}$일 때, $\mathscr{F}$가 셈가능이 됨을 보여라.

6. 유리수 집합 $\mathbb{Q}$가 셈가능집합임을 보여라.

7. 다음 집합들이 셈가능인지 아닌지를 결정하고 이를 증명하여라.
   (1) $X = \{f \mid f: \{0, 1\} \to \mathbb{N}\}$
   (2) $X = \{f \mid f: \mathbb{N} \to \mathbb{N}\}$
   (3) $X = \{f \mid f: \mathbb{N} \to \{0, 1\}\}$
   (4) $X = \{f \mid f: \mathbb{N} \to \{0, 1\}$이고 모든 $n > 100$에 대하여 $f(n) = 0\}$

8. X가 셀 수 없는 집합이고 A가 셈가능 집합일 때, $X - A$가 셀 수 없는 집합임을 보여라.

9. $X = \{A \subset \mathbb{N} \mid A$는 무한집합$\}$ 일 때, X가 셀 수 없는 집합임을 보여라.

10. 두 집합 X, Y에 대하여 X가 Y의 한 부분집합 Y'와 같은 농도를 가질때 $X \lesssim Y$라고 정의하자. 그러면
   (1) $X \lesssim X$ (2) $X \lesssim X$이고 $Y \lesssim X$이면 $X \sim Y$
   (3) $X \lesssim Y$이고 $Y \lesssim Z$이면 $X \lesssim Z$

제2장 위상공간

§2.1 위상공간

위상과 위상공간을 다음과 같이 정의한다.

정의 2.1.1 X를 공집합이 아닌 집합이라 하자. 다음 조건을 만족하는 X의 멱집합의 한 부분집합족 $\mathfrak{T}$를 X상의 한 **위상**(topology)이라 한다.

<T-1> $X \in \mathfrak{T}$, $\varnothing \in \mathfrak{T}$

<T-2> $\mathscr{A} \subset \mathfrak{T}$ 이면 $\bigcup \mathscr{A} \in \mathfrak{T}$ 이다.

<T-3> $G_1 \in \mathfrak{T}$, $G_2 \in \mathfrak{T}$ 이면 $G_1 \cap G_2 \in \mathfrak{T}$ 이다.

<주의> 위상조건 <T-3>은 수학적 귀납법에 의하여 임의의 $n \in \mathbb{N}$과 $G_i \in \mathfrak{T}$ $(i = 1, 2, \cdots, n)$에 대하여 $G_1 \cap G_2 \cap \cdots \cap G_n \in \mathfrak{T}$ 임을 의미한다.

X상에 한 위상 $\mathfrak{T}$가 도입되었을 때, X를 **위상공간**(topological space)이라 하고 순서쌍 $(X, \mathfrak{T})$로 나타낸다. 종종 $\mathfrak{T}$를 생략하기도 하나 X를 한 위상공간이라 할 때 우리는 X에 한 위상이 주어져 있음을 생각해야 한다.

$\mathfrak{T}$가 X상의 한 위상이라 할 때 $\mathfrak{T}$의 원소를 X의 한 **개집합**(open set)이라 부른다. 따라서 $\mathfrak{T}$는 개집합들의 집합이라 할 수 있다.

예제 2.1.1 X를 집합 $\{a, b, c\}$라 할때, 우리는 X상에 많은 위상을 줄 수 있다. 몇몇의 위상을 들어보면 아래의 [그림 2.1.1]과 같다. 여기서 ②는 $\{\varnothing, X, \{a\}, \{a, b\}\}$를 의미한다.

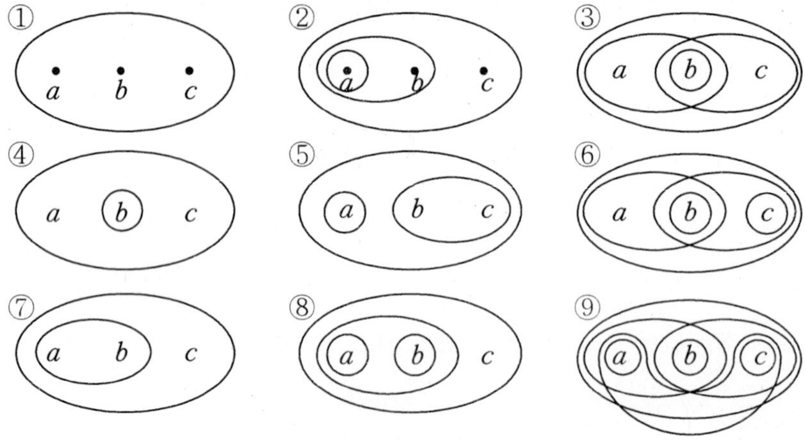

[그림 2.1.1]

아래 예에서 보는 바와 같이 X의 모든 부분집합족이 다 위상이 되는 것은 아니다. [그림 2.1.2]는 위상이 되지 않는 예이다.

[그림 2.1.2]

예제 2.1.2 $\mathscr{D}$ 를 한 집합 X의 모든 부분집합의 집합(멱집합)이라 할때 $\mathscr{D}$ 는 X상의 한 위상이 된다. 이 $\mathscr{D}$ 를 X상의 **이산위상**(discrete topology)이라 하고 $(X, \mathscr{D})$를 **이산공간**(discrete space)라 부른다. 이산위상 $\mathscr{D}$ 는 X상의 어떤 위상들보다 가장 많은 개집합을 가지는 위상이다.

예제 2.1.3 X를 한 집합이라 하고 $\mathscr{I} = \{\varnothing, X\}$이라 놓으면 $\mathscr{I}$ 는 X상의

한 위상이 된다. 이를 X상의 **비이산위상**(indiscrete topology)이라 하고 $(X, \mathscr{I})$를 **비이산공간**(indiscrete space)이라 부른다. 비이산위상 $\mathscr{I}$는 X상의 어떤 위상들 보다 가장 적은 개집합을 가지는 위상이다.

예제 2.1.4 X를 한 집합이라 하고

$$\mathfrak{I}_f = \{U \mid X - U\text{는 유한집합}\} \cup \{\varnothing\}$$

이라 하면 $\mathfrak{I}_f$는 X상의 한 위상이 된다. 이 위상 $\mathfrak{I}_f$를 **여유한 위상**(finite complement topology)이라 한다.

마찬가지로 $\mathfrak{I}_c = \{U \mid X - U\text{는 가산집합}\} \cup \{\varnothing\}$도 X상의 한 위상이 됨을 알 수 있다. 이 위상 $\mathfrak{I}_c$를 X상의 **여가산위상**(countable complement topology)이라 한다.

예제 2.1.5 $\mathbb{R}$를 실수 전체의 집합이라 하고

$$\mathscr{U} = \{U \mid U\text{는 개구간 또는 개구간들의 합집합}\}$$

이라 하면 $\mathscr{U}$는 $\mathbb{R}$상의 한 위상이 된다. 이 위상 $\mathscr{U}$를 **보통위상**(usual topology)이라 부른다. 위상공간 $(\mathbb{R}, \mathscr{U})$를 **보통공간**(usual space)이라 한다.

정의 2.1.2 $\mathfrak{I}$와 $\mathfrak{I}'$을 집합 X상의 위상들이라 하자. 만일 $\mathfrak{I} \subset \mathfrak{I}'$이면 $\mathfrak{I}'$는 $\mathfrak{I}$보다 더 **섬세하다**(finer) 혹은 더 **강하다**(stronger)라고 한다.

또 $\mathfrak{I}$는 $\mathfrak{I}'$보다 더 **거칠다**(coaser) 혹은 더 **약하다**(weaker)라고 한다.

연습 문제 2.1

1. 집합 $X = \{a, b\}$ 위에 도입될 수 있는 위상을 모두 열거하여라.

2. 실수집합 $\mathbb{R}$ 에서

$$\Im = \{\varnothing, \mathbb{R}\} \cup \{(a, \infty) \mid a \in \mathbb{R}\}$$

가 $\mathbb{R}$ 위에서 한 위상이 됨을 증명하여라.

3. X를 무한집합이라 하자. 위상 $\Im$는 X의 모든 무한 부분 집합을 개집합으로 만든다고 할 때,
$(X, \Im)$는 이산위상공간이 됨을 증명하여라.

4. 집합 위에 임의의 두 위상 $\Im_1$, $\Im_2$의 합 $\Im_1 \cup \Im_2$는 일반적으로 X 위의 위상이 아니다. 예를 들어라.

5. 여유한 위상 $\Im_f$와 여가산위상 $\Im_c$가 위상이 됨을 증명하여라.

6. 한 함수 $f : X \to (Y, \Im')$에 대하여 $\Im = \{f^{-1}(V) \mid V \in \Im'\}$가 X 위의 한 위상이 됨을 보여라.

7. $X = \{a, b, c\}$, $\Im_1 = \{X, \varnothing, \{a\}, \{a, b\}\}$, $\Im_2 = \{X, \varnothing, \{a\}, \{b, c\}\}$ 일때
   (1) $\Im_1$과 $\Im_2$를 포함하는 가장 작은 위상을 찾아라.
   (2) $\Im_1$과 $\Im_2$에 포함되는 가장 큰 위상을 찾아라.

§2.2 위상의 기저

정의 2.2.1 X를 한 집합이라하고 $\mathscr{B}$를 X의 부분집합들을 적당히 모아 놓은 집합족이라 하자. $\mathscr{B}$가 다음 두 가지 조건을 만족할 때 $\mathscr{B}$를 X상의 한 위상에 대한 **기저** (a basis for a topology on X)라 한다.

<B-1> 각 원소 $x \in X$에 대하여, x를 원소로 하는 $\mathscr{B}$의 한 원소 B가 적어도 한 개가 존재한다. 이를 기호로 나타내면, $^\forall x \in X, (\exists B \in \mathscr{B}, x \in B)$

<B-2> 만약 원소 $x \in X$가 $\mathscr{B}$의 원소 B_1과 B_2의 공통부분의 원소일 때 $\mathscr{B}$의 한 원소 B_3가 존재하여 $x \in B_3 \subset B_1 \cap B_2$를 만족한다.

이를 기호로 나타내면, $x \in B_1 \cap B_2 \Rightarrow \exists B_3 \in \mathscr{B}, x \in B_3 \subset B_1 \cap B_2$.

정의 2.2.2 만약 $\mathscr{B}$가 한 위상에 대한 기저라 할 때, $\mathscr{B}$는 X상의 한 위상 $\mathfrak{T}$를 생성한다. 즉,

$$\mathfrak{T} = \{U \mid {}^\forall x \in U, \exists B \in \mathscr{B}, x \in B \subset U\}$$

이때, $\mathfrak{T}$를 $\mathscr{B}$에 의하여 생성된 위상이라 하고 $\mathfrak{T}(\mathscr{B})$로 나타낸다.

위 정의에서 $\mathfrak{T}(\mathscr{B})$는 $\mathscr{B}$의 원소들의 합집합으로 이루어지는 모든 집합들을 모아놓은 것이 된다.

예제 2.2.1 $\mathscr{B}$를 평면의 모든 원영역(circular region-interiors of circles)의 집합족이라 하자. $\mathscr{B}$는 아래 그림에서 보는 바와 같이 한 위상에 대한 기저가 될 두 가지 조건을 만족한다. 이때 $\mathscr{B}$에 의하여 생성되는 위상 $\mathfrak{T}(\mathscr{B})$는 원영역들의 합집합의 형태로 이루어진 모든 집합들로 구성된다.

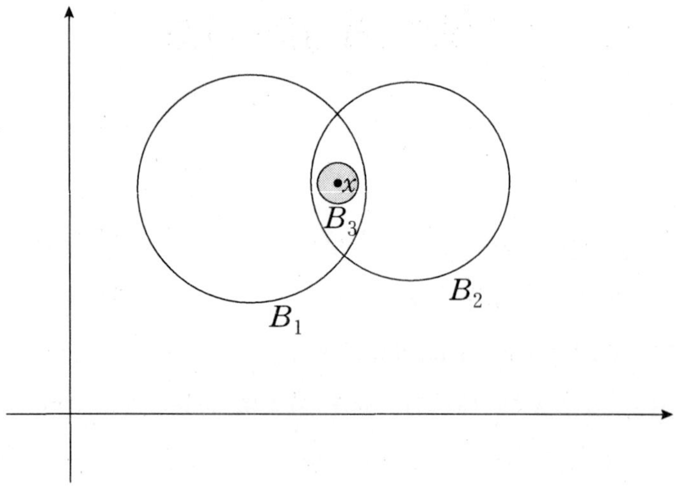

[그림 2.2.1]

예제 2.2.2 $\mathscr{B}'$를 평면의 모든 직사각형영역(rectangular region-interiors of rectangles)의 집합족이라 하자. $\mathscr{B}'$는 아래 [그림2.2.2]에서 보는 바와 같이 한 위상에 대한 기저가 될 두 가지 조건을 만족한다. 이때 $\mathscr{B}'$에 의하여 생성되는 위상 $\mathfrak{T}(\mathscr{B}')$는 직사각형영역들의 합집합의 형태로 이루어진 모든 집합들로 구성된다.

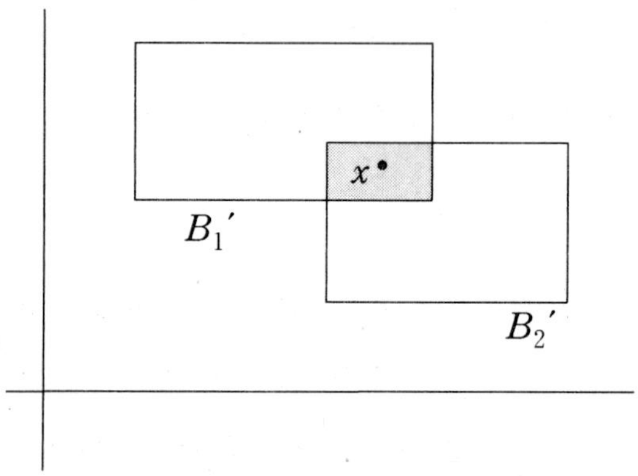

[그림 2.2.2]

뒤에서 언급하겠지만 $\mathfrak{T}(\mathscr{B})$와 $\mathfrak{T}(\mathscr{B}')$는 같은 위상임을 알 수 있다.

예제 2.2.3 X를 한 집합이라 하자. 모든 단원 집합들의 집합족을

$$\mathscr{B} = \{\{x\} \mid x \in X\}$$

라 하면 $\mathscr{B}$는 X상의 이산위상 $\mathscr{D}$를 생성한다. 즉 $\mathfrak{T}(\mathscr{B}) = \mathscr{D}$.

정리 2.2.1

$\mathscr{B}$를 한 집합 X상의 한 위상에 대한 기저라 하자.

$\mathscr{B}$에 의하여 생성된 집합족

$$\mathfrak{T}(\mathscr{B}) = \{U \subset X \mid \forall x \in U, \exists B \in \mathscr{B},\ x \in B \subset U\}$$

는 X상의 한 위상이 된다.

증 명 만약 $U = \varnothing$이면, $U \in \mathfrak{T}(\mathscr{B})$임을 쉽게 알 수 있다.

$U = X$이면, 임의의 원소 $x \in U$에 대하여, $\mathscr{B}$가 기저일 조건 B-1을 이용하면,

$$\exists B \in \mathscr{B},\ x \in B \subset X$$

를 만족한다.

만약 $\mathfrak{T}(\mathscr{B})$의 원소들의 한 첨수족을 $\{U_\alpha\}_{\alpha \in J}$라 하자. $U = \bigcup_{\alpha \in J} U_\alpha$가 $\mathfrak{T}(\mathscr{B})$의 원소임을 보이기 위하여 $x \in U$이면, U가 U_α들의 합집합이므로

$$\exists \alpha \in J,\ x \in U_\alpha$$

를 만족한다. 각 U_α가 $\mathfrak{T}(\mathscr{B})$의 원소임으로

$$\exists B \in \mathscr{B},\ x \in B \subset U_\alpha$$

를 만족한다. 따라서 $x \in B \subset U$를 만족한다.

마지막으로, U_1과 U_2를 $\mathfrak{T}(\mathscr{B})$의 원소들이라 하자. $U = U_1 \cap U_2$라 하고 U가 $\mathfrak{T}(\mathscr{B})$의 원소임을 보이기 위하여, $x \in U$이면 $x \in U_1$이고 $x \in U_2$, U_1과 U_2가 $\mathfrak{T}(\mathscr{B})$의 원소이므로 $\mathfrak{T}(\mathscr{B})$의 정의에 의하여

$$\exists B_1 \in \mathscr{B},\ x \in B_1 \subset U_1 \text{ 그리고 } \exists B_2 \in \mathscr{B},\ x \in B_2 \subset U_2$$

를 만족한다.

$\mathscr{B}$ 가 기저임으로 조건 B-2에 의하여

$$\exists B_3 \in \mathscr{B},\ x \in B_3 \subset B_1 \cup B_2$$

를 만족한다. 따라서 [그림 2.2.3]에서 보는 바와 같이

$$x \in B_3 \subset B_1 \cap B_2 \subset U_1 \cap U_2 = U$$

를 만족한다. 따라서 $\mathfrak{T}(\mathscr{B})$의 정의에 의하여 $U \in \mathfrak{T}(\mathscr{B})$를 만족한다.

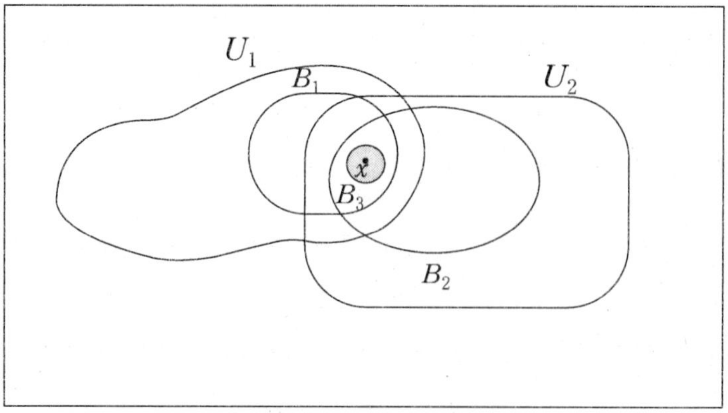

[그림 2.2.3]

정리 2.2.3

X를 한 집합이라 하자. $\mathscr{B}$ 가 X상의 한 위상 $\mathfrak{T}$ 에 대한 기저이면 $\mathfrak{T}$ 는 $\mathscr{B}$ 의 원소들의 합집합들의 모임이다.

증 명 모든 $\mathscr{B}$ 의 원소 B에 대하여,

$$^{\forall}x \in B,\ (\exists B \in \mathscr{B},\ x \in B \subset B)$$

를 만족하므로, $\mathscr{B} \subset \mathfrak{T}$ 이다.

$\mathfrak{T}$가 위상이므로 조건 <T-2>에 의하여 $\mathscr{B}$의 원소들 합집합들은 $\mathfrak{T}$의 원소가 된다. 역으로 $U \in \mathfrak{T}$, $x \in U$에 대하여, $\exists B_x \in \mathscr{B}$, $x \in B_x \subset U$.
따라서 $U = \bigcup_{x \in U} B_x$를 만족한다. 즉 U를 $\mathscr{B}$의 원소들의 합집합으로 나타낼 수 있다.

정리 2.2.4

$\mathscr{B}_1$과 $\mathscr{B}_2$를 각각 X상의 위상 $\mathfrak{T}_1$과 $\mathfrak{T}_2$에 대한 기저라 하자.
다음 두 조건들은 서로 동치이다.

(1) $\mathfrak{T}_2$가 $\mathfrak{T}_1$보다 더 섬세하다. 즉 $\mathfrak{T}_1 \subset \mathfrak{T}_2$

(2) 각 원소 $x \in X$ 그리고 x를 포함하는 각 원소 $B_1 \in \mathscr{B}_1$에 대하여,

$$\exists B_2 \in \mathscr{B}_2, \ x \in B_2 \subset B_1$$

를 만족한다.

증 명 (2) $\Rightarrow$(1) 주어진 $U \in \mathfrak{T}_1$에 대하여 U가 $\mathfrak{T}_2$의 원소임을 보이면 된다. $x \in U$에 대하여, $\mathscr{B}_1$이 $\mathfrak{T}_1$에 대한 기저이므로 $\exists B_1 \in \mathscr{B}_1$, $x \in B_1 \subset U$을 만족한다. 조건(2)에 의하여 $\exists B_2 \in \mathscr{B}_2$, $x \in B_2 \subset B_1$를 만족한다. 따라서 $x \in B_2 \subset U$. $\mathscr{B}_2$가 $\mathfrak{T}_2$에 대한 기저이므로 $U \in \mathfrak{T}_2$를 만족한다.
(1) $\Rightarrow$(2) $x \in X$. 그리고 x를 포함하는 $\mathscr{B}_1$의 원소 B_1에 대하여 정의에 의하여 $\mathscr{B}_1 \subset \mathfrak{T}_1$을 만족하고, 조건 (1)에 의하여 $\mathfrak{T}_1 \subset \mathfrak{T}_2$를 만족하므로 B_1은 $\mathfrak{T}_2$의 원소이다. $\mathfrak{T}_2$가 $\mathscr{B}_2$에 의하여 생성된 위상이므로 $\exists B_2 \in \mathscr{B}$, $x \in B_2 \subset B_1$를 만족한다.

예제 2.2.4 평면상에서 모든 원영역들의 집합족 $\mathscr{B}_1$에 의하여 생성된 위상 $\mathfrak{T}(\mathscr{B}_1)$과 모든 직사각형영역들의 집합족 $\mathscr{B}_2$에 의하여 생성된 위상은 서로 같은 위상이다. 자세한 증명은 뒤에서 언급하기로 하고 여기서는 아래 그림에서

보는 바와 같이 원영역에 포함되는 직사각형영역을, 또한 직사각형영역에 포함되는 원영역을 얼마든지 찾을 수 있기 때문에 위의 [정리2.2.4]를 이용하면 서로 서로 섬세한 위상임을 알 수 있다. 따라서 두 위상은 서로 같은 위상이다.

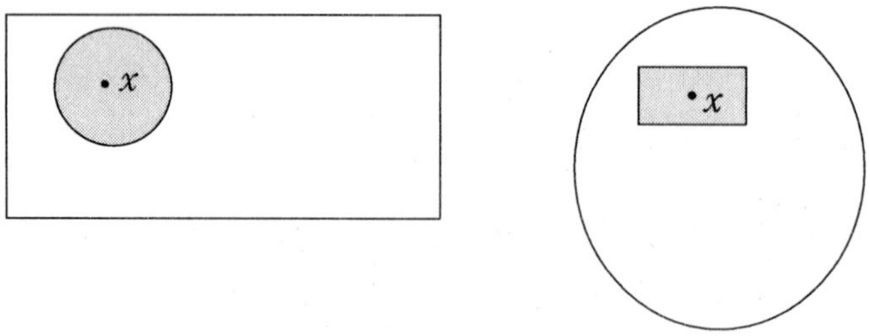

[그림 2.2.4]

정리 1.2.3

$\mathfrak{T}$를 X상의 한 위상이라 하자. $\mathfrak{T}$의 한 부분집합족 $\mathscr{C}$가 아래의 조건

임의의 $\mathfrak{T}$의 원소 U, 그리고 $x \in U$에 대하여,

$$\exists\, C \in \mathscr{C},\ x \in C \subset U$$

을 만족하면 $\mathscr{C}$는 한 위상의 기저이고, $\mathfrak{T} = \mathfrak{T}(\mathscr{C})$이다.

위 조건을 만족하는 $\mathfrak{T}$의 부분집합 $\mathscr{C}$를 $\mathfrak{T}$의 한 기저라고 한다.

증 명 우선 $\mathscr{C}$가 X상의 한 위상에 대한 기저가 됨을 보이자.

<B-1> 조건을 만족하기 위하여, 임의의 $x \in X$에 대하여 X가 $\mathfrak{T}$의 원소이므로 가정에 의하여

$$\exists\, C \in \mathscr{C},\ x \in C \subset X$$

를 만족한다.

<B-2> 조건을 보이기 위하여, $x \in C_1 \cap C_2$라면, C_1과 C_2가 $\mathscr{C}$의 원소이고, $\mathscr{C} \subset \mathfrak{T}$이므로 $C_1 \cap C_2$ 또한 $\mathfrak{T}$의 원소가 된다. 따라서 위의 가정에 의하여

$$\exists C_3 \in \mathscr{C},\ x \in C_3 \subset C_1 \cap C_2$$

를 만족한다.

만약 $\mathfrak{I}(\mathscr{C})$를 $\mathscr{C}$에 의하여 생성된 위상이라 할 때, 주어진 $U \in \mathfrak{I}$, $x \in U$에 대하여 $\exists C \in \mathscr{C},\ x \in C \subset U$를 만족하므로 $\mathfrak{I}(\mathscr{C})$의 정의에 의하여 $U \in \mathfrak{I}(\mathscr{C})$를 만족한다. 즉 $\mathfrak{I} \subset \mathfrak{I}(\mathscr{C})$.

역으로 $U \in \mathfrak{I}(\mathscr{C})$라면, $\mathfrak{I}(\mathscr{C})$의 정의에 의하여

$$^{\forall}x \in U,\ (\exists C_x \in \mathscr{C},\ x \in C_x \subset U)$$

를 만족한다. 따라서 $U = \bigcup_{x \in U} C_x$, 모든 C_x들이 $\mathfrak{I}$의 원소이므로 위상조건 <T-2>에 의하여, $U \in \mathfrak{I}$를 만족한다. 즉 $\mathfrak{I}(\mathscr{C}) \subset \mathfrak{I}$. □

한 집합 X상의 한 집합족 $\mathscr{B}$가 한 위상 $\mathfrak{I}$에 대한 기저가 될 때, $\mathscr{B}$는 그 기저 $\mathscr{B}$에 의하여 생성된 위상 $\mathfrak{I}(\mathscr{B})$의 한 기저가 됨을 알 수 있다.

예제 2.2.5 $X = \{a, b, c, d\}$, $\mathfrak{I} = \{X, \varnothing, \{a, b\}, \{b, c\}, \{a, b, c\}, \{b\}\}$라 하자. $\mathscr{C} = \{X, \{a, b\}, \{b, c\}, \{b\}\}$는 $\mathfrak{I}$의 한 기저이며 $\mathscr{C}$에 의하여 생성된 위상 $\mathfrak{I}(\mathscr{C})$는 주어진 위상 $\mathfrak{I}$와 같다.

예제 2.2.6 집합 X에서 $\mathscr{B} = \{\{x\} \mid x \in X\}$는 이산위상 $\mathscr{D}$의 한 기저가 된다. 또 이산위상 $\mathscr{D}$의 다른 기저 $\mathscr{B}'$가 있다면 $\mathscr{B} \subset \mathscr{B}'$이다.

[풀이] 임의의 $\{x\}\ (\in \mathscr{B})$에 대하여, 이산위상 $\mathscr{D}$의 정의에 의하여 $\{x\} \in \mathscr{D}$를 만족한다. $\mathscr{B}'$는 $\mathscr{D}$의 한 기저이므로

$$\exists B \in \mathscr{B}',\ x \in B \subset \{x\}$$

를 만족한다. 따라서 $\{x\} = B \in \mathscr{B}'$.

정의 2.2.3 수직선 $\mathbb{R}$ 에서 $\mathscr{B}$ 를 모든 개구간들의 집합족이라 하자. 즉,

$$\mathscr{B} = \{(a, b) \mid a, b \in \mathbb{R},\ a < b\}$$

$\mathscr{B}$ 는 $\mathbb{R}$ 상의 한 위상 $\mathscr{U}$ 의 한 기저가 된다. 이때 $\mathscr{U}$ 를 $\mathbb{R}$ 상의 **보통위상**(usual topology) 또는 **표준위상**(standard topology)이라고 한다.

$\mathscr{B}'$ 를 모든 반개구간들의 집합이라 하자. 즉

$$\mathscr{B}' = \{[a, b) \mid a, b \in \mathbb{R},\ a < b\}$$

$\mathscr{B}'$ 는 $\mathbb{R}$ 상의 한 위상 $\mathfrak{T}_\ell$의 한 기저가 되고, 이 위상 $\mathfrak{T}_\ell$를 $\mathbb{R}$ 상의 **하한위상**(lower limit topology)이라 한다. 실수 $\mathbb{R}$ 상의 하한위상 $\mathfrak{T}_\ell$이 주어졌을 때 위상공간 $(\mathbb{R}, \mathfrak{T}_\ell)$를 $\mathbb{R}_\ell$이라고 쓴다.

마찬가지로 **상한위상**(upper limit topology)을 정의할 수 있고 실수에 상한위상 $\mathfrak{T}_u$이 주어졌을때 이를 $\mathbb{R}_u$로 나타낸다.

정리 2.2.6

실수 $\mathbb{R}$ 상의 하한위상 $\mathfrak{T}_\ell$ (상한위상 $\mathfrak{T}_u$)은 표준위상 $\mathscr{U}$ 보다 완전히 더 섬세하다. 즉 $\mathscr{U} \subsetneq \mathfrak{T}_\ell$, $\mathscr{U} \subsetneq \mathfrak{T}_u$.

증 명 임의의 $x \in (a, b)$에 대하여, $a < x < b$이므로 $[x, b) \in \mathscr{B}'$ 그리고 $x \in [x, b) \subset (a, b)$를 만족한다. 그러므로 $\mathscr{U} \subseteq \mathfrak{T}_\ell$

한편, 하한위상 $\mathfrak{T}_\ell$ 의 기저 $[x, d) \in \mathscr{B}'$에 대하여,

$x \in (a, b) \subset [x, d)$를 만족하는 표준위상의 기저 $\mathscr{B}$의 어떤 원소 (a, b)도 존재하지 않는다. 그러므로 $[x, d) \notin \mathscr{U}$ □

마찬가지로 상한위상 $\mathfrak{T}_u$역시 표준위상 $\mathscr{U}$ 보다 완전히 더 섬세하다. 그러나 상한위상 $\mathfrak{T}_u$와 하한위상 $\mathfrak{T}_\ell$ 사이에는 서로 포함관계가 없다.

정의 2.2.4 X의 부분집합들의 한 집합족 $\mathscr{S}$가 다음의 조건을 만족할 때

<S-1> $\forall x \in X(\exists S \in \mathscr{S},\ x \in S)$, 즉 $\bigcup \mathscr{S} = X$.

이 집합족 $\mathscr{S}$를 X의 한 위상에 대한 한 **부분기저**(a subbase for a topology)라고 한다.

정리 2.2.7

$\mathscr{S}$를 집합 X상의 한 위상의 한 부분기저라고 하자.

만약 $\mathscr{B}$가 $\mathscr{S}$의 유한부분족의 교집합들을 모두 모아놓은 집합족이라면, 즉

$$\mathscr{B} = \{\bigcup \mathscr{S}_o \mid \mathscr{S}_o \text{는 } \mathscr{S}\text{의 유한부분 집합족}\}$$

$\mathscr{B}$는 X상의 한 위상에 대한 기저가 된다.

증 명 <B-1>의 조건을 보이기 위하여 $\forall x \in X$, <S-1>의 조건에 의하여 $\exists S \in \mathscr{S}$, $x \in S$

$\mathscr{S}_o = \{S\}$라 두면, $S = \bigcap \mathscr{S}_o$이므로 $S \in \mathscr{B}$. 그러므로 $\exists S \in \mathscr{B}$, $x \in S$를 만족한다.

<B-2>의 조건을 보이기 위하여 $B_1 = S_1 \cap S_2 \cap \cdots \cap S_m$ 그리고

$B_2 = S_1' \cap S_2' \cap \cdots \cap S_n'$를 $\mathscr{B}$의 임의의 두 원소라 하고 $x \in B_1 \cap B_2$라 하자.

$B_1 \cap B_2 = (S_1 \cap S_2 \cap \cdots \cap S_m) \cap (S_1' \cap S_2' \cap \cdots \cap S_n')$ 역시 $\mathscr{S}$의 원소들의 유한 교집합이므로 이를 B_3라 두면, $B_3 \in \mathscr{B}$ 그리고 $x \in B_3 \subset B_1 \cap B_2$이다. □

위의 기저 $\mathscr{B}$에 의하여 생성된 X상의 위상 $\mathfrak{T}$를 부분기저 $\mathscr{S}$에 의하여 생성된 위상이라 하고 $\mathfrak{T}(\mathscr{S})$로 나타낸다. 즉 $\mathfrak{T}(\mathscr{B}) = \mathfrak{T}(\mathscr{S})$.

한 집합상에 부분기저가 주어지면 이로부터 우리는 한 위상을 생성할 수 있음을 알 수가 있다.

예제 2.2.7 실수 $\mathbb{R}$ 에서

$$\mathscr{S} = \{(a, \infty) \mid a \in \mathbb{R}\} \cup \{(-\infty, b) \mid b \in \mathbb{R}\}$$

이라 하면 $\mathscr{S}$는 한 위상에 대한 부분기저가 된다. 또한

$(a, b) = (-\infty, b) \cap (a, \infty)$ $(a < b)$이므로 $\mathscr{S}$ 에 의하여 생성된 기저 $\mathscr{B}$ 는 표준위상 $\mathscr{U}$의 한 기저가 됨을 알 수 있다. 즉 $\mathfrak{T}(\mathscr{S}) = \mathscr{U}$.

예제 2.2.8 $X = \{a, b, c, d\}$라 하자.

$\mathscr{S} = \{X, \{a, b\}, \{b, c\}\}$라 두면 $\mathscr{S}$ 는 X상의 한 위상의 부분기저가 된다. $\mathscr{S}$로부터 한 기저 $\mathscr{B}$ 를 생성하면

$$\mathscr{B} = \{X, \{a, b\}, \{b, c\}, \{b\}\}$$

가 되고, $\mathscr{B}$에 의하여 생성된 위상은

$$\mathfrak{T}(\mathscr{S}) = \mathfrak{T}(\mathscr{B}) = \{X, \varnothing, \{a, b\}, \{b, c\}, \{b\}, \{a, b, c\}\}$$

가 된다.

주어진 위상공간 $(X, \mathfrak{T})$에서 부분기저를 다음과 같이 나타낸다.

정의 2.2.5 $(X, \mathfrak{T})$를 위상공간이라 하고 $\mathscr{S} \subset \mathfrak{T}$ 라 하자.

$$\mathscr{B} = \{\cap \mathscr{S}_0 \mid \mathscr{S}_0 \text{는 } \mathscr{S}\text{의 유한부분족}\}$$

이 $\mathfrak{T}$에 대한 기저일 때 $\mathscr{S}$를 $\mathfrak{T}$에 대한 **부분기저**(subbase)라 하고 $\mathfrak{T} = \mathfrak{T}(\mathscr{S})$로 나타낸다.

예제 2.2.9 $X = \{a, b, c, d\}$ $\mathscr{S} = \{\{a\}, \{b, c\}, \{c, d\}\}$라 하자.

$\mathscr{S}$는 부분기저의 조건을 만족한다. $\mathscr{S}$의 유한부분족들의 각 교집합 전체 $\mathscr{B}$ 는

$$\mathscr{B} = \{X, \{a\}, \{b, c\}, \{c, d\}, \{c\}, \varnothing\}$$

이다. $\mathscr{B}$ 에 의하여 생성된 위상 $\mathfrak{T}(\mathscr{B})$는

$\mathfrak{T}(\mathscr{B}) = \{\varnothing, X, \{a\}, \{c\}, \{a, c\}, \{b, c\}, \{c, d\}, \{a, b, c\}, \{b, c, d\}, \{a, c, d\}\}$

이다. $\mathfrak{T}(\mathscr{B})$는 X상의 한 위상이고 $\mathscr{S}$는 $\mathfrak{T}(\mathscr{B})$에 대한 부분기저, $\mathscr{B}$는 $\mathfrak{T}(\mathscr{B})$에 대한 기저가 된다.

$\mathfrak{T}(\mathscr{S})$를 부분기저 $\mathscr{S}$에 의하여 생성된 위상이라 할 때, $\mathfrak{T}(\mathscr{S})$는 $\mathscr{S}$를 포함하는 X상의 위상들 중에서 가장 작은 위상임을 알 수 있다.

왜냐하면, 임의의 위상 $\mathfrak{T}$가 $\mathscr{S}$를 포함한다고 하자. 임의의 $U \in \mathfrak{T}(\mathscr{S})$는 $\mathscr{S}$의 유한 부분족의 교집합들의 합집합으로 나타낸다. 즉.

$$U = \bigcup \left(\bigcap_{i=1}^{m} S_i \right), \quad S_i \in \mathscr{S}.$$

$\mathscr{S} \subset \mathfrak{T}$이므로, 각 원소 S_i는 개집합이다. 위상조건 <T-2>와 <T-3>에 의하여 U는 $\mathfrak{T}$의 원소, 즉 개집합이 된다. 따라서 $\mathfrak{T}(\mathscr{S}) \subset \mathfrak{T}$.

연습 문제 2.2

1. 실수집합 $\mathbb{R}$ 에서

$\mathscr{B}_1 = \{(a, b) \mid a < b\}$

$\mathscr{B}_2 = \{[a, b) \mid a < b\}$

$\mathscr{B}_3 = \{(a, b] \mid a < b\}$

$\mathscr{B}_4 = \mathscr{B}1 \cup \{B - K \mid B \in \mathscr{B}1\}$. 여기서 $K = \{\frac{1}{n} \mid n \in \mathbb{N}\}$

$\mathscr{B}_5 = \{(a, \infty) \mid a \in \mathbb{R}\}$

$\mathscr{B}_6 = \{(-\infty, a) \mid a \in \mathbb{R}\}$

$\mathscr{B}_7 = \{B \mid \mathbb{R} - B$는 유한집합$\}$

(1) 각 $\mathscr{B}_i$ $(i = 1, 2, \cdots, 7)$는 $\mathbb{R}$ 위의 한 위상의 기저임을 보여라.

(2) 각 $\mathscr{B}_i$ 에 의하여 생성된 위상 $\mathfrak{T}_i$를 서로 비교하여라.

(3) $\mathscr{B}_5 \cup \mathscr{B}_6$ 는 $\mathfrak{T}_1 = \mathfrak{T}(\mathscr{B}_1)$의 한 부분기저가 됨을 보여라.

2. 실수집합 $\mathbb{R}$ 에서

$\mathscr{B}_1 = \{(a, b) \mid a, b$는 유리수$\}$

$\mathscr{B}_2 = \{[a, b) \mid a, b$는 유리수$\}$

일 때

(1) $\mathfrak{T}(\mathscr{B}_1)$은 $\mathbb{R}$ 위에 보통위상 $\mathscr{U}$와 같은 위상임을 증명하여라.

(2) $\mathfrak{T}(\mathscr{B}_2) \neq \mathfrak{T}_\ell$ 임을 보여라. 여기서 $\mathfrak{T}_\ell$은 $\mathbb{R}$ 위의 하한위상이다.

3. 위상공간 $(X, \mathfrak{T})$가 개집합이면서 동시에 폐집합인 것들로 구성된 한 기저를 가질 때 X를 **영차원공간**(zero dimensional space)이라 한다.

(1) 이산공간 $(X, \mathscr{D})$와 비이산공간 $(X, \mathscr{I})$은 영차원공간임을 보여라.

(2) 보통공간 $(\mathbb{R}, \mathscr{U})$ 는 영차원공간이 아니다. 이것을 보여라.

§2.3 순서위상

단순순서집합(simply ordered set, linearly ordered set)에서 한 위상을 정의해 보자.

집합 X에 단순순서관계(simple order relation) $<$ 이 주어졌을때, 임의의 원소 $a, b \in X$에 대하여 구간을 다음과 같이 정의한다.

$$(a, b) = \{x \mid a < x < b\}$$
$$(a, b] = \{x \mid a < x \leq b\}$$
$$[a, b) = \{x \mid a \leq x < b\}$$
$$[a, b] = \{x \mid a \leq x \leq b\}$$

정의 2.3.1 X를 한 단순순서집합이라 하자. X가 한 개 이상의 원소를 가지고 있다고 가정하고 $\mathscr{B}$를 다음의 3가지 형태의 모든 집합의 집합족이라 하자.

(1) 모든 개구간 (a, b)

(2) X가 최소원소 a_0를 가질 경우, 모든 반개구간 $[a_0, b)$

(3) X가 최대원소 b_0를 가질 경우, 모든 반개구간 $(a, b_0]$

위 $\mathscr{B}$는 X상의 한 위상에 대한 기저가 된다. 이 때, $\mathscr{B}$에 의하여 생성된 위상 $\mathcal{T}(\mathscr{B})$를 X상의 **순서위상**(order topology)이라 한다.

예제 2.3.1 실수 $\mathbb{R}$ 상에 보통순서 $<$ 이 주어졌을 때, 보통순서에 의하여 생성된 순서위상은 앞에서 언급한 보통위상과 같은 위상이다.

예제 2.3.2 곱집합 $\mathbb{R} \times \mathbb{R}$에 사전식 순서가 주어졌을때, $\mathbb{R} \times \mathbb{R}$에는 최대원소와 최소원소가 없으므로 순서위상의 기저는 모든 개구간들의 집합족으로 구성되어진다. 즉

$$\mathscr{B} = \{((a, b), (c, d)) \mid (a, b) \in \mathbb{R} \times \mathbb{R}, (c, d) \in \mathbb{R} \times \mathbb{R}\}$$

개구간 $((a, b), (c, d)) = \{x \in \mathbb{R} \times \mathbb{R} \mid (a, b) < x < (c, d)\}$는 $a < c$ 든지, $a = c$ 이면 $b < d$ 이므로 다음 그림과 같이 두 가지 형태로 이해할 수 있다.

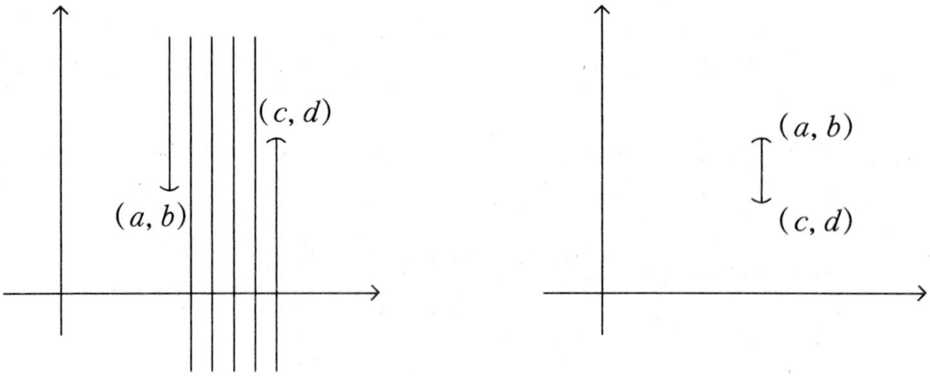

[그림2.3.1]

예제 2.3.3 보통 순서가 주어진 양의 정수 $\mathbb{Z}^+$는 최소원소를 가지는 단순순서 집합이다. 만약

$$1 < n \text{ 이면 } \{n\} = (n-1, n+1)$$
$$1 = n \text{ 이면 } \{1\} = [1, 2)$$

이다. 즉 모든 단원집합 $\{n\}$들이 $\mathscr{B}$의 원소이다. 따라서 순서위상은 이산위상이 됨을 알 수 있다.

예제 2.3.4 집합 $X = \{1, 2\} \times \mathbb{Z}^+$에 사전식 순서가 주어졌을때, X는 최소원소를 가지는 단순순서 집합이다. 이해를 돕기 위하여, 원소 $(1, n)$을 x_n으로 $(2, n)$을 y_n으로 쓰면 X는 다음과 같이 순서지워진 집합이다.

$$X = \{x_1, x_2, \cdots ; y_1, y_2, \cdots\}$$

여기서 y_1을 제외한 모든 단원집합 $\{x_i\}$, $\{y_j\}$들은 개집합이 된다. 그러나 y_1은 직전자가 없는 원소임으로, 단원집합 $\{y_1\}$을 구간형태로 나타낼 수 없다. 따라서 순서위상과 이산위상은 같지 않다.

연습 문제 2.3

1. 단순순서집합 X에서 다음을 만족하는 집합족 $\mathscr{B}$는 X 위의 한 위상의 기저임을 보여라.
   (1) 모든 개구간 (a, b)를 포함한다.
   (2) 최소원소 a_0를 가질 경우 $[a_0, b)$를 포함한다.
   (3) 최대원소 b_0를 가질 경우 $(a, b_0]$를 포함한다.

2. 보통순서가 주어진 정수집합 $\mathbb{Z}$ 위의 순서위상은 이산위상임을 보여라.

3. 서수들의 집합 Ω 위의 순서위상은 이산위상이 될 수 없음을 보여라.

4. 사전식 순서가 주어진 $\mathbb{R}^2$위의 순서위상은 보통위상이 될 수 없음을 보여라.

§2.4 곱집합 $X\times Y$ 위의 곱위상

정의 2.4.1 $(X,\ \mathfrak{T}), (Y,\ \mathfrak{T}')$를 위상공간이라 하자. 집합족 $\mathscr{B}\subset \wp(X\times Y)$

$$\mathscr{B}=\{U\times V \mid U\in\mathfrak{T},\ V\in\mathfrak{T}'\}$$

이라 하면 $\mathscr{B}$ 는 $X\times Y$위의 한 위상에 대한 기저가 되고, $\mathscr{B}$ 에 의하여 생성된 위상을 $X\times Y$상의 **곱위상**(product topology)이라고 한다.

위의 집합족 $\mathscr{B}$ 가 한 위상의 기저가 됨을 알아보자.

<B-1>. 임의의 원소 $(x,\ y)\in X\times Y$에 대하여, X와 Y가 각각 위상공간 X와 Y상의 개집합이므로

$$X\times Y\in\mathscr{B} \text{ 이다. 즉 } \exists X\times Y\in\mathscr{B},\ (x,\ y)\in X\times Y\text{를 만족한다.}$$

<B-2>. 임의의 원소 $U_1\times V_1\in\mathscr{B},\ U_2\times V_2\in\mathscr{B},$ 에 대하여 아래 [그림 2.4.1]과 같이

$$(U_1\times V_1)\cap(U_2\times V_2)=(U_1\cap U_2)\times(V_1\cap V_2)$$

이 된다. $U_1\cap U_2$와 $V_1\cap V_2$가 각각 위상공간 X와 Y상의 개집합이므로 $(U_1\cap U_2)\times(V_1\cap V_2)\in\mathscr{B}$. 즉 $\mathscr{B}$ 의 원소들의 교집합이 역시 $\mathscr{B}$ 의 원소가 되므로 <B-2>의 조건을 충분히 만족한다.

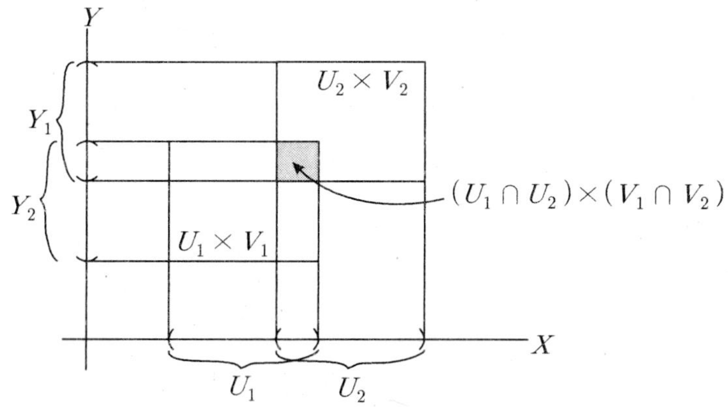

[그림2.4.1]

예제 2.4.1 보통실수공간 $\mathbb{R}$ 에서,

$$U=(1,2)\cup(3,4)$$
$$V=(2,3)\cup(4,5)\cup(7,8)$$

이라 하자. 그러면 U와 V는 $\mathbb{R}$ 위에서 개집합이다. 따라서 $U\times V$는 $\mathbb{R}\times\mathbb{R}$ 상의 곱위상의 한 원소(개집합)가 된다.

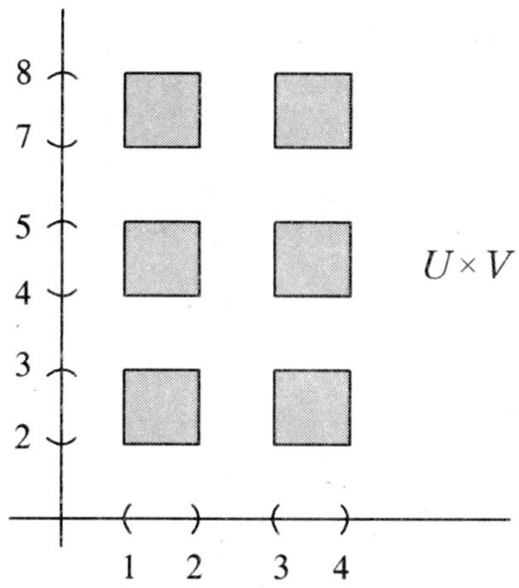

[그림 2.4.2]

> **정리 2.4.1**
>
> $(X, \mathfrak{T})$와 $(Y, \mathfrak{T}')$를 위상공간이라 하고 $\mathscr{B}$ 와 $\mathscr{C}$ 를 각각 $\mathfrak{T}$와 $\mathfrak{T}'$의 기저라 하자. 집합족 $\mathscr{D}$를
>
> $$\mathscr{D}=\{B\times C \mid B\in\mathscr{B},\ C\in\mathscr{C}\}$$
>
> 라면 $\mathscr{D}$ 는 $X\times Y$상의 곱위상의 기저가 된다.

증 명 W를 곱공간 $X\times Y$상의 개집합이라 하고 $(x, y)\in W$라 하자. 곱위상에 대한 기저의 정의에 의하여, X상의 한 개집합 U와 Y상의 한 개집합 V가 존재해서, $(x, y)\in U\times V\subset W$를 만족한다. $\mathscr{B}$ 와 $\mathscr{C}$ 가 각각 $\mathfrak{T}$와 $\mathfrak{T}'$의 기저

가 된다는 사실에서 $\mathscr{B}$ 의 원소 B와 $\mathscr{C}$ 의 원소 C가 존재해서, $x \in B \subset U$, $y \in C \subset V$를 만족한다. 따라서 $(x, y) \in B \times C \subset U \times V \subset W$를 만족한다. 즉

$$^{\forall}(x, y) \in W,\ \exists\, B \times C \in \mathscr{D},\ (x, y) \in B \times C \subset W$$

를 만족한다. □

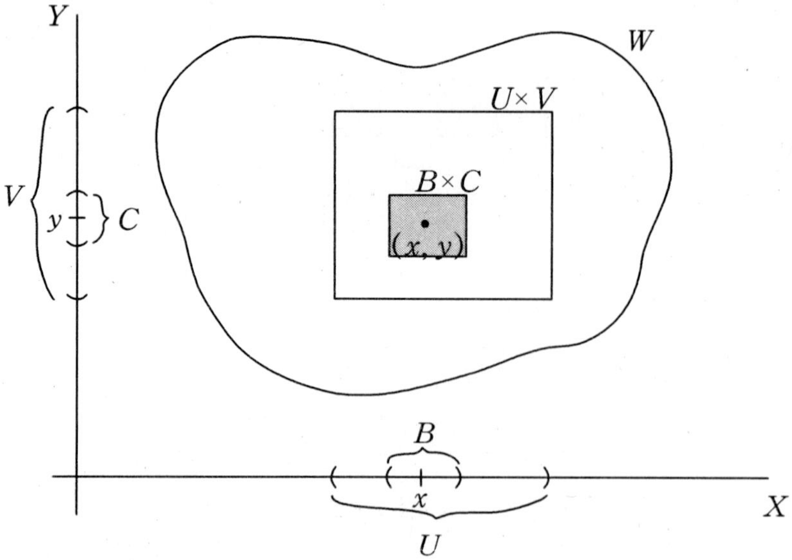

[그림 2.4.3]

예제 2.4.2 보통실수공간 $\mathbb{R}$ 에서 $\mathbb{R} \times \mathbb{R}$ 상의 곱위상을 $\mathbb{R} \times \mathbb{R}$ 상의 보통위상이라 한다. 그 기저는 $\mathbb{R}$ 상의 개구간의 곱집합(직사각영역)들로 구성된다. 즉

$$\mathscr{B} = \{(a, b) \times (c, d) \mid a, b, c, d \in \mathbb{R}\}$$

예제 2.4.3 $\mathbb{R}$ 을 보통실수공간, $\mathbb{R}_{\ell}$ 을 하한실수공간이라 하자. $\mathbb{R} \times \mathbb{R}_{\ell}$ 상의 곱위상의 기저는 $\mathscr{B} = \{(a, b) \times [c, d) \mid a, b, c, d \in \mathbb{R}\}$ 이 된다. 마찬가지로, $\mathscr{B}' = \{[a, b) \times [c, d) \mid a, b, c, d \in \mathbb{R}\}$는 $\mathbb{R}_{\ell} \times \mathbb{R}_{\ell}$ 상의 곱위상의 기저이고, $\mathscr{B}'' = \{[a, b) \times (c, d] \mid a, b, c, d \in \mathbb{R}\}$는 $\mathbb{R}_{\ell} \times \mathbb{R}$ 상의 곱위상의 기저이다.

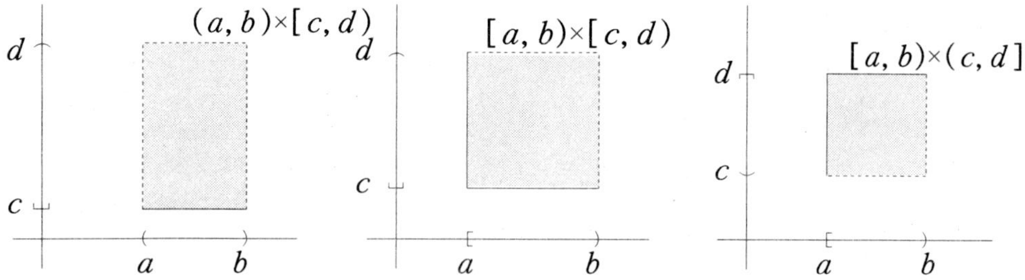

[그림 2.4.4]

정의 2.4.2 다음과 같이 정의된 함수 $\pi_1 : X \times Y \to X$과 $\pi_2 : X \times Y \to Y$를 $X \times Y$의 **사영함수**(projection)라 한다.

$$\pi_1 : X \times Y \to X, \quad \pi_1(x, y) = x$$

$$\pi_2 : X \times Y \to Y, \quad \pi_2(x, y) = y$$

만약 X와 Y가 위상공간이고 U와 V가 각각 X와 Y상의 개집합이라 할 때, U와 V의 역상 $\pi_1^{-1}(U)$와 $\pi_2^{-1}(V)$는

$$\pi_1^{-1}(U) = U \times Y$$

$$\pi_2^{-1}(V) = X \times V$$

이 된다.

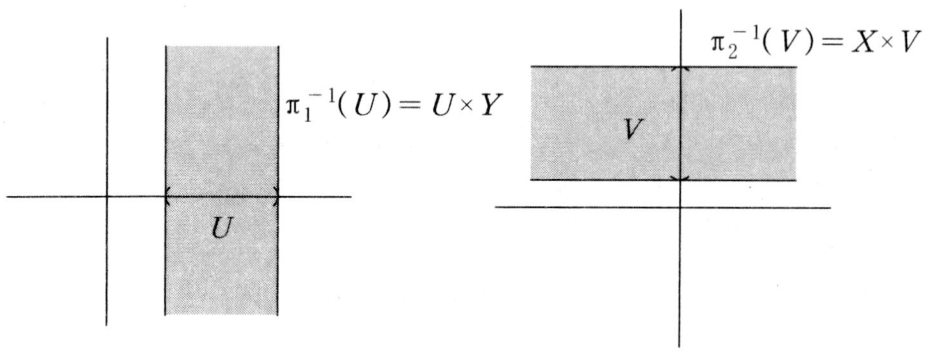

[그림 2.4.5]

정리 2.4.2

$(X, \mathfrak{T}_1)$과 $(Y, \mathfrak{T}_2)$를 위상공간, π_1과 π_2를 사영함수라 하자. 그러면,

$$\mathscr{S} = \{\pi_1^{-1}(U) \mid U \in \mathfrak{T}_1\} \cup \{\pi_2^{-1}(V) \mid V \in \mathfrak{T}_2\}$$

는 $X \times Y$상에서 곱위상에 대한 부분기저이다.

증 명 우선 집합족 $\mathscr{S}$가 부분기저가 될 조건 <S-1>을 만족함을 보이자. 임의의 원소 $(x, y) \in X \times Y$에 대하여, $U = X$라 놓으면
$\pi_1^{-1}(U) = X \times Y$ 그리고 $(x, y) \in \pi_1^{-1}(U)$. 따라서 $\mathscr{S}$는 한위상 $\mathfrak{T}'$을 생성하고, $\mathscr{S}$는 $\mathfrak{T}'$의 부분기저이다.

한 위상 $\mathfrak{T}$를 $X \times Y$상의 곱위상이라 하고, $\mathfrak{T}$와 $\mathfrak{T}'$가 같은 위상임을 보이자. 임의의 $\mathscr{S}$의 원소 S는 곱위상 $\mathfrak{T}$의 원소이므로 위상의 정의에 의하여, $\mathscr{S}$의 유한개의 원소들의 교집합들의 임의의 합집합은 역시 $\mathfrak{T}$의 원소가 된다. $\mathfrak{T}'$의 원소는 $\mathscr{S}$의 원소들의 유한 교집합의 합집합의 형태이므로 따라서 $\mathfrak{T}' \subset \mathfrak{T}$.

역으로 임의의 $W \in \mathfrak{T}$, $(x, y) \in W$에 대하여, 집합족
$\mathscr{B} = \{U \times V \mid U \in \mathfrak{T}_1,\ V \in \mathfrak{T}_2\}$가 곱위상 $\mathfrak{T}$의 기저가 됨으로

$$\exists U \in \mathfrak{T}_1,\ \exists V \in \mathfrak{T}_2,\ (x, y) \in U \times V \subset W$$

를 만족한다.

한편, $U \times V = \pi_1^{-1}(U) \cap \pi_2^{-1}(V)$이므로 $U \times V$는 $\mathscr{S}$의 두 원소의 교집합이다. 따라서 $U \times V$는 $\mathfrak{T}'$의 기저의 한 원소가 된다. 따라서 $W \in \mathfrak{T}'$, 그러므로 $\mathfrak{T} \subset \mathfrak{T}'$. □

연습 문제 2.4

1. $X=\{a, b, c\}$, $Y=\{1,2\}$라 하고 X상의 위상 $\mathfrak{T}=\{X, \varnothing, \{a\}, \{a, b\}\}$, Y상의 위상 $\mathfrak{T}'=\{Y, \varnothing, \{1\}\}$라 하자. $X\times Y$ 위의 곱위상을 구하여라.

2. $X=\{a, b, c)$, X상의 위상 $\mathfrak{T}=\{X, \varnothing, \{a\}, \{a, b\}\}$일때 보통실수 $\mathbb{R}$과의 곱위상 $\mathbb{R}\times X$와 $X\times\mathbb{R}$을 구하여라.

§2.5 부분공간 위상(상대위상)

위상공간 $(X, \mathfrak{T})$의 한 부분집합 Y상에 한 위상을 만들어 보자.

정의 2.5.1 집합 Y를 위상공간 $(X, \mathfrak{T})$의 부분집합이라 하자.
집합족 $\mathfrak{T}_Y \subset \wp(Y)$

$$\mathfrak{T}_Y = \{U \cap Y \mid U \in \mathfrak{T}\}$$

는 집합 Y상의 한 위상이 된다.
이 위상 $\mathfrak{T}_Y$를 위상공간 Y상의 $\mathfrak{T}$의 **부분공간위상**(subspace topology of $\mathfrak{T}$) 또는 **상대위상**(relative topology)라 한다. 이 때, 위상공간 $(Y, \mathfrak{T}_Y)$를 위상공간 $(X, \mathfrak{T})$의 **부분공간**(subspace)라고 한다.

$\mathfrak{T}_Y$가 Y상의 한 위상이 되는 것은 쉽게 알 수 있다.
<T-1> $\varnothing = \varnothing \cap Y$, $Y = X \cap Y$이므로 $\varnothing \in \mathfrak{T}_Y$, $Y \in \mathfrak{T}_Y$이다. 다음 식으로부터 $\mathfrak{T}_Y$의 원소들은 유한개의 교집합과 임의의 합집합에 대하여 닫혀있음을 알 수 있다.

<T-2> $\cup_{\alpha \in \mathscr{A}} (U_\alpha \cap Y) = \cup_{\alpha \in \mathscr{A}} U_\alpha) \cap Y$
<T-3> $(U_1 \cap Y) \cap \cdots \cap (U_n \cap Y) = (U_1 \cap \cdots \cap U_n) \cap Y$

예제 2.5.1 보통실수공간 $\mathbb{R}$ 에서 $Y = [0, 1]$이라 하자.
0과 1을 포함하지 않는 $[0, 1]$의 부분집합 U가 $\mathfrak{T}_Y$의 원소일 필요충분조건은 U가 $\mathfrak{T}$의 원소가 된다. 또한 $0 < a < 1$이라 가정하자.

$(-1, a) \cap Y = [0, a)$ 이므로 $[0, a) \in \mathfrak{T}_Y$ 이고,
$(a, 2) \cap Y = (a, 1]$이므로 $(a, 1] \in \mathfrak{T}_Y$ 이다.

여기서 부분집합 $[0, a), (a, 1]$은 $\mathfrak{T}$의 원소가 되지는 않으나 $\mathfrak{T}_Y$의 원소는

됨을 알 수 있다.

정의 2.5.2 $\mathfrak{T}_Y$의 원소를 Y에서 **상대적 개집합**(relatively open set) 또는 간단히 Y에서 **개집합**(open set in Y)이라 한다.

Y에서 개집합은 $U \cap Y$ 형태로 쓸 수 있는 집합이다. 여기서 U는 X에서 개집합이다. [그림 2.5.1]에서 빗금친 영역은 Y에서 개집합을 나타낸다.

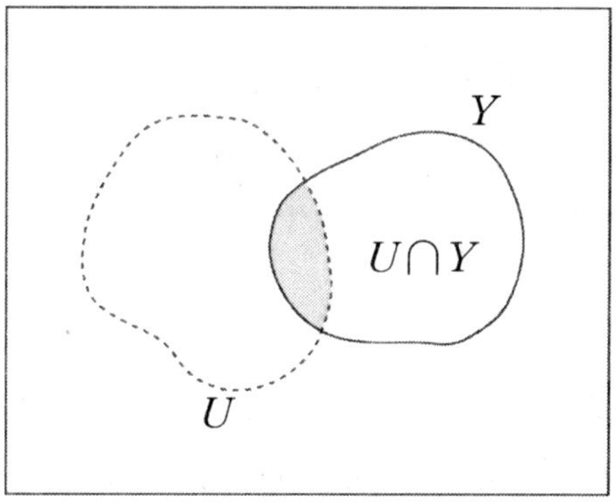

[그림 2.5.1]

예제 2.5.2 $\mathfrak{T}$가 $\mathbb{R}^2$ 위에서 보통위상이면 $\mathbb{R}$ 위에서 부분공간위상은 $\mathbb{R}$ 위에서 보통위상이다. 즉, $\mathfrak{T}_{\mathbb{R}} = U$ 이다.

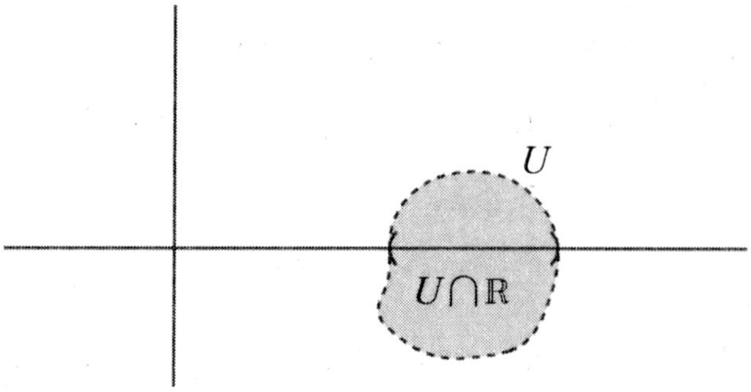

[그림 2.5.2]

(예제 2.5.3) $\mathscr{U}$가 $\mathbb{R}$ 위의 보통위상이면, 정수들의 집합 $\mathbb{Z}$에서 부분공간위상은 이산위상이다. 즉, $\mathscr{U}_{\mathbb{R}} = \mathscr{D}$ 이다. 왜냐하면, 임의의 $n \in \mathbb{Z}$ 에 대하여, $\{n\} = (n-1, n+1) \cap \mathbb{Z}$ 이므로 단원집합 $\{n\}$은 $\mathbb{Z}$에서 개집합이다.

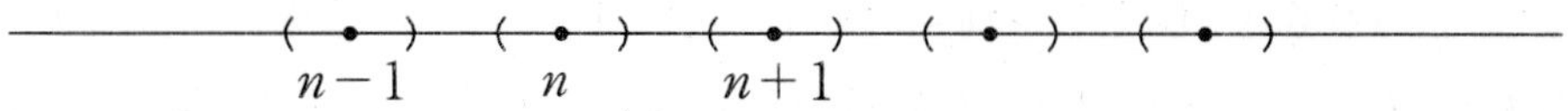

[그림 2.5.3]

(예제 2.5.4) $\mathscr{D}$가 X위에서 이산위상이면, $\mathscr{D}_Y$는 Y위에서 이산위상이고 $\mathscr{I}$가 X위에서 비이산위상이면, $\mathscr{I}_Y$는 Y위에서 비이산위상이다.

정리 2.5.1

만약 집합족 $\mathscr{B}$가 X위의 위상 $\mathfrak{T}$의 기저라 하자. 그러면 집합족

$$\mathscr{B}_Y = \{B \cap Y \mid B \in \mathscr{B}\}$$

는 Y위에 부분공간위상 $\mathfrak{T}_Y$의 기저이다.

증 명 임의의 $U \in \mathfrak{T}$와 $y \in U \cap Y$에 대하여, $\mathscr{B}$가 $\mathfrak{T}$의 기저이므로

$$\exists B \in \mathscr{B},\ y \in B \subset U$$

를 만족한다. 그러면 $y \in B \cap Y \subset U \cap Y$. 즉,

$$\exists B \cap Y \in \mathscr{B}_Y,\ y \in B \cap Y \subset U \cap Y.$$

그러므로 $\mathscr{B}_Y$는 $\mathfrak{T}_Y$의 기저이다. □

정리 2.5.2

$(X, \mathfrak{T})$는 위상공간이고 집합 Y는 위상공간 X의 개집합이라 하자. Y의 부분집합 A가 Y에서 개집합이면 X에서도 개집합이다. 즉,

$$A \in \mathfrak{T}_Y \text{ 이면 } A \in \mathfrak{T}$$

증 명 임의의 $A \in \mathfrak{T}_Y$에 대하여, $\mathfrak{T}_Y$의 정의에 의하여

$$\exists U \in \mathfrak{T},\ A = U \cap Y$$

U와 Y가 X상에서 개집합이므로 $A = U \cap Y$도 X에서 개집합이다. 즉,

$$A = U \cap Y \in \mathfrak{T}. \ \square$$

위 [정리 2.5.2]에서 부분집합 Y가 개집합인 조건은 필수적이다.

예제 2.5.5 보통실수공간 $\mathbb{R}$에서 부분공간 $Y = [0, 1]$에서의 기저는 다음 형태들의 부분집합들로 구성된다.

$$(a, b) \cap Y = \begin{cases} (a, b), & a \in Y,\ b \in Y \text{이고 } 0 \text{과 } 1 \text{이 아닐 경우} \\ [0, b), & a < 0,\ 0 < b < 1 \text{ 일 경우} \\ (a, 1], & 0 < a < b,\ 1 < b \text{일 경우} \\ Y \quad, & a \notin Y,\ b \notin Y \text{일 경우} \end{cases}$$

정의에 의하여, 위의 4가지 형태의 집합은 모두 Y에서의 개집합이다. 그러나 두 번째 세 번째 형태의 집합은 큰 위상공간 $\mathbb{R}$에서의 개집합은 아니다.

예제 2.5.6 보통실수공간 $\mathbb{R}$에서 $Y = [0, 1) \cup \{2\}$라 하자.
단원집합 $\{2\}$는 Y에서 개집합이다. 왜냐하면 $\{2\} = (2.5, 4) \cap Y$이기 때문이다. 만약 Y에 순서위상 $\mathfrak{T}$가 주어졌을때 단원집합 $\{2\}$는 $\mathfrak{T}$에서 개집합은 되지 않는다. 왜냐하면 2를 포함하는 순서위상의 기저 B는 적당한 $a \in Y$에 대하여 $B = \{x \in Y \mid a < x < 1 \text{ 또는 } x = 2\} = (a, 1) \cup \{2\}$이기 때문이다.

연습 문제 2.5

1. $(X, \mathfrak{I})$는 위상공간, $(Y, \mathfrak{I}_Y)$는 X의 부분공간이라 하자.
$A \subset Y$일때 A 위의 위상공간 Y의 부분공간위상 $(\mathfrak{I}_Y)_A$와 A 위의 위상공간 X의 부분공간위상 $\mathfrak{I}_A$가 같은 위상임을 보여라.

2. 보통실수공간 $(\mathbb{R}, \mathscr{U})$의 부분공간 $Y=[-1, 1]$에서 다음의 집합들이 Y에서 개집합인지 또는 X안에서 개집합인지를 판단해 보여라.

(1) $A = \{x \in \mathbb{R} \mid \frac{1}{2} < |x| < 1\}$

(2) $B = \{x \in \mathbb{R} \mid \frac{1}{2} < |x| \leq 1\}$

(3) $C = \{x \in \mathbb{R} \mid \frac{1}{2} \leq |x| < 1\}$

(4) $D = \{x \in \mathbb{R} \mid \frac{1}{2} \leq |x| \leq 1\}$

(5) $E = \{x \in \mathbb{R} \mid 0 < |x| < 1$ 그리고 $\frac{1}{x} \notin \mathrm{N}\}$

3. 보통실수공간 $(\mathbb{R}, \mathscr{U})$의 부분공간 $\mathbb{Q}$에서 집합 $U = \{x \in \mathbb{Q} \mid x^2 < 2\}$는 개집합인 동시에 폐집합임을 보여라.

4. 셈가능 집합족

$$\mathscr{B} = \{(a, b) \times (c, d) \mid a < b,\ c < d \text{ 그리고 } a, b, c, d \in \mathbb{Q}\}$$

가 보통실수공간$\mathbb{R}$의 곱공간 $\mathbb{R}^2$의 기저가 됨을 보여라.

5. 곱집합 $\mathbb{R} \times \mathbb{R}$에서 사전식 순서위상을 $\mathfrak{I}$라 할때, $\mathfrak{I}$는 곱공간 $(\mathbb{R}, \mathscr{D}) \times (\mathbb{R}, \mathscr{U})$의 곱위상과 같음을 보여라. 즉 $\mathfrak{I} = \mathscr{D} \times \mathscr{U}$.

6. $(\mathbb{R}, \mathscr{U}) = \mathbb{R}$, $(\mathbb{R}, \mathfrak{T}_\ell) = \mathbb{R}_\ell$이라 두고 L을 평면 $\mathbb{R}^2$위의 직선이라 할 때, $\mathbb{R}_\ell \times \mathbb{R}$의 부분공간으로서 L 위의 위상과 $\mathbb{R} \times \mathbb{R}_\ell$의 부분공간으로 L 위의 위상을 비교설명해 보여라.

7. I를 $\mathbb{R}$의 부분공간 $[0, 1]$이라 두자. $I_d = ([0, 1], \mathscr{D})$라 할 때, 다음 세 위상을 서로 비교해 보여라.

(1) $I \times I$ 위의 곱위상

(2) $I \times I$ 위의 사전식 순서위상

(3) $I_d \times I$ 위의 곱위상

§2.6 폐집합과 극한점

정의 2.6.1 위상공간 $(X, \mathfrak{T})$의 부분집합 A가 **폐집합**(closed set)이라함은 그 여집합 $X-A$가 $\mathfrak{T}$의 원소, 즉 개집합이다.

예제 2.6.1 보통실수공간 $\mathbb{R}$에서 폐구간 $[a, b]$는 폐집합이다. 왜냐하면 그 여집합 $\mathbb{R}-[a, b]=(-\infty, a)\cup(b, \infty)$이 $\mathbb{R}$에서 개집합이기 때문이다. 또한 단원집합 $\{a\}$도 폐집합이다. 왜냐하면 그 여집합 $X-\{a\}=(-\infty, a)\cup(a, \infty)$이 $\mathbb{R}$에서 개집합이기 때문이다.

그러나 실수 $\mathbb{R}$의 부분집합 $[a, b)$는 개집합도 아니고 폐집합도 아니다.

예제 2.6.2 보통위상공간 $\mathbb{R}^2$에서 집합 $A=\{(x, y) \mid x \geq 0,\ y \geq 0\}$는 폐집합이다. 왜냐하면 그 여집합 $\mathbb{R}^2-A=[(-\infty, 0)\times\mathbb{R}]\cup[\mathbb{R}\times(-\infty, 0)]$이 $\mathbb{R}^2$위에서 개집합이기 때문이다.

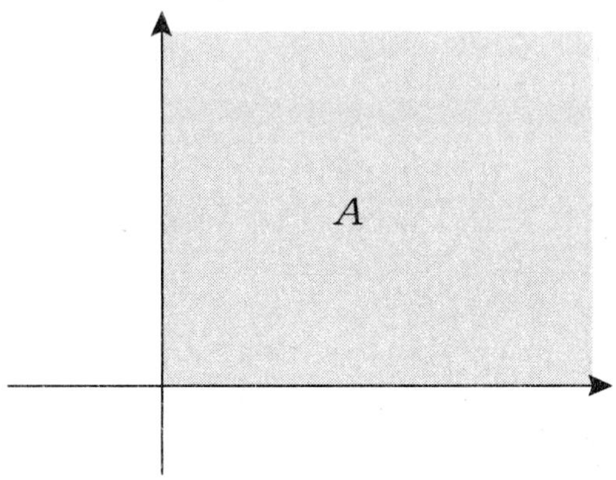

[그림 2.6.1]

예제 2.6.3 이산위상공간 X에서 모든 부분집합은 개집합이 됨과 동시에 폐집합이다.

예제 2.6.4 보통실수공간 $\mathbb{R}$의 부분공간 $Y=[0,1]\cup(2,3)$에서 폐구간 $[0,1]$은 Y에서 개집합이다. 왜냐하면 $[0,1]=(-1,\frac{3}{2})\cap Y$이기 때문이다. 마찬가지로 개구간 $(2,3)$ 역시 Y에서 개집합이다. 또한 $[0,1]=Y-(2,3)$, $(2,3)=Y-[0,1]$이므로 $[0,1]$과 $(2,3)$은 Y에서 폐집합이다.

정리 2.6.1

$(X,\mathfrak{T})$를 한 위상공간이라 하자. 그러면 폐집합들에 대해서 다음의 성질이 성립한다.

(1) $\varnothing$와 X는 폐집합이다.

(2) 폐집합들의 임의의 교집합은 폐집합이다.

(3) 폐집합들의 유한 합집합은 폐집합이다.

증 명 (1) $\varnothing$와 X는 폐집합이다. 왜냐하면 $\varnothing$와 X의 여집합은 각각 X와 $\varnothing$이고 그들은 X에서 개집합이기 때문이다.

(2) 임의의 폐집합들의 집합족을 $\{A_\alpha\}_{\alpha\in J}$라 두고,

DeMorgan의 법칙을 적용하면

$$X-\bigcap_{\alpha\in J}A_\alpha=\bigcup_{\alpha\in J}(X-A_\alpha)$$

여기서, 각 $X-A_\alpha$는 A_α가 폐집합이므로 개집합이고, 개집합들의 임의의 합집합은 개집합이므로 $\bigcup_{\alpha\in J}(X-A_\alpha)$는 개집합이 된다. 그러므로 $\bigcap_{\alpha\in J}A_\alpha$는 폐집합이다.

(3) 각 $i=1,2,\cdots,n$에 대해서 A_i를 폐집합이라고 하자.

DeMorgan의 법칙을 적용하면

$$X-\bigcup_{i=1}^{n}A_i=\bigcap_{i=1}^{n}(X-A_i)$$

각 $(X-A_i)$는 A_i가 폐집합이므로 개집합이고, 개집합들의 유한 교집합은 개집합이 되므로 $\bigcap_{i=1}^{n}(X-A_i)$는 개집합이 된다. 그러므로 $\bigcup_{i=1}^{n}A_i$는 폐집합이다. □

정의 2.6.2 Y를 위상공간 $(X, \mathfrak{T})$의 부분공간이라 하고 A를 Y의 부분집합이라 하자. Y에서 A의 여집합 $Y-A$가 Y에서 개집합이 될 때 A를 Y에서 폐집합이라 한다. 즉 $Y-A \in \mathfrak{T}_Y$ 일 때 A를 Y에서 폐집합이라 한다.

정리 2.6.2

Y를 위상공간 $(X, \mathfrak{T})$의 부분공간이라 하고 A를 Y의 부분집합이라 하자. 그러면 A가 Y에서 폐집합일 필요충분 조건은 X에서 적당한 폐집합과 Y와의 교집합이 되는 것이다. 즉 X에 적당한 폐집합 C가 존재해서, $A = C \cap Y$이다.

증 명 ([그림 2.6.2] 참조) C를 X에서 폐집합이라 하고 $A = C \cap Y$라 하자. 그러면 $X-C$는 X에서 개집합이 되고 부분공간위상의 정의에 의하여 $(X-C)\cap Y$는 Y에서 개집합이 된다. 한편,

$$(X-C)\cap Y = Y-A$$

이므로 $Y-A$는 Y에서 개집합이 된다. 그러므로 A는 Y에서 폐집합이다.

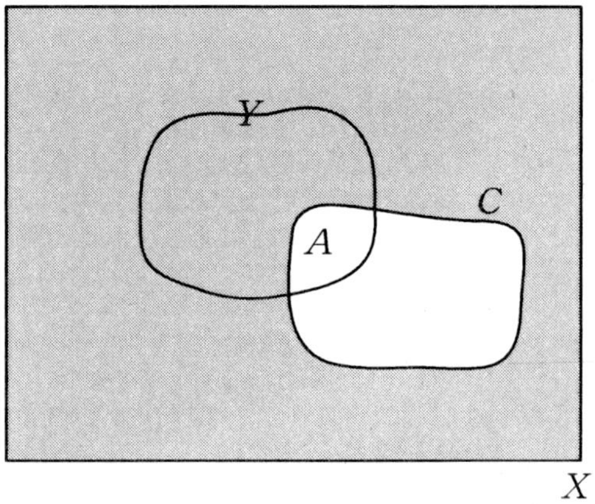

[그림 2.6.2]

역으로 ([그림 2.6.3] 참조) A를 Y에서 폐집합이라 하자. 그러면 $Y-A$는 Y에서 개집합이 된다. 부분공간위상의 정의에 의하여

$$\exists U \in \mathfrak{T}, \ Y-A=U \cap Y$$

$U \in \mathfrak{T}$ 이므로 $X-U$는 폐집합이 되고

$$A=Y \cap (X-U)$$

이 된다. $X-U=C$로 두면 C는 폐집합이 되고 $A=C \cap Y$이 된다. □

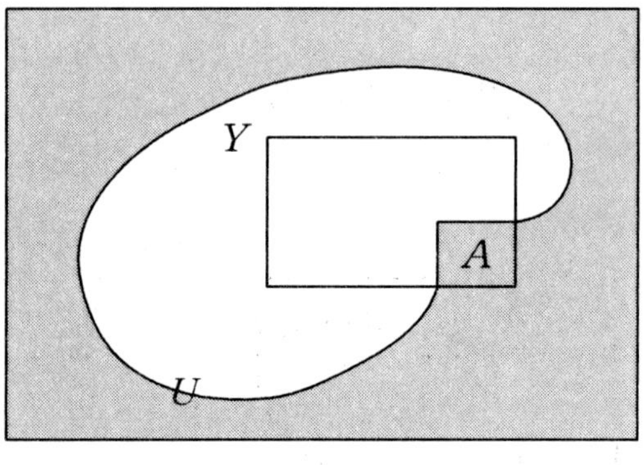

[그림 2.6.3]

정리 2.6.3

Y를 위상공간 $(X, \mathfrak{T})$의 부분공간이라 하자. 집합 A가 Y에서 폐집합이고 Y가 전공간 X에서 폐집합이면, A는 X에서 폐집합이다.

정의 2.6.3 A를 위상공간 $(X, \mathfrak{T})$의 부분집합이라 하자. A의 **폐포**(closure) $\overline{A}$ (또는 ClA)는 A를 포함하는 모든 폐집합들의 교집합을 의미한다.

$$\overline{A} = \bigcap\{C \mid X - C \in \mathfrak{T} \text{ 이고 } A \subseteq C\}$$

정의 2.6.4 A를 위상공간 $(X, \mathfrak{T})$의 부분집합이라 하자. A의 **내부**(interior) A^o 또는 $IntA$)는 A에 포함되는 모든 개집합들의 합집합을 의미한다.

$$A^o = \bigcup\{ U \mid U \in \mathfrak{T} \text{ 이고 } U \subseteq A \}$$

A^o의 원소를 A의 **내점**(interior point)이라 한다.

정의 2.6.5 한 점 x를 위상공간 $(X, \mathfrak{T})$의 한 원소라 하자. x를 포함하는 한 개집합을 x의 **근방**(Neighborhood) 또는 개근방(open neighborhood)이라 한다. ([그림 2.6.4] 참조)

다른 책에는 x를 원소로 하는 개집합을 포함하는 한 집합을 x의 근방이라고 정의하기도 한다. 여기서는 위의 [정의2.6.5] 의 근방을 일반 근방과 구별하기 위하여 개근방이라고 한다.

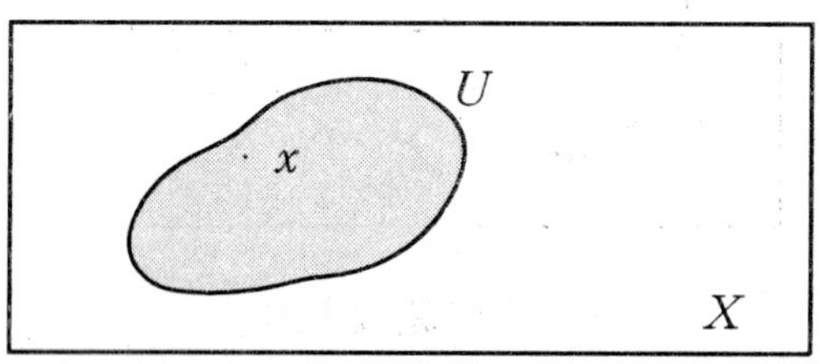

[그림 2.6.4]

개집합과 폐집합의 성질에 의하여 $\overline{A}$는 폐집합이다. 왜냐하면 정의에 의하여 $\overline{A}$는 폐집합들의 교집합이기 때문이다. 마찬가지로 A^o는 개집합들의 합집합이므로 개집합이다. 또한 그들 사이의 포함관계는 $A^o \subset A \subset \overline{A}$이다.

$\overline{A}$와 A^o의 정의로부터 ([그림 2.6.5] 참조) 다음 사실이 성립된다.

(1) $\overline{A}$는 A를 포함하는 가장 작은 폐집합이다.

(2) A^o는 A에 포함되는 가장 큰 개집합이다.

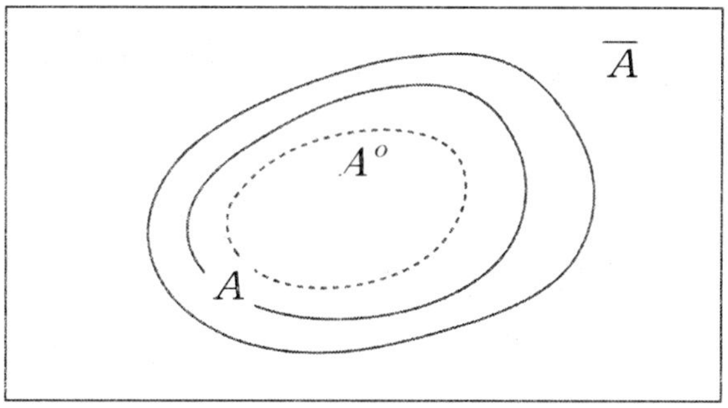

[그림 2.6.5]

다음의 정리는 어떤 점이 폐포에 속하는지를 결정해 주는 한 방법을 제시해 준다.

정리 2.6.4

집합 A는 위상공간 $(X, \mathfrak{T})$의 부분집합이고 $x \in X$라 하자. 그러면 $x \in \overline{A}$일 필요충분조건은 x의 모든 근방이 A와 공집합이 아닌 교집합을 갖는다. 즉,

$$x \in \overline{A} \Leftrightarrow x\text{의 임의의 근방 } U\text{에 대해서, } U \cap A \neq \varnothing.$$

증 명 대우를 써서 「$x \notin \overline{A} \Leftrightarrow x$의 한 근방 U가 존재해서, $U \cap A = \varnothing$」를 증명하기로 하자.

$x \notin \overline{A}$라 가정하자. $U = X - \overline{A}$라 두면, U는 폐집합 $\overline{A}$의 여집합이므로 x를 포함하는 개집합이 된다. 즉 U는 x의 근방이고 $U \cap A = \varnothing$.

역으로, 만약 U를 x의 근방으로서 $U\cap A=\varnothing$라 두면, $X-U$는 A를 포함하는 폐집합이 된다. A를 포함하는 가장 작은 폐집합이 폐포 $\overline{A}$라는 사실로부터 $\overline{A}\subset X-U$이 성립된다. 한편 $x\notin X-U$이기 때문에 $x\notin \overline{A}$ 이다. □

정리 2.6.5

A는 위상공간 $(X, \mathfrak{T})$의 부분집합이고 $\mathscr{B}$를 위상 $\mathfrak{T}$의 한 기저라 하자. 그러면 $x\in\overline{A}$일 필요충분조건은 x의 모든 기저근방(기저의 원소로서 근방)이 A와 공집합이 아닌 교집합을 갖는다. 즉,

$$x\in\overline{A} \Leftrightarrow x\text{의 임의의 기저근방 } B\in\mathscr{B} \text{ 대해서 } B\cap A\neq\varnothing.$$

증 명 x의 기저근방 B는 x의 근방이 된다는 사실로부터, 만약 $x\in\overline{A}$이면 임의의 x의 기저근방 B에 대해서 $B\cap A\neq\varnothing$.

역으로 U를 x의 임의의 근방이라 두자. 그러면 기저의 정의에 의하여,

$$\exists B\in\mathscr{B},\ x\in B\subset U$$

가정에 의하여, $B\cap A\neq\varnothing$. 한편 $B\cap A\subset U\cap A$ 이므로 $U\cap A\neq\varnothing$. □

예제 2.6.5 $X=\{a, b, c, d\}$, $\mathfrak{T}=\{\varnothing, X, \{a,b\}, \{b,c\}, \{a,b,c\}, \{b\}\}$ $A=\{a,c\}$라 하자. X에서 폐집합들은 $\varnothing, X, \{c,d\}, \{a,d\}, \{d\}, \{a,c,d\}$이므로 A를 포함하는 폐집합은 X와 $\{a,c,d\}$이다. 따라서

$$\overline{A}=\bigcap\{\{a,c,d\}, X\}=X\cap\{a,c,d\}=\{a,c,d\}$$

이다.

예제 2.6.6 보통위상공간 $\mathbb{R}$에서 $A=(0,1]$이라 두면 $\overline{A}=[0,1]$이다. 왜냐하면, 모든 0의 근방은 A와 공집합이 아닌 교집합을 가진다. 그러나 $[0,1]$에 속하지 않는 모든 원소는 A와 공집합인 교집합을 가지는 근방을 가진다. 즉,

$$^{\forall}x\notin[0,1],\ \exists\, U\in\mathscr{U},\ x\in U\text{이고 } U\cap A=\varnothing.$$

마찬가지로, $B=\{\frac{1}{n} \mid n\in\mathbb{Z}^+\}$이면 $\overline{B}=B\cup\{0\}$.

$C=\{0\}\cup(1,2)$이면 $\overline{C}=\{0\}\cup[1,2]$.

유리수의 집합 $\mathbb{Q}$에 대해서 $\overline{\mathbb{Q}}=\mathbb{R}$.

양의 정수의 집합 $\mathbb{Z}^+$에 대해서 $\overline{\mathbb{Z}^+}=\mathbb{Z}^+$.

양의 실수의 집합 $\mathbb{R}^+$에 대해서 $\overline{\mathbb{R}^+}=\mathbb{R}^+\cup\{0\}$.

정리 2.6.6

Y를 위상공간 $(X, \mathfrak{T})$의 부분공간이라 하고 A를 Y의 부분집합이라 하자. 부분공간 Y에서 A의 폐포를 $\overline{A}^Y=\cap\{C \mid Y-C\in\mathfrak{T}_Y$이고 $A\subseteq C\}$이라 두면,

$$\overline{A}^Y=\overline{A}\cap Y \text{이다.}$$

증 명 $\overline{A}\cap Y$는 Y에서 폐집합이다. 이는 $\overline{A}$이 X에서 폐집합이기 때문이다. $A\subset\overline{A}\cap Y$ 라는 사실로부터 $\overline{A}\cap Y$는 위상공간 Y에서 A를 포함하는 폐집합이 된다. Y에서 A를 포함하는 가장 작은 폐집합은 Y에서 A의 폐포 $\overline{A}^Y$이므로, $\overline{A}^Y\subset\overline{A}\cap Y$이다.

한편, $\overline{A}^Y$는 Y에서 폐집합이므로 [정리 2.6.2]에 의하여, X에서 한 폐집합 C가 존재하여, $\overline{A}^Y=C\cap Y$이 된다. 또한 C는 A를 포함하여야 한다. 왜냐하면 $A\subset\overline{A}^Y=C\cap Y$이기 때문이다. 즉 C는 X에서 A를 포함하는 폐집합이다. 따라서 $\overline{A}$의 정의에 의하여, $\overline{A}\subset C$이 된다.

그러므로 $\overline{A}\cap Y\subset C\cap Y=\overline{A}^Y$이다. □

정의 2.6.6 집합 A를 위상공간 $(X, \mathfrak{T})$의 부분집합이라 하자. X의 한 점 x가 A의 **극한점**(limit point)이라 함은 x의 모든 근방이 x와 다른 A의 점을 포함할 때이다. 즉, 임의의 점 x의 근방 U에 대해서,

$$(U-\{x\})\cap A \neq \varnothing \text{ (또는 } (U \cap (A-\{x\}) \neq \varnothing)$$

을 만족할 때이다.

A의 모든 극한점의 집합을 A'로 쓰고 A'를 A의 **유도집합**(derived set) 또는 **도집합**이라 한다.

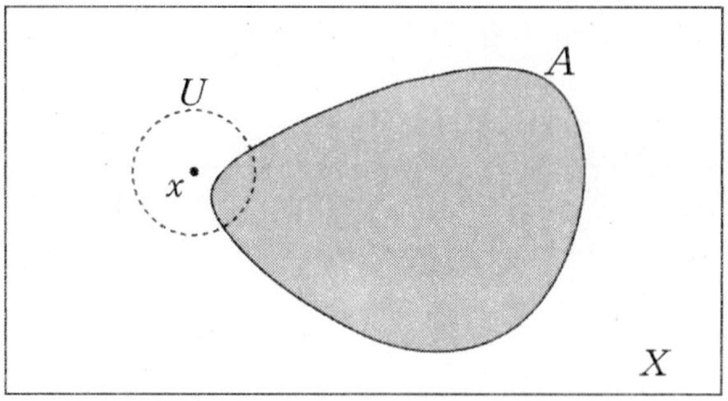

[그림 2.6.6]

예제 2.6.7 위상공간에서

$X=\{a,b,c,d\}$, $\mathfrak{T}=\{\varnothing, X, \{a,b\}, \{b,c\}, \{a,b,c\}, \{b\}\}$ $A=\{a,b,c\}$라 하면 도집합 $A'=\{a,c,d\}$이고 $b\in A$이지만 $b\not\in A'$ 이다.

예제 2.6.8 보통실수공간 $\mathbb{R}$에서 $A=(0,1]$라 두면 $A'=[0,1]$이다. 왜냐하면 임의의 원소 $x\in[0,1]$에 대하여, 모든 x의 근방 U안에 x와 다른 A의 원소를 적어도 한 개 이상 포함된다. 그러나 $x\not\in[0,1]$이라면, A의 어떤 원소도 포함하지 않는 x의 근방 U를 택할 수 있다. ([그림 2.6.7] 참조)

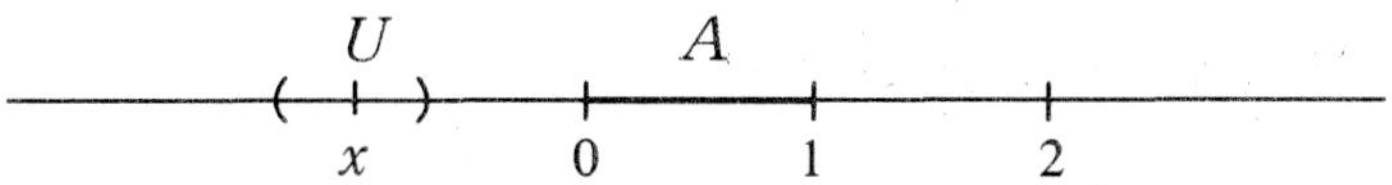

[그림 2.6.7]

만약 $B=\{\frac{1}{n} \mid n\in\mathbb{Z}^+\}$이라 두면 B의 도집합은 공집합이다. 즉,

$$B' = \{0\}$$

이다. 왜냐하면, 0의 어떤 근방에 대해서도 B의 원소를 적어도 한 개 이상 포함하고 있으나 0이 아닌 실수 x는 B의 원소를 전혀 포함하지 않거나 기껏해야 B의 원소 중 자기 자신 x 하나만 포함하는 근방을 가진다.

만약 $C=\{0\}\cup(1,2)$라면 $C'=[1,2]$ 이다.

마찬가지로 $\mathbb{Q}'=\mathbb{R}$, $(\mathbb{Z}^+)'=\varnothing$ 그리고 $(\mathbb{R}^+)'=\mathbb{R}^+\cup\{0\}$이다.

예제 2.6.9 하한실수공간 $\mathbb{R}_\ell$에서 집합 $A=[a,b)$이라 두면, $b\not\in A'$ 이다. 왜냐하면 $U=[b, b+1)$라 하면 $\mathbb{R}_\ell$에서 U는 b의 근방이고 $U\cap A=\varnothing$ 이 된다.

정리 2.6.7

집합 A를 위상공간 $(X, \mathfrak{T})$의 부분집합이라 하자. 그러면

$$\overline{A} = A\cup A'$$

가 성립한다.

증 명 만약 $x\in A'$ 라면 x의 모든 근방 U에 대해서

$$(U-\{x\})\cap A \neq \varnothing$$

이다. 따라서 $U\cap A\neq\varnothing$이다. [정리 2.6.4]에 의하여 $x\in\overline{A}$ 이다.

그러므로 $A'\subset\overline{A}$. 즉 $A'\cup A\subset\overline{A}$ 이 성립된다.

한편, $x\in\overline{A}$라 할 때, 만약 $x\in A$ 이면 당연히 $x\in A\cup A'$이 만족된다.

따라서 $\overline{A}\subset A\cup A'$ 이 성립된다.

만약 $x\not\in A$ 라면 $x\in\overline{A}$라는 사실로부터 x의 모든 근방 U에 대해서 $U\cap A\neq\varnothing$, 한편 $x\not\in A$이므로 $U\cap A = U\cap(A-\{x\})=(U-\{x\})\cap A$이다.
그러므로

$$(U-\{x\})\cap A\neq\varnothing$$

이다. 즉 $x\in A'$ 이다. 따라서 $\overline{A}\subset A\cup A'$ 이 성립된다. □

정리 2.6.8

집합 A를 위상공간 $(X, \mathfrak{T})$의 부분집합이라 하자. 그러면 A가 X에서 폐집합이 될 필요충분조건은 $A' \subset A$을 만족할 때이다. 즉, 폐집합은 그의 극한점을 모두 포함하는 것이다.

증 명 폐포 $\overline{A}$의 정의로부터, A가 폐집합이 될 필요충분조건은 $A = \overline{A}$이 성립함을 알 수 있다. 따라서 $\overline{A} = A \cup A'$ 와 $\overline{A} = A$ 로부터 $A = A \cup A'$이 성립되므로 $A' \subset A$이다. 따라서 A가 폐집합이 될 필요충분조건은 $A' \subset A$ 이다. □

폐포의 기본적인 성질은 다음과 같다.

정리 2.6.9

A와 B를 위상공간 $(X, \mathfrak{T})$의 부분집합이라 하자. 그러면

(1) $\overline{\varnothing} = \varnothing$ $\qquad \overline{X} = X$

(2) $\overline{\overline{A}} = \overline{A}$

(3) $A \subset B$ 이면 $\overline{A} \subset \overline{B}$

(4) $\overline{A \cup B} = \overline{A} \cup \overline{B}$

(5) $\overline{A \cap B} \subset \overline{A} \cap \overline{B}$

증 명 (1), (2)의 증명; $\varnothing$, X, $\overline{A}$이 폐집합이므로 그들의 폐포는 그 자신이 된다.

(3)의 증명; $A \subset B$라 가정하고 $x \in \overline{A}$라 두자. x의 임의의 근방 U에 대하여, $x \in \overline{A}$이기 때문에 $U \cap A \neq \varnothing$이다. 가정에 의하여 $U \cap A \subset U \cap B$이고, 따라서 $U \cap B \neq \varnothing$이 성립된다. 그러므로 $x \in \overline{B}$이다.

(4)의 증명; $A \cup B \subset \overline{A} \cup \overline{B}$이므로 $\overline{A} \cup \overline{B}$는 $A \cup B$를 포함하는 한 폐집합이다. 폐포 $\overline{A \cup B}$의 정의에 의하여, $\overline{A \cup B} \subset \overline{A} \cup \overline{B}$이 성립된다.

한편, $A \subset A \cup B$이고 $B \subset A \cup B$이므로 (3)에 의하여

$\overline{A} \subset \overline{A \cup B}$, $\overline{B} \subset \overline{A \cup B}$이 성립된다. 그러므로 $\overline{A} \cup \overline{B} \subset \overline{A \cup B}$이다.

(5)의 증명; $A \cap B \subset \overline{A} \cap \overline{B}$ 이므로 폐포의 정의에 의하여

$\overline{A \cap B} \subset \overline{A} \cap \overline{B}$ 이 성립된다.

한편, $\overline{A \cap B} \neq \overline{A} \cap \overline{B}$ 이 성립함은 다음 반례([예제 2.6.10])를 참조할 수 있다. □

예제 2.6.10 보통실수공간 $\mathbb{R}$ 에서 $A = (0, 1)$, $B = (1, 2)$라 하자. 그러면 $A \cap B = \varnothing$ 이다. 따라서 $\overline{A \cap B} = \varnothing$ 이 된다. 그러나 $\overline{A} = [0, 1]$, $\overline{B} = [1, 2]$ 이므로 $\overline{A} \cap \overline{B} = \{1\}$이다. 그러므로 $\overline{A \cap B} \neq \overline{A} \cap \overline{B}$.

정의 2.6.7 집합 A를 위상공간 $(X, \mathfrak{T})$의 한 부분집합이라 하자. 집합 $Ext(A)$를 $(X - A)^o$ 로 정의하고 이를 A 의 **외부**(exterior)라 한다. 또한 원소 $x \in Ext(A)$를 A 의 **외점**(exterior point)이라 한다.

또한, 집합 $Bd(A)$를 $X - (A^o \cup Ext(A))$ 로 정의하고 이를 A 의 **경계**(boundary)라 한다. 또한 원소 $x \in Bd(A)$를 A 의 **경계점**(boundary point)이라 한다.

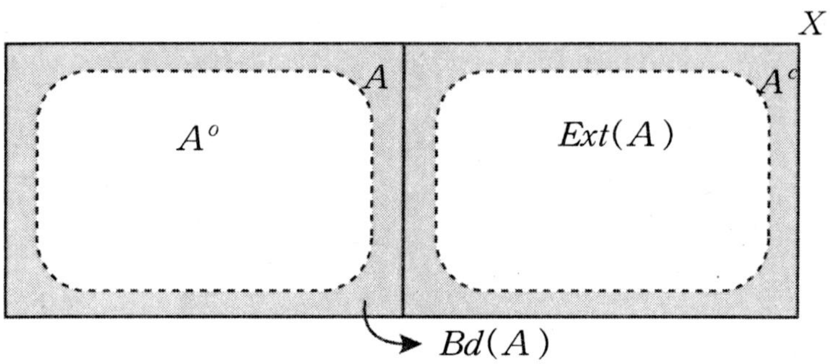

[그림 2.6.8]

$A^o \subset A$ 이고 $Ext(A) = (A^c)^o \subset A^c$이므로 $A^o \cup Ext(A) = \varnothing$ 이다.
따라서 $Bd(A)$의 정의로부터 집합족 $\mathscr{P} = \{A^o, Ext(A), Bd(A)\}$는 위상공간 X의 한 분할(partition)임을 알 수 있다.

예제 2.6.11 $X = \{a, b, c, d\}$, $\mathfrak{I} = \{\varnothing, X, \{a, b\}, \{b, c\}, \{a, b, c\}, \{b\}\}$에서 $A = \{b, c, d\}$라면 $A^o = \{b, c\}$, $Ext(A) = \varnothing$이다.
따라서, $Bd(A) = \{a, d\}$ 이다.

예제 2.6.12 보통 실수공간 $\mathbb{R}$ 에서 집합 $A = [0, 1) \cup [2, 3)$이라 두면

$$A^o = (0, 1) \cup (2, 3)$$
$$Ext(A) = (-\infty, 0) \cup (1, 2) \cup (3, \infty)$$
$$Bd(A) = \{0, 1, 2, 3\}$$

이 된다.

연습 문제 2.6

1. $\mathscr{C}$를 집합 X의 부분집합들의 한 집합족으로서 다음 조건을 만족한다고 하자.

   (1) $\varnothing, X \in \mathscr{C}$ 이다.

   (2) $\mathscr{C}$ 의 원소들의 유한합집합은 $\mathscr{C}$ 의 원소이다.

   (3) $\mathscr{C}$ 의 원소들의 임의의 교집합은 $\mathscr{C}$ 의 원소이다.

   이때, 집합족 $\mathfrak{T} = \{X - C \mid C \in \mathscr{C}\}$는 X의 한 위상이 됨을 보여라.

2. A가 Y에서 폐집합이고 Y가 X에서 폐집합이면 A가 X에서 폐집합임을 보여라.

3. A가 X에서 폐집합이고 B가 Y에서 폐집합이면 $A \times B$가 $X \times Y$에서 폐집합임을 보여라.

4. U가 X에서 개집합이고 A가 X에서 폐집합이면 $U - A$는 X에서 개집합이고 $A - U$는 X에서 폐집합이 됨을 보여라.

5. X가 순서위상공간이라 할 때 $\overline{(a, b)} \subset [a, b]$임을 보여라.

6. A, B, A_α를 위상공간 X의 부분집합이라 할 때 다음을 증명하여라

   (1) $\overline{A \cup B} = \overline{A} \cup \overline{B}$

   (2) $\overline{\bigcup_{\alpha \in J} A_\alpha} \supset \bigcup_{\alpha \in J} \overline{A_\alpha}$; 일반적으로, 등식이 성립하지 않는 예를 들어라.

7. A, B, A_α를 위상공간 X의 부분집합이라 할 때 다음 등식이 성립하는지를 판단하고, 등식이 성립하지 않을 때 $\supset$ 와 $\subset$ 중 어느 것이 성립하는지 보여라.

(1) $\overline{A \cap B} = \overline{A} \cap \overline{B}$

(2) $\overline{\bigcap_{\alpha \in J} A_\alpha} = \bigcap_{\alpha \in J} \overline{A_\alpha}$

(3) $\overline{A - B} = \overline{A} - \overline{B}$

(4) $(A \cup B)' = A' \cup B'$

(5) $(A \cap B)' = A' \cap B'$

8. $A \subset X$, $B \subset Y$일 때 다음을 보여라.

$\overline{A \times B} = \overline{A} \times \overline{B}$

9. 사전식 순서위상공간 $X = [0, 1] \times [0, 1]$에서 다음 집합들의 폐포를 구하여라.

(1) $A = \{(x, y) \mid y = 0\}$

(2) $B = \{(x, y) \mid x > 0,\ y \neq 0\}$

(3) $C = A \cup B$

(4) $D = \{(x, y) \mid x \in \mathbb{Q}\}$

(5) $E = \{(x, y) \mid 0 < x^2 + y^2 \leq 1\}$

(6) $F = \left\{(x, y) \mid x \neq 0,\ y \leq \frac{1}{x}\right\}$

10. 여유한공간(cofinite topological space) X에서 임의의 부분집합 A의 도집합 A'는 X에서 폐집합임을 보여라.

11. 실수 $\mathbb{R}$ 위의 한 위상 $\mathfrak{T} = \{\mathbb{R}, \varnothing\} \cup \{(a, \infty) \mid a \in \mathbb{R}\}$에 대하여

(1) $A = [0, 1)$일 때 $(\mathbb{R}, \mathfrak{T})$에서 A'를 구하여라.

(2) 자연수 $\mathbb{N}$에 대하여 $\mathbb{N}'$를 구하여라.

12. $(\mathbb{R}, \mathscr{U})$에서 $A = \left\{\frac{1}{2}, \frac{2}{3}, \cdots, \frac{n-1}{n}, \cdots\right\}$일 때 A'와 $\overline{A}$를 구하여라.

13. $X = \{a, b, c, d, e\}$, $\mathfrak{I} = \{\varnothing, X, \{a, b\}, \{c, d\}, \{a, b, c, d\}, \{c, d, e\}\}$ 일 때 $A = \{a, b, c\}$ 에 대하여 다음을 구하여라.

(1) A° $(= Int\, A)$ (2) $Ext\, A$ (3) $Bd\, A$

14. $\mathfrak{I} = \{\mathbb{R}, \varnothing\} \cup \{(a, \infty) \mid a \in \mathbb{R}\}$ 일 때 $A = [0, \infty)$ 에 대하여 다음을 구하여라.

(1) $Int\, A$ (2) $Ext\, A$ (3) $Bd\, A$

15. $(\mathbb{R}, \mathcal{U})$ 에서 유리수집합 $\mathbb{Q}$ 의 $Int\, \mathbb{Q}$, $Ext\, \mathbb{Q}$, $Bd\, \mathbb{Q}$ 를 구하여라.

제3장 연속함수

§3.1 연속함수

정의 3.1.1 $(X, \mathfrak{T})$와 $(Y, \mathfrak{T}')$를 위상공간이라 하고 $f: X \to Y$를 한 함수라 하자. 임의의 $V \in \mathfrak{T}'$에 대해서 $f^{-1}(V) \in \mathfrak{T}$일 때 f를 $(X, \mathfrak{T})$에서 $(Y, \mathfrak{T}')$로의 **연속함수**(continuous function)라 한다.

예제 3.1.1 $(X, \mathscr{D})$를 이산공간 $(Y, \mathfrak{T})$를 임의의 위상공간이라 하면 임의의 함수 $f: X \to Y$는 항상 연속이다. 왜냐하면 임의의 $V \in \mathfrak{T}$에 대해서 $f^{-1}(V) \in \mathscr{P}(X) = \mathscr{D}$ 이기 때문이다.

$(X, \mathfrak{T})$를 임의의 위상공간 $(Y, \mathscr{I})$를 비이산공간이라 하면 임의의 함수 $f: X \to Y$는 항상 연속이다. 왜냐하면 임의의 V가 $\mathscr{I}$의 원소라면 $V = Y$이거나 $V = \varnothing$ 이고 $f^{-1}(Y) = X$, $f^{-1}(\varnothing) = \varnothing$ 이므로 $f^{-1}(V) \in \mathfrak{T}$ 이다.

예제 3.1.2 보통실수공간 $\mathbb{R}$에서 $\mathbb{R}$로의 함수 $f: \mathbb{R} \to \mathbb{R}$를 다음과 같이 정의하면

$$f(x) = \begin{cases} x, & x \in [0, \infty) \\ x-2, & x \in (-\infty, 0) \end{cases}$$

f는 연속함수가 아니다. 왜냐하면 $V = (-1, 2)$라면 $f^{-1}(V) = [0, 2)$이고 $f^{-1}(V)$는 $\mathbb{R}$ 상에서 개집합이 아니다. 따라서 f는 연속이 아니다.

정리 3.1.1

$(X, \mathfrak{T})$, $(Y, \mathfrak{T}')$를 위상공간이라 하고 $\mathscr{B}$를 $\mathfrak{T}'$의 한 기저라 하자. 한 함수 $f: X \to Y$가 연속이기 위한 필요충분조건은 임의의 $B \in \mathscr{B}$에 대하여 $f^{-1}(B) \in \mathfrak{T}$가 되는 것이다.

증 명 $f:X\to Y$가 연속함수라 가정하자. $\mathscr{B}$가 $\mathfrak{T}'$에 대한 기저이므로 $\mathscr{B}\subset\mathfrak{T}'$이다. 따라서 $\mathscr{B}$의 임의의 원소 B 는 $\mathfrak{T}'$의 원소가 되므로 연속함수의 정의에 의하여 $f^{-1}(B)\in\mathfrak{T}$ 이다.

역으로 임의의 $B\in\mathscr{B}$에 대하여 $f^{-1}(B)\in\mathfrak{T}$ 라 가정하자. $\mathscr{B}$가 $\mathfrak{T}'$의 기저라는 사실로부터 임의의 $V\in\mathfrak{T}'$는 $\mathscr{B}$의 원소의 임의의 합집합으로 구성된다. 즉 $V=\bigcup_{\alpha\in J}B_\alpha$이다. 여기서 $B_\alpha\in\mathscr{B}$. 따라서

$$f^{-1}(V)=f^{-1}(\bigcup_\alpha B_\alpha)=\bigcup_\alpha f^{-1}(B_\alpha)$$

이고, 각 $\alpha\in J$에 대하여 $f^{-1}(B_\alpha)\in\mathfrak{T}$이므로 위상 $\mathfrak{T}$의 정의에 의하여 $f^{-1}(V)=\bigcup_\alpha f^{-1}(B_\alpha)\in\mathfrak{T}$ 이다.

그러므로 함수 $f:X\to Y$는 연속이다. □

정리 3.1.2

$(X,\mathfrak{T}),(Y,\mathfrak{T}')$를 위상공간이라 하고 $\mathscr{S}$를 $\mathfrak{T}'$의 부분기저라 하자. 한 함수 $f:X\to Y$가 연속이기 위한 필요충분조건은 임의의 $S\in\mathscr{S}$에 대하여 $f^{-1}(S)\in\mathfrak{T}$가 되는 것이다.

증 명 함수 $f:X\to Y$를 연속함수라 가정하자. $\mathscr{S}$가 $\mathfrak{T}'$의 부분기저이므로 $\mathscr{S}\subset\mathfrak{T}'$이다. 따라서 임의의 $S\in\mathscr{S}$는 $\mathfrak{T}'$의 원소가 되므로 연속함수의 정의에 의하여 $f^{-1}(S)\in\mathfrak{T}$ 이다.

역으로 임의의 $S\in\mathscr{S}$에 대하여 $f^{-1}(S)\in\mathfrak{T}$ 라 가정하자. $\mathscr{S}$가 $\mathfrak{T}'$의 부분기저가 된다는 사실로부터 임의의 $V\in\mathfrak{T}'$는 $\mathscr{S}$의 원의 유한교집합들의 합집합으로 구성된다. 즉 $V=\bigcup(\bigcap_{i=1}^{n}S_i)$, 여기서 S_i는 $\mathscr{S}$의 원소이다. 따라서

$$f^{-1}(V)=f^{-1}(\bigcup(\bigcap_{i=1}^{n}S_i))=\bigcup(\bigcap f^{-1}(S_i))$$

여기서 $S_i \in \mathscr{S}$

각 $S_i \in \mathscr{S}$에 대하여 $f^{-1}(S_i)\in \mathfrak{T}$ 이므로 위상 $\mathfrak{T}$ 의 정의에 의하여 $f^{-1}(V)\in \mathfrak{T}$ 이다. 그러므로 함수 $f:X\rightarrow Y$는 연속이다. □

예제 3.1.3 우리는 해석학에서, 실수위의 실변수 함수 $f:\mathbb{R}\rightarrow\mathbb{R}$ 의 연속성을 $\varepsilon-\delta$정의에 의하여 공부해왔다. 즉 주어진 $x_0\in\mathbb{R}$ 와 $\varepsilon>0$ 에 대하여, $|x-x_0|<\delta$ 이면 $|f(x)-f(x_0)|<\varepsilon$ 을 만족하는 $\delta>0$ 가 존재할 때 $f:\mathbb{R}\rightarrow\mathbb{R}$를 연속이라고 정의하였다. 이것이 위에서 정의한 연속의 정의와 동치가 됨을 알아보자.

임의의 $x_0\in\mathbb{R}$ 와 $\varepsilon>0$ 에 대해서 개구간 $V=(f(x_0)-\varepsilon,\ f(x_0)+\varepsilon)$는 $\mathbb{R}$에서 개집합이다. 따라서 함수 $f:\mathbb{R}\rightarrow\mathbb{R}$ 가 연속이 되기 위하여 $f^{-1}(V)$는 $\mathbb{R}$에서 개집합이 되어야 한다. 따라서 $x_0\in f^{-1}(V)$이고 개구간들의 집합 $\mathscr{B}$가 보통위상의 기저가 되므로,

$$\exists(a,b)\in\mathscr{B},\ x_0\in(a,b)\subset f^{-1}(V)$$

가 성립되어야 한다.

여기서 x_0-a 와 $b-x_0$ 보다 더 작은 수 $\delta>0$ 를 선택하자. 그러면 임의의 원소 $x\in\mathbb{R}$ 에 대하여, $|x_0-x|<\delta$ 이면 $x\in(x_0-\delta,x_0+\delta)\subset(a,b)$ 이고, $(a,b)\subset f^{-1}(V)$ 이므로 $x\in f^{-1}(V)$. 즉, $f(x)\in V$ 이다. 그러므로 $|f(x)-f(x_0)|<\delta$ 이 성립한다.

역으로 $\varepsilon-\delta$ 정의가 성립한다고 가정하자. 임의의 기저의 원소 (a,b)에 대하여 $f^{-1}(a,b)$가 개집합이 됨을 증명해 보자. 임의의 $x_0\in f^{-1}(a,b)$ 에 대하여, $f(x_0)\in(a,b)$ 이므로 $f(x_0)-a$ 와 $b-f(x_0)$ 보다 더 작은 $\varepsilon>0$을 선택할 수 있다. 따라서 $(f(x_0)-\varepsilon, f(x_0)+\varepsilon)\subset(a,b)$ 이고 $\varepsilon-\delta$ 정의에 의하여 $|x-x_0|<\delta$ 이면 $|f(x)-f(x_0)|<\varepsilon$ 을 만족하는 $\delta>0$ 가 존재한다. 그러므로 $(x_0-\delta,\ x_0+\delta)\subset f^{-1}(a,b)$ 이 성립된다. 왜냐하면 임의의 $x\in(x_0-\delta,\ x_0+\delta)$

에 대하여, $|x-x_0|<\delta$ 이므로 δ 의 성질에 의하여 $|f(x)-f(x_0)|<\varepsilon$ 이다. 따라서 $f(x)\in(f(x_0)-\varepsilon, f(x_0)+\varepsilon)\subset(a, b)$이 성립하므로 $f(x)\in(a, b)$ 즉, $x\in f^{-1}(a, b)$이다. 결론적으로 $f^{-1}(a, b)$는 $\mathbb{R}$상에서 개집합이 되어서 f가 연속이 된다.

예제 3.1.4 함수 $f:\mathbb{R}\to\mathbb{R}_\ell$를 항등함수라 가정하자. 즉 임의의 $x\in\mathbb{R}$에 대하여 $f(x)=x$ 이다. 그러나 항등함수 $f:\mathbb{R}\to\mathbb{R}_\ell$는 연속함수가 아니다. 왜냐하면 반개구간 $[a, b)$는 $\mathbb{R}_\ell$에서 개집합이나 $f^{-1}[a, b)=[a, b)$가 $\mathbb{R}$에서는 개집합이 아니다.

한편, 항등함수 $f:\mathbb{R}_\ell\to\mathbb{R}$는 연속이다. 왜냐하면 $\mathbb{R}$에서 임의의 기저의 원소 (a, b)에 대하여 $f^{-1}(a, b)=(a, b)$는 $\mathbb{R}_\ell$에서도 개집합이기 때문이다.

정의 3.1.2 $(X, \mathfrak{T})$와 $(Y, \mathfrak{T}')$를 위상공간이라 하자. 함수 $f:X\to Y$가 X의 한 점 a에서 **연속**(continuous at a)이라 함은 $f(a)$의 각 근방 V에 대해서 a의 한 근방 U가 존재하여 $f(U)\subset V$를 만족할 때이다.

정리 3.1.3

$(X, \mathfrak{T})$와 $(Y, \mathfrak{T}')$를 위상공간, $f:X\to Y$를 함수라 하자. 다음은 서로 동치이다.

(1) 함수 $f:X\to Y$는 연속이다.

(2) 함수 $f:X\to Y$는 모든 점 $x\in X$에서 연속이다.

(3) Y에서 임의의 폐집합 C에 대하여, $f^{-1}(C)$가 X에서 폐집합이다.

증 명 (1) ⇒ (2) : 함수 $f:X\to Y$를 연속이라 가정하자. 임의의 점 $x_0\in X$와 $f(x_0)$의 임의의 근방 V에 대하여, V가 Y에서 개집합이고 f의 연속성으로부터 $f^{-1}(V)$는 x_0의 근방이 된다. 따라서 $U=f^{-1}(V)$라 하면 U는 x_0의 근방이 되고 $f(U)=f(f^{-1}(V))\subset V$가 된다.

(2) ⇒ (1) : 함수 $f: X \to Y$가 모든 점 $x \in X$에서 연속이라 가정하자. 임의의 원소 $V \in \mathfrak{T}'$에 대하여 $f^{-1}(V)$가 개집합임을 보이기 위하여 임의의 점 $x \in f^{-1}(V)$을 택하자. 그러면 $f(x) \in V$이다. 따라서 V는 $f(x)$의 근방이고 함수 f가 x에서 연속이므로, x의 한 근방 U_x가 존재해서 $f(U_x) \subset V$가 된다. 한편 $f(U_x) \subset V$이므로 $U_x \subset f^{-1}(V)$가 된다. $U = \bigcup\{U_x \mid x \in f^{-1}(V)\}$라 두면 $U \in \mathfrak{T}$이고 $U = f^{-1}(V)$이다. 그러므로 $f^{-1}(V) \in \mathfrak{T}$이다.

(1)⇒(3) : Y에서 임의의 폐집합 C에 대하여, 폐집합의 정의로부터 $Y - C \in \mathfrak{T}'$가 된다. $f: X \to Y$가 연속이므로 $f^{-1}(Y - C) \in \mathfrak{T}$이다.
한편 $f^{-1}(Y - C) = X - f^{-1}(C)$이므로 $f^{-1}(C)$는 X에서 폐집합이 된다.

(3) ⇒ (1) : Y에서 임의의 개집합 V에 대하여, $Y - V$는 폐집합이고 가정에 의하여 $f^{-1}(Y - V)$는 폐집합이다. 한편 $f^{-1}(Y - V) = X - f^{-1}(V)$이므로 $f^{-1}(V)$는 개집합이다. 즉, $f^{-1}(V) \in \mathfrak{T}$이므로 f는 연속이다. □

정리 3.1.4

$(X, \mathfrak{T})$와 $(Y, \mathfrak{T}')$를 위상공간, $f: X \to Y$를 함수라 하자. 다음은 서로 동치이다.

(1) 함수 $f: X \to Y$는 연속이다.

(2) $A \subset X$이면 $f(\overline{A}) \subset \overline{f(A)}$이다.

(3) $B \subset Y$이면 $\overline{f^{-1}(B)} \subset f^{-1}(\overline{B})$이다.

증 명 (1) ⇒ (2) : 함수 $f: X \to Y$를 연속이라 가정하고 $A \subset X$라 두자. 임의의 $y \in f(\overline{A})$을 선택하면, 함수의 정의로부터

$$\exists x \in \overline{A}, \ f(x) = y$$

가 성립된다. y의 임의의 근방 V에 대하여, f가 한 점 x에서 연속이므로 x의 한 근방 U가 존재하여 $f(U) \subset V$를 만족한다. 한편 $x \in \overline{A}$이고 U가 x의 근방이므로, 폐포 $\overline{A}$의 성질에 의하여 $U \cap A \neq \varnothing$이다. $z \in U \cap A$라 두면 $f(z) \in f(U) \subset V$이고 $f(z) \in f(A)$이다. 즉 $V \cap f(A) \neq \varnothing$이다. 그러므로

$y \in \overline{f(A)}$ 이다.

(2) ⇒ (3) : $B \subset Y$이면 가정(2)에 의하여

$$f(\overline{f^{-1}(B)}) \subset \overline{f(f^{-1}(B))} \subset \overline{B}$$

이 된다. 따라서 $\overline{f^{-1}(B)} \subset f^{-1}(\overline{B})$ 이다.

(3) ⇒ (1) : Y 에서 임의의 폐집합 C에 대하여 가정(3)으로부터

$$\overline{f^{-1}(C)} \subset f^{-1}(\overline{C})$$

이 된다. C가 Y 에서 폐집합이므로

$$\overline{f^{-1}(C)} \subset f^{-1}(\overline{C}) = f^{-1}(C)$$

이다. 따라서 $\overline{f^{-1}(C)} = f^{-1}(C)$. 즉, $f^{-1}(C)$는 X에 폐집합이다. 그러므로 [정리 3.1.3]에 의하여 f는 연속이다. □

정의 3.1.3 $(X, \mathfrak{T})$와 $(Y, \mathfrak{T}')$를 위상공간이라 할 때,

(1) 함수 $f: X \to Y$가 **개함수** 또는 **열린함수**(open map)라 함은 임의의 $U \in \mathfrak{T}$에 대하여 $f(U) \in \mathfrak{T}'$를 할 때이다.

(2) 함수 $f: X \to Y$가 **폐함수** 또는 **닫힌함수**(closed map)라 함은 X의 임의의 폐집합 C에 대하여 $f(C)$가 Y의 폐집합이 될 때이다.

예제 3.1.5 함수 f를 보통실수공간 $\mathbb{R}$ 에서 $\mathbb{R}_\ell$ 로의 항등함수라 하자. 임의의 $\mathbb{R}$ 에서 개집합 $U \in \mathscr{U}$ 에 대하여, $\mathscr{U} \subset \mathfrak{T}_\ell$ 이기 때문에 $f(U) = U \in \mathfrak{T}_\ell$ 이 된다. 따라서 f는 개함수이다. 그러나 f가 연속함수는 아니다. 왜냐하면 반개구간 $[a, b)$는 $\mathbb{R}_\ell$ 에서 개집합이나 $f^{-1}[a, b) = [a, b)$는 $\mathbb{R}$ 에서 개집합은 아니기 때문이다. 마찬가지로 항등함수 $f: \mathbb{R}_\ell \to \mathbb{R}$ 는 연속함수이나 개함수는 되지 않는다.

예제 3.1.6 함수 $f: \mathbb{R} \times \mathbb{R} \to \mathbb{R}$ 를 다음과 같이 정의된 첫째 사영함수라 하자. 즉 $f(s, t) = s,\ s, t \in \mathbb{R}$. 곱위상의 정의에 의하여 f는 연속함수이고 개함수이다. 왜냐하면 임의의 개집합 $V \in \mathscr{U}$ 에 대하여 $f^{-1}(V) = V \times \mathbb{R}$ 은 곱위상에서

부분기저의 원소이므로 $\mathbb{R}\times\mathbb{R}$에서 개집합이다. 따라서 f는 연속이다.

한편, $\mathbb{R}\times\mathbb{R}$에서 임의의 개집합 W에 대하여 $f(W)$가 $\mathbb{R}$에서 개집합이 됨을 보이자. 임의의 $x\in f(W)$에 대하여, 사영함수 f는 전사이므로 적당한 $y\in\mathbb{R}$가 존재하여 $(x, y)\in W$이고, $f(x, y)=x$가 성립한다. 곱위상에 대한 기저의 성질에 의하여 x를 포함하는 개집합 U_x와 y를 포함하는 개집합 V_y가 존재하여,

$$(x, y)\in U_x\times V_y\subset W$$

를 만족한다. 임의의 $x\in f(W)$에 대하여 $U_x=f(U_x\times V_y)\subset f(W)$이므로,

$$f(W)=\bigcup\{U_x \mid x\in f(W)\}$$

이다. 따라서 $f(W)$는 개집합이 된다. 그러므로 f는 개함수이다.

그러나 f가 폐함수는 아니다. ([그림3.1.1] 참조) 왜냐하면 $C=\left\{\left(x, \frac{1}{x}\right) \mid x>0\right\}$라 두면 C는 $\mathbb{R}\times\mathbb{R}$에서 폐집합이다. 그러나 $f(C)=(0, \infty)$이므로 $\mathbb{R}$에서 폐집합이 아니다.

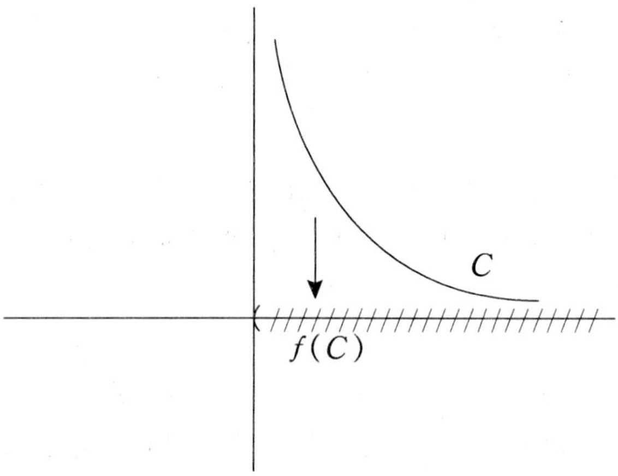

[그림 3.1.1]

정의 3.1.4 $(X, \mathfrak{T})$와 $(Y, \mathfrak{T}')$를 위상공간이라 하자. 한 함수 $f:X\to Y$가 **위상동형**(Homeomorphism)이라 함은 $f:X\to Y$가 전단사이고 $f:X\to Y$와 그의 역함수 $f^{-1}:Y\to X$가 연속일 때이다. 위상공간 X와 Y사이에 위상동형함수가 존재할 때 X와 Y는 **위상동형**(Homeomorphic)이라 하고 기호 $X\approx Y$로 나타낸다.

f의 역함수 f^{-1}가 연속이라 함은 $(X, \mathfrak{T})$의 각 개집합 U에 대하여 f^{-1}의 역상 $(f^{-1})^{-1}(U)$가 Y에서 개집합일 때이다. 그러나 $(f^{-1})^{-1}(U)=f(U)$ 이므로, 전단사 함수 $f:X\to Y$가 위상동형이라 함은 $f(U)\in\mathfrak{T}'$일 필요충분조건이 $U\in\mathfrak{T}$이 되는 것이다. ([그림 3.1.2] 참조)

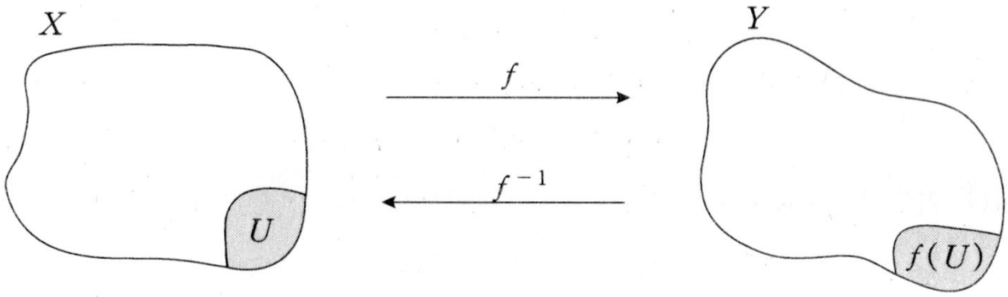

[그림 3.1.2]

위상동형함수는 X와 Y사이 뿐만 아니라 X와 Y의 위상들 사이에도 일대일 대응을 유도한다. 그러므로 X위에 위상에 관한 어떤 성질은 위상동형함수의 상인 Y위에서도 같은 성질을 만들 수 있다는 것을 의미한다.

정의 3.1.5 한 위상공간 X에서 성립하는 어떤 성질 P가 X와 위상동형인 위상공간 Y에서도 성립할 때 그 성질 P를 **위상적 성질**(topological property)이라 한다.

$f:X\to Y$가 위상동형함수이고 위상공간 X에서 한 성질 P가 성립 할 때 Y에서도 성질 P가 성립한다는 것이 증명되면 함수 f가 성질 P를 보존한다라고 말한다.

예제 3.1.7 보통실수공간 $\mathbb{R}$에서 $\mathbb{R}$로의 함수 $f:\mathbb{R}\to\mathbb{R}$, $f(x)=3x+1$는 위상동형함수이다. 왜냐하면 $f:\mathbb{R}\to\mathbb{R}$는 전단사 함수로서 그의 역함수는 $g:\mathbb{R}\to\mathbb{R}$, $g(y)=\frac{1}{3}(y-1)$이고, f와 $f^{-1}=g$는 연속이다. ([그림 3.1.3] 참조) 따라서 $\mathbb{R}\approx\mathbb{R}$이다.

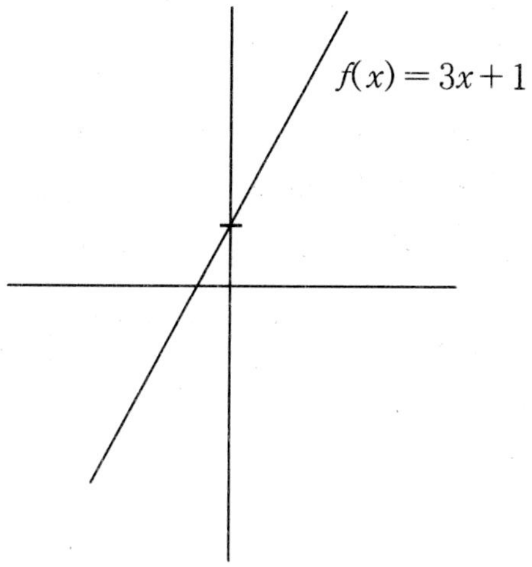

[그림 3.1.3]

예제 3.1.8 $X = (-\frac{\pi}{2}, \frac{\pi}{2})$를 보통실수공간 $\mathbb{R}$의 부분공간이라 하자.

$$f : X \to \mathbb{R}, \quad f(x) = \tan x$$

라 하면 f는 전단사이고 f와 f^{-1}가 연속이므로 위상동형함수이다. 따라서 $(-\frac{\pi}{2}, \frac{\pi}{2}) \approx \mathbb{R}$ 이다. ([그림 3.1.4] 참조)

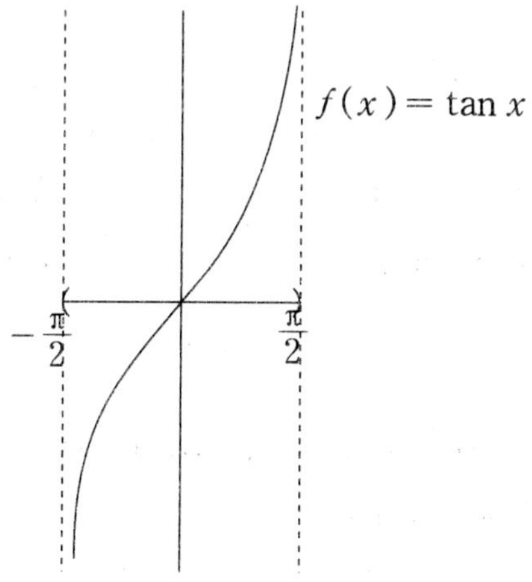

[그림 3.1.4]

예제 3.1.9 항등함수 $f:\mathbb{R}_{\ell}\to\mathbb{R}$는 전단사 함수이나 위상동형함수는 아니다. 마찬가지로 S^1을 단위원

$$S^1=\{(x,y)\mid x^2+y^2=1\}$$

으로 보통실수공간 $\mathbb{R}^2$의 부분공간이라 하면, 함수 $f:[0,1)\to S^1$, $f(t)=(\cos 2\pi t, \sin 2\pi t)$는 전단사 함수로서 연속이다. 그러나 f^{-1}는 연속이 아니다. 왜냐하면 $U=[0, \frac{1}{4})$는 $[0,1)$에서 개집합이나 $f(U)$는 S^1에서 개집합이 아니다. ([그림 3.1.5] 참조)

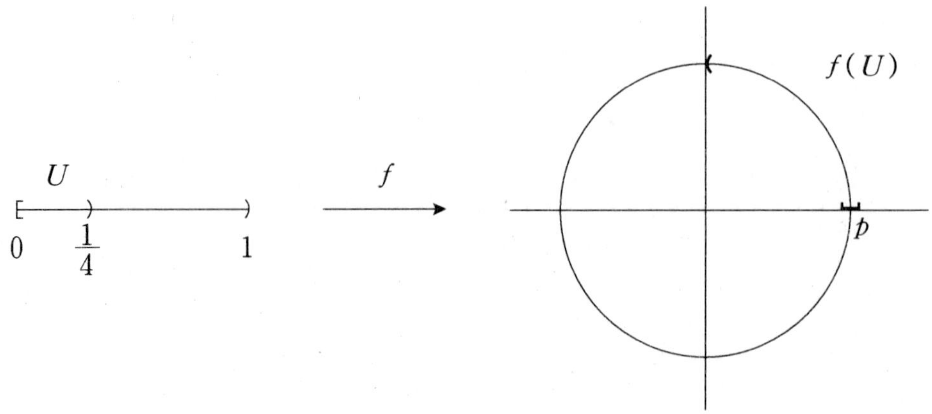

[그림 3.1.5]

정의 3.1.6 $(X,\mathfrak{T})$와 $(Y,\mathfrak{T}')$를 위상공간이라 하자. Y의 한 부분공간 $(A,\mathfrak{T}'_A)$에 대하여 $f:(X,\mathfrak{T})\to(A,\mathfrak{T}'_A)$가 위상동형사상일때 X는 Y속에 **매입된다**(be embedded in Y)고 하고 f를 X에서 Y로의 **매입사상**(embedding)이라 한다.

예제 3.1.10 함수 $f:\mathbb{R}\to\mathbb{R}^2$, $f(x)=(x,0)$라 하면 f는 $\mathbb{R}$에서 $\mathbb{R}^2$로의 매입사상이고 $\mathbb{R}$은 $\mathbb{R}^2$속에 매입된다.

예제 3.1.11 $f:[0,1)\to\mathbb{R}^2$, $f(t)=(\cos 2\pi t,\ \sin 2\pi t)$는 단사함수이고 연속함수이나 매입사상은 되지 않는다. 왜냐하면 [예제3.1.11]에서 언급했듯이 $[0.1)$과 $f([0,1))=S^1$은 위상동형이 아니기 때문이다.

정리 3.1.5

X, Y, Z를 위상공간이라 하자. 그러면 다음이 성립한다.

(1) 함수 $f:X\to Y$가 상수함수라면 f는 연속이다.

(2) A를 X의 부분공간이라 하면 포함함수 $i:A\to X$는 연속이다.

(3) $f:X\to Y$와 $g:Y\to Z$가 연속이면 합성함수 $g\circ f:X\to Z$도 연속이다.

(4) $f:X\to Y$를 연속함수, A를 X의 부분공간이라 하면 축소함수 $f|_A:A\to Y$도 연속이다.

(5) $f:X\to Y$를 연속함수, Z를 f의 상 $f(X)$를 포함하는 Y의 부분공간이라 하면 함수 f의 치역을 축소시킨 함수 $g:X\to Z$도 연속이다. 또한 Y를 Z의 부분공간이라 할 때 f의 치역을 확대시킨 함수 $h:X\to Z$는 연속이다.

(6) 모든 $\alpha\in J$에 대하여 X가 개집합 U_α들의 합집합으로 되어 있고 각 $\alpha\in J$에 대하여 그 축소함수 $f|_{U_\alpha}:U_\alpha\to Y$가 연속이면 $f:X\to Y$도 연속이다.

증 명 (1)의 증명 : X의 모든 원소 x에 대하여 $f(x)=x_0$라 정의하고 임의의 집합 V를 Y에서 개집합이라 하자. 이 때, 만약 $x_0\in V$이면 $f^{-1}(V)=X$이고 $x_0\notin V$이면 $f^{-1}(V)=\varnothing$으로서 둘 다 X에서 개집합이 되므로 f는 연속이다.

(2)의 증명 : U를 X에서 개집합이라 두면 $i^{-1}(U)=U\cap A$가 된다. 따라서 부분위상공간의 정의에 의하여 $i^{-1}(U)$는 A에서 개집합이 된다. 그러므로 포함함수 $i:A\to X$는 연속이다.

(3)의 증명 : U를 Z에서 개집합이라 두면 함수 $g:Y\to Z$가 연속이므로 $g^{-1}(U)$는 Y에서 개집합이다. 또한 $f:X\to Y$가 연속이므로 $f^{-1}(g^{-1}(U))$는 X에서 개집합이다. 한편

$$f^{-1}(g^{-1}(U))=(g\circ f)^{-1}(U)$$

이므로 $(g\circ f)^{-1}(U)$가 X에서 개집합이 되어서 함수 $g\circ f$는 연속이다.

(4)의 증명 : $f|_A=f\circ i$이고, f와 i는 연속함수이므로 (3)에 의하여 $f|_A=f\circ i$는 연속이다.

(5)의 증명 : $f:X\to Y$를 연속, $f(X)\subset Z\subset Y$라 하자. B를 Z에서 개집합이라 하면, 적당한 Y에서 개집합 U가 존재하여 $B=U\cap Z$가 된다. $f(X)\subset Z$이므로 $f^{-1}(U)=g^{-1}(B)$이다. f가 연속이므로 $f^{-1}(U)$는 X에서 개집합이고, 따라서 $g^{-1}(B)=f^{-1}(U)$가 X에서 개집합이 된다. 그러므로 $g:X\to Z$는 연속이다. 또한 만약 Z가 부분공간으로 Y를 포함하면, $f:X\to Y$와, 포함함수 $i:Y\to Z$가 연속이므로 그들의 합성함수 $i\circ f:X\to Z$는 연속이 되고 또한 $i\circ f=h$이므로 h도 연속이다.

(6)의 증명 : 각 개집합 U_α에 대하여 $X=\bigcup_{\alpha\in J}U_\alpha$이고 각 $\alpha\in J$ 에 대하여 $f|_{U_\alpha}: U_\alpha\to Y$가 연속이라 하자. V를 Y에서 개집합이라 하면

$$f^{-1}(V)\cap U_\alpha=(f|_{U_\alpha})^{-1}(V)$$

이고, 각 $f|_{U_\alpha}: U_\alpha\to Y$가 연속이므로 $(f|_{U_\alpha})^{-1}(V)$는 U_α에서 개집합이다. 한편 각 U_α가 부분공간으로서 X에서 개집합이므로 $(f|_{U_\alpha})^{-1}(V)$는 X에서 개집합이 된다. 그러나

$$f^{-1}(V)=\bigcup_\alpha(f^{-1}(V)\cap U_\alpha)$$

이므로 $f^{-1}(V)$는 X에서 개집합인 $f^{-1}(V)\cap U_\alpha=(f|_{U_\alpha})^{-1}(V)$들의 합집합이 되어서 X에서 개집합이다. 그러므로 $f:X\to Y$는 연속이다. □

정리 3.1.6

$(X, \mathfrak{T})$와 $(Y, \mathfrak{T}')$를 위상공간, A와 B는 X의 폐집합으로서 $X = A \cup B$이라 하자. $f:(A, \mathfrak{T}_A) \to (Y, \mathfrak{T}')$와 $g:(B, \mathfrak{T}_B) \to (Y, \mathfrak{T}')$는 연속함수로서, 모든 $x \in A \cap B$에 대하여 $f(x) = g(x)$라 하자. 그러면

$$h(x) = \begin{cases} f(x), & x \in A \\ g(x), & x \in B \end{cases}$$

로 정의된 함수 $h: X \to Y$도 연속이다. 이를 <pasting lemma>라고 한다.

증 명 함수 f와 g를 연속함수라 하자. 집합 C를 $(Y, \mathfrak{T}')$에서 폐집합이라면 f와 g의 연속성에 의하면 $f^{-1}(C)$는 $(A, \mathfrak{T}_A)$에서, $g^{-1}(C)$는 $(B, \mathfrak{T}_B)$에서 폐집합이다. 또한 부분공간으로서 A와 B는 $(X, \mathfrak{T})$에서 폐집합이므로 $f^{-1}(C)$와 $g^{-1}(C)$는 $(X, \mathfrak{T})$에서 폐집합이 된다.
그러므로 $h^{-1}(C) = f^{-1}(C) \cup g^{-1}(C)$는 $(X, \mathfrak{T})$에서 폐집합이 된다. 따라서 [정리 3.1.3]에 의하여, h는 연속이다. □

예제 3.1.12 다음과 같이 정의된 함수 $h: \mathbb{R} \to \mathbb{R}$를 생각해 보자.

$$h(x) = \begin{cases} x, & x \le 0 \\ \dfrac{x}{2}, & x \ge 0 \end{cases}$$

$A = (-\infty, 0]$, $B = [0, \infty)$이라 두고 $f: A \to \mathbb{R}$, $f(x) = x$, $g: B \to \mathbb{R}$, $g(x) = \dfrac{x}{2}$라 두면

$$h(x) = \begin{cases} f(x), & x \in A \\ g(x), & x \in B \end{cases}$$

가 되고, $x \in A \cap B$이면 $x = 0$이고 $f(x) = 0 = g(x)$이 되어 위의 [정리 3.1.6]을 만족한다. 그러므로 $h: \mathbb{R} \to \mathbb{R}$는 연속이다.
만약 함수 $k: \mathbb{R} \to \mathbb{R}$가

$$k(x) = \begin{cases} x-2, & x \le 0 \\ x+2, & x \ge 0 \end{cases}$$

라면 $A \cap B$의 원소 0에 대하여 $f(x) \ne g(x)$이다. 따라서 k는 함수가 되지

않는다. 위 [정리 3.1.6]에서 폐집합의 조건이 꼭 필요하다.

만약 함수 $l:\mathbb{R}\to\mathbb{R}$이

$$l(x)=\begin{cases} x-2, & x<0 \\ x+2, & x\geq 0 \end{cases}$$

일 때, $A=(-\infty,0)$, $B=[0,\infty)$라면 A, B는 X에서 폐집합이 아니다. 두 함수

$$f:A\to\mathbb{R},\ f(x)=x-2$$
$$g:B\to\mathbb{R},\ g(x)=x+2$$

는 각각 연속이나 l은 연속이 아니다. 왜냐하면 $V=(1,3)$라 하면, $l^{-1}(V)=[0,1)$로서 $\mathbb{R}$에서 개집합이 아니다. ([그림 3.1.6] 참조)

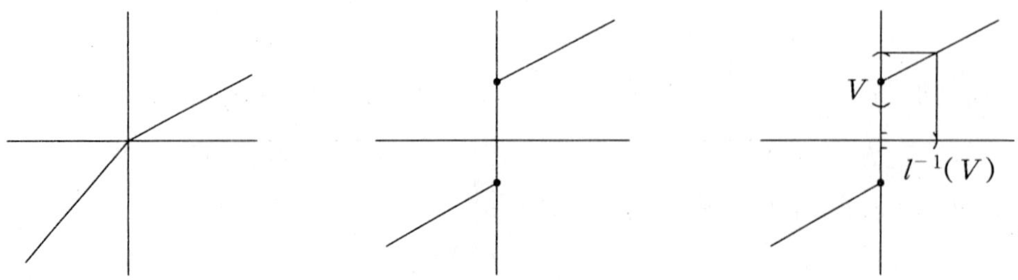

[그림 3.1.6]

정리 3.1.7

A, X, Y를 위상공간이라 하고 함수 f를 다음과 같이 정의하자. $f:A\to X\times Y,\ f(a)=(f_1(a),\ f_2(a))$ 여기서, $f_1:A\to X$, $f_2:A\to Y$는 함수이다. 그러면 f가 연속일 필요충분조건은 f_1과 f_2가 연속이 되는 것이다. 이 때, 함수 f_1과 f_2를 f의 **좌표함수**(coordinate function)라고 한다.

증 명 $\pi_1:X\times Y\to X$과 $\pi_2:X\times Y\to Y$를 사영함수라 하자. 그러면 π_1과 π_2는 연속이다. 먼저 $f:A\to X\times Y$를 연속이라 가정하자. 그러면 임의의 $a\in A$에 대하여

$$f_1(a) = \pi_1(f(a))$$
$$f_2(a) = \pi_2(f(a))$$

이므로 $f_1 = \pi_1 \circ f$, $f_2 = \pi_2 \circ f$이다. 따라서 f_1과 f_2는 연속함수들의 합성함수이므로 연속이 된다.

역으로 함수 f_1과 f_2를 연속이라 하자.

$U \times V$를 $X \times Y$에서 기저의 원소라 하면

$$f^{-1}(U \times V) = f_1^{-1}(U) \cap f_2^{-1}(V)$$

가 된다. 왜냐하면 임의의 원소 $a \in A$에 대하여

$$\begin{aligned} a \in f^{-1}(U \times V) &\Leftrightarrow f(x) = (f_1(a), f_2(a)) \in U \times V \\ &\Leftrightarrow f_1(a) \in U \text{ 이고 } f_2(a) \in V \\ &\Leftrightarrow a \in f_1^{-1}(U) \text{ 이고 } a \in f_2^{-1}(V) \\ &\Leftrightarrow a \in f_1^{-1}(U) \cap f_2^{-1}(V) \end{aligned}$$

한편, $f_1^{-1}(U)$와 $f_2^{-1}(V)$는 함수 f_1과 f_2의 연속성에 의하여 A에서 개집합이다. 따라서 교집합 $f^{-1}(U \times V)$도 X에서 개집합이다. □

정리 3.1.8

위상공간 X, Y에 대하여, 한 관계 ~ 를

$$X \sim Y \Leftrightarrow X \approx Y$$

이라 하면 ~ 은 동치관계이다.

증 명 (1) <반사율> : 임의의 위상공간 X에 대하여 항등함수 $1_X : X \to X$가 위상동형사상이므로 $X \approx X$이다. 따라서 $X \sim X$가 성립한다.

(2) <대칭율> : 위상공간 X, Y에 대하여 $X \sim Y$라 가정하자. 관계 ~ 의 정의에 따라 $X \approx Y$이므로 한 위상동형사상 $f : X \to Y$가 존재한다. 위상동형사상의 정의에 따라서 $f^{-1} : Y \to X$도 위상동형사상이다. 그러므로 $Y \approx X$이고 $Y \sim X$이다.

(3) <추이율> : 위상공간 X, Y, Z에 대하여 $X \sim Y$, $Y \sim Z$라 가정하자. $X \approx Y$이고 $Y \approx Z$이므로 위상동형사상 $f : X \to Y$와 $g : Y \to Z$가 존재한다. 따라서 그 합성함수 $g \circ f : X \to Z$도 위상동형사상이다. 그러므로 $X \approx Z$이고 $X \sim Z$이다. □

정리 3.1.9

X와 Y를 위상공간이라 하고 함수 $f : X \to Y$를 전단사라 하자. 다음은 서로 동치인 명제이다.

(1) f는 위상동형사상이다.

(2) f는 연속이고 개함수이다.

(3) f는 연속이고 폐함수이다.

(4) 임의의 $A \subset X$에 대하여 $\overline{f(A)} = f(\overline{A})$이다.

증 명 $(1) \Rightarrow (2)$: 함수 $f : X \to Y$를 위상동형사상이라 하자. f가 개함수임을 증명하기 위하여 U를 X에서 개집합이라 하자. f가 전단사이므로 $f(U) = (f^{-1})^{-1}(U)$이다. 따라서 f^{-1}가 연속이므로 $(f^{-1})^{-1}(U) = f(U)$는 Y에서 개집합이 된다. 그러므로 f는 개함수이다.

$(2) \Rightarrow (3)$: $f : X \to Y$를 연속이고 개함수라고 가정하자. f가 폐함수임을 증명하기 위하여 집합 C를 X에서 폐집합이라 하면 $X - C$는 개집합이다. f가 개함수이므로 $f(X - C)$는 Y에서 개집합이다. 따라서 $Y - f(C) = f(X - C)$이므로 $f(C)$는 Y에서 폐집합이 된다. 그러므로 f는 폐함수이다.

$(3) \Rightarrow (4)$: $f : X \to Y$를 연속이고 폐함수라 하자. f가 연속이므로 [정리 3.1.4]에 의하여, 임의의 $A \subset X$에 대하여 $f(\overline{A}) \subset \overline{f(A)}$를 만족한다. 한편 $f(A) \subset f(\overline{A})$이고, $f(\overline{A})$는 f가 폐함수라는 사실로부터 폐집합이다. 즉 $f(\overline{A})$는 $f(A)$를 포함하는 폐집합이 되고 폐포 $\overline{f(A)}$의 정의에 따라 $\overline{f(A)} \subset f(\overline{A})$를 만족한다. 따라서 $f(\overline{A}) = \overline{f(A)}$이다.

(4) $\Rightarrow$ (1) : 임의의 $A \subset X$에 대하여 $f(\overline{A}) = \overline{f(A)}$라 가정하자. $f(\overline{A}) \subset \overline{f(A)}$를 만족하므로 f는 연속함수이다. $f^{-1}: Y \to X$가 연속임을 증명하기 위하여 집합 C를 X에서 폐집합이라 하면 $f(C) = f(\overline{C})$이고, $f(\overline{C}) = \overline{f(C)}$이므로 $f(C) = \overline{f(C)}$이 되고 $f(C)$는 Y에서 폐집합이 된다. 따라서 $(f^{-1})^{-1}(C) = f(C)$이고 $(f^{-1})^{-1}(C)$가 폐집합이므로 $f^{-1}: Y \to X$는 연속이다. □

연습 문제 3.1

1. 모든 상수함수가 연속임을 보여라.

2. 항등함수 $1_X:(X, \mathfrak{T}_1)\to(X, \mathfrak{T}_2)$가 연속이기 위한 필요충분조건은 $\mathfrak{T}_2\subset\mathfrak{T}_1$ 이다. 이것을 보여라.

3. 특성함수 $\chi_A:X\to\mathbb{R}$가 연속이기 위한 필요충분조건은 A가 개집합인 동시에 폐집합이 되는 것이다. 이를 보여라.

4. 특성함수 $\chi_{\mathbb{Q}}:\mathbb{R}\to\mathbb{R}$에서 축소함수 $\chi_{\mathbb{Q}}|_{\mathbb{Q}}:\mathbb{Q}\to\mathbb{R}$은 연속이나 $\chi_{\mathbb{Q}}$는 $\mathbb{Q}$의 각 점에서 불연속임을 보여라.

5. $f:X\to Y$를 전사인 연속함수라 하고 D를 X에서 조밀부분집합이라 하면 $f(D)$도 Y의 조밀부분집합임을 보여라.

6. 보통공간 $(\mathbb{R}, \mathscr{U})$에서 다음을 보여라.
   (1) 두 개의 유계 폐구간은 위상동형이다.
   (2) 두 개의 개구간은 위상동형이다.

7. 함수 $f:\mathbb{R}\to\mathbb{R}$에 대하여 $\varepsilon-\delta$ 정의에 의하여 연속함수이면 개집합정의에 의한 연속함수가 됨을 보여라.

8. 임의의 $x_0\in X,\ y_0\in Y$에 대하여 함수 $f:X\to X\times Y,\ f(x)=(x, y_0)$와 $g:Y\to X\times Y,\ g(y)=(x_0, y)$가 매입사상임을 보여라.

9. X, Y를 순서위상공간이라 하고 $f:X\to Y$가 전단사 함수로서 순서를 유지(order preserve)하면 f가 위상동형사상이 됨을 보여라.

10. $f : A \to B$, $g : C \to D$를 연속함수라 하고 함수 $f \times g : A \times C \to B \times D$를

$$(f \times g)(a, c) = (f(a), g(c))$$

로 정의할 때 함수 $f \times g$가 연속임을 보여라.

§3.2 곱위상

앞에서 우리는 두 위상공간의 곱집합위에서 곱위상을 정의하였다. 또한 이 정의와 결과들은 쉽게 임의의 유한개 위상공간의 곱으로 확장 될 수 있다. 여기서 우리는 이 정의를 임의의 위상공간의 곱으로 일반화 하고자 한다.

정의 3.2.1 집합족 $\{X_\alpha \mid \alpha \in J\}$ 는 위상공간들의 첨수족이고, $\mathscr{B}$ 를 $\prod_{\alpha \in J} U_\alpha$ 형태의 모든 집합들의 모임이라 하자. 여기서 각 $\alpha \in J$ 에 대하여 U_α 는 X_α 에서 개집합이다. 그러면 $\mathscr{B}$ 는 곱집합 $\prod_{\alpha \in J} X_\alpha$ 위에서 한 위상에 대한 기저가 되고 이 기저 $\mathscr{B}$ 에 의하여 생성된 위상 $\mathfrak{T}(\mathscr{B})$을 **상자위상**(box topology)이라 한다.

우선 집합족 $\mathscr{B}$ 가 $\prod_{\alpha \in J} X_\alpha$ 에서 한 위상에 대한 기저가 됨을 살펴보자.

$\langle B-1\rangle$: 각 $\alpha \in J$ 에 대하여, X_α 자신이 X_α 에서 개집합이므로

$$\prod_{\alpha \in J} X_\alpha \in \mathscr{B}$$

이 성립한다. 따라서 $\cup\mathscr{B} = \prod_{\alpha \in J} X_\alpha$ 이다.

$\langle B-2\rangle$: $\mathscr{B}$ 의 임의의 두 원소의 교집합이 역시 $\mathscr{B}$ 의 원소가 된다.

$\prod_{\alpha \in J} U_\alpha$ 와 $\prod_{\alpha \in J} V_\alpha$ 를 $\mathscr{B}$ 의 임의의 두 원소라 할 때,

$$\left(\prod_{\alpha \in J} U_\alpha\right) \cap \left(\prod_{\alpha \in J} V_\alpha\right) = \prod_{\alpha \in J} (U_\alpha \cap V_\alpha)$$

이므로 그들의 교집합 역시 $\mathscr{B}$ 의 원소이다.

곱집합 $\prod_{\alpha \in J} X_\alpha$ 위에 상자위상과 다른 하나의 위상을 정의하기 위하여 우리는 사영함수의 개념을 일반화한다. 여기서 $\prod_{\alpha \in J} X_\alpha = \{f \mid f : J \to \bigcup_{\alpha \in J} X_\alpha$ 이고 $f(\alpha) \in X_\alpha\}$

임을 상기하자. $\prod_{\alpha\in J} X_\alpha$ 의 한 원소 f를 $(x_\alpha)_{\alpha\in J}$라고도 쓴다. 여기서 각 $\alpha\in J$에 대하여 $f(\alpha)=x_\alpha$이다.

정의 3.2.2 $\{X_\alpha \mid \alpha\in J\}$는 집합들의 첨수족이고 임의의 $\beta\in J$에 대하여

$$\pi_\beta : \prod_{\alpha\in J} X_\alpha \to X_\beta,\quad \pi_\beta((x_\alpha)_{\alpha\in J})=x_\beta$$

로 정의되는 π_β를 β와 결합된 **사영함수**(projection mapping)라고 한다.

예제 3.2.1 $J=\{1,2\}$, $X_1=X_2=\mathbb{R}$이라 두면 $\prod_{\alpha\in J} X_\alpha=\mathbb{R}\times\mathbb{R}$이고 1과 결합된 사영함수는 $\pi_1:\mathbb{R}\times\mathbb{R}\to\mathbb{R}$, $\pi_1(x,y)=x$로 정의되는 함수이다. $V=(1,2)$라면 $\pi_1^{-1}(V)=(1,2)\times\mathbb{R}$이 된다. ([그림 3.2.1] 참조)

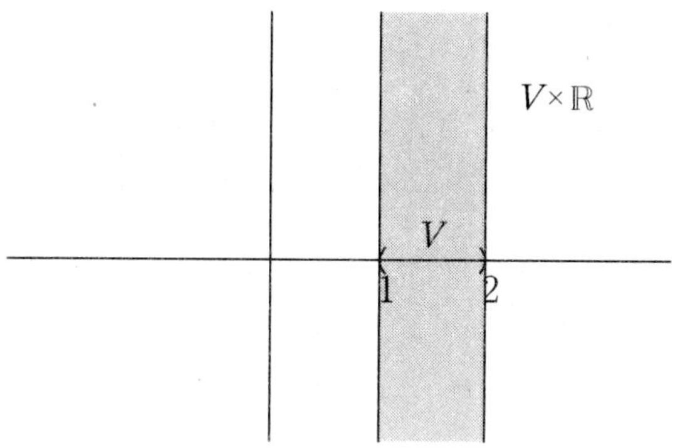

[그림 3.2.1]

마찬가지로, $J=\{1,2,3\}$, $X_1=X_2=X_3=\mathbb{R}$이라 두면, $2(\in J)$에 결합된 사영함수는 $\pi_2:\mathbb{R}\times\mathbb{R}\times\mathbb{R}\to\mathbb{R}$, $\pi_2(x,y,z)=y$로 정의되는 함수이다. $V=(1,2)$라 두면 $\pi_2^{-1}(V)=\mathbb{R}\times(1,2)\times\mathbb{R}$이다.

일반적으로, $U_\beta\subset X_\beta$이면, $\pi_\beta^{-1}(U_\beta)=\prod_{\alpha\in J} B_\alpha$이다. 여기서 $B_\beta=U_\beta$이고 모든 $\alpha\neq\beta$에 대하여 $B_\alpha=X_\alpha$이다. 이를 $\langle U_\beta\rangle$라고도 쓴다.

마 찬 가 지 로 $U_{\alpha_1}\times U_{\alpha_2}\times\cdots\times U_{\alpha_n}\times\prod\{X_\beta \mid \beta\neq\alpha_1, \alpha_2, \cdots, \alpha_n\} = \bigcap_{i=1}^{n}\pi_{\alpha_i}^{-1}(U_{\alpha_i})$를 $\langle U_{\alpha_1}, U_{\alpha_2}, \cdots, U_{\alpha_n}\rangle$ 이라고 쓴다.

정의 3.2.3 $\{(X_\alpha, \mathfrak{T}_\alpha) \mid \alpha\in J\}$를 위상공간들의 첨수족이라 하자. 각 $\alpha\in J$에 대하여 $\mathscr{S}_\alpha=\{\pi_\alpha^{-1}(U_\alpha) \mid U_\alpha\in\mathfrak{T}_\alpha\}$이고 $\mathscr{S}=\bigcup_{\alpha\in J}\mathscr{S}_\alpha$라 하자. 그러면 $\mathscr{S}$는 $\prod_{\alpha\in J}X_\alpha$ 위에서 한 위상에 대한 부분기저가 된다. 이 부분기저 $\mathscr{S}$에 의하여 생성된 위상 $\mathfrak{T}=\mathfrak{T}(\mathscr{S})$를 **곱위상**(product topology)이라 하고 $(\prod_{\alpha\in J}X_\alpha, \mathfrak{T})$를 **곱공간**(product space)이라 한다.

곱위상의 기저에 대하여 살펴보자. 곱위상의 기저를 $\mathscr{B}$라 두면 $\mathscr{B}$는 $\mathscr{S}$의 모든 유한개 원소들의 교집합들로 구성된다. 각 $\alpha\in J$에 대하여,

$$\pi_\alpha^{-1}(U_\alpha)\cap\pi_\alpha^{-1}(V_\alpha)=\pi_\alpha^{-1}(U_\alpha\cap V_\alpha)=\langle U_\alpha\cap V_\alpha\rangle$$

이고 서로 다른 유한개의 $\alpha_1, \alpha_2, \cdots, \alpha_n$에 대하여,

$$\pi_{\alpha_1}^{-1}(U_{\alpha_1})\cap\Pi_{\alpha_2}^{-1}(U_{\alpha_2})\cap\cdots\cap\pi_{\alpha_n}^{-1}(U_{\alpha_n}) = \langle U_{\alpha_1}, U_{\alpha_2}, \cdots, U_{\alpha_n}\rangle$$

이다. 즉 곱위상의 기저는, 각 $i=1,2,\cdots,n$에 대하여 $B_{\alpha_i}=U_{\alpha_i}$이며 $\alpha_1,\alpha_2, \cdots,\alpha_n$과 다른 모든 α에 대하여 $U_\alpha=X_\alpha$로 구성된

$$B=\prod_{\alpha\in J}B_\alpha=\langle U_{\alpha_1}, U_{\alpha_2}, \cdots, U_{\alpha_n}\rangle$$

들로 구성되어 있다.

우리는 다음의 정리에서 이를 요약한다.

정리 3.2.1

$\{(X_\alpha, \mathfrak{T}_\alpha) \mid \alpha\in J\}$는 위상공간들의 첨수족이고 $\mathscr{B}$는 $B=\prod_{\alpha\in J}B_\alpha$형태의 모든 집합들의 모임으로, B는 각 $\alpha\in J$에 대하여 $B_\alpha\in\mathfrak{T}_\alpha$이고 J의 유한개를 제외한 모든 α에 대하여는 $U_\alpha=X_\alpha$이다. 그러면 $\mathscr{B}$는 $\prod_{\alpha\in J}X_\alpha$ 위에서 곱위상

에 대한 기저이다. 그러나 상자위상의 기저는 $B=\prod_{\alpha\in J}U_\alpha$, $(U_\alpha\in\mathfrak{T}_\alpha)$형태의 모든 원소들로 구성된다.

첨수집합 J가 유한이면 상자위상과 곱위상은 같다. 그러나 일반적으로 상자위상과 곱위상은 서로 다를 수 있다.

예제 3.2.2 각 $n\in\mathbb{N}$에 대하여 $X_n=\{1,2\}$, $\mathfrak{T}_n$은 이산위상이라 하고 $X=\prod_{n\in\mathbb{N}}X_n$위에 곱위상을 $\mathfrak{T}$, 상자위상을 $\mathfrak{T}'$라 하자. 그러면 $\mathfrak{T}\neq\mathfrak{T}'$이다.

[풀이] 각 $n\in\mathbb{N}$에 대하여 $x=(1,1,\cdots)\in\prod_{n\in\mathbb{N}}X_n$이라 하자.
그러면 $\{x\}=\prod_{n\in\mathbb{N}}U_n$, $U_n=\{1\}$이다. 각 $n\in\mathbb{N}$에 대하여 $U_n=\{1\}\in\mathfrak{T}_n$이므로 $\{x\}$는 상자위상의 기저의 원소이다. 따라서 $\{x\}\in\mathfrak{T}'$이다. 그러나 $\{x\}$는 $\mathfrak{T}$의 원소가 되지는 않는다. 만약 $\{x\}\in\mathfrak{T}$이면 $\mathfrak{T}$에 대한 기저 $\mathscr{B}$의 원소 B가 존재하여, $x\in B\subset\{x\}$를 만족한다. $B=\prod_{n\in\mathbb{N}}U_n$이고 $\mathbb{N}$의 유한개의 원소를 제외한 모든 n에 대하여 $U_n=X_n$이므로, $B\subset\{x\}$이 되기는 불가능하다. 그러므로 $\{x\}\notin\mathfrak{T}$이다.

정리 3.2.2

$\{(X_\alpha,\mathfrak{T}_\alpha)\mid\alpha\in J\}$는 위상공간들의 첨수족이고 각 $\alpha\in J$에 대하여 $\mathscr{B}_\alpha$를 $\mathfrak{T}_\alpha$의 기저라 하자. 그러면 집합족 $\mathscr{B}=\{\prod_{\alpha\in J}B_\alpha\mid B_\alpha\in\mathscr{B}_\alpha\}$는 상자위상의 한 기저가 된다.

정리 3.2.3

$\{(X_\alpha,\mathfrak{T}_\alpha)\mid\alpha\in J\}$는 위상공간들의 첨수족이고, 각 $\alpha\in J$에 대하여 $\mathscr{B}_\alpha$는

$\mathfrak{T}_\alpha$에 대한 기저라 하자. $B=\prod_{\alpha\in J}B_\alpha$는 J의 유한개의 원소 $\alpha_1,\alpha_2,\cdots,\alpha_n$를 제외한 모든 $\alpha\in J$에 대하여 $B_\alpha=X_\alpha$이고, 각 $i=1,2,\cdots,n$에 대하여 $B_{\alpha_i}\in\mathscr{B}_{\alpha_i}$이다. 즉 $B=\langle B_{\alpha_1},B_{\alpha_2},\cdots,B_{\alpha_n}\rangle$, $B_{\alpha_i}\in\mathscr{B}_{\alpha_i}$ 이다. B와 같은 형태의 모든 집합들의 모임 $\mathscr{B}$는 곱위상 $\mathfrak{T}$의 한 기저가 된다.

증 명 $\mathscr{B}\subset\mathfrak{T}$ 임은 분명하다. $U\in\mathfrak{T}$ 이고 $x=(x_\alpha)_{\alpha\in J}\in U$이면 곱위상의 정의에 의하여 $B'=\prod_{\alpha\in J}U_\alpha$가 존재하여 $x\in B'\subset U$이다. 여기서 B'는 J의 유한개의 원소 $\alpha_1,\alpha_2,\cdots,\alpha_n$을 제외한 모든 α에 대하여 $U_\alpha=X_\alpha$이고 각 $i=1,2,\cdots,n$에 대하여 $U_{\alpha_i}\in\mathfrak{T}_{\alpha_i}$이다. 즉 $B'=\langle U_{\alpha_1},U_{\alpha_2},\cdots,U_{\alpha_n}\rangle$ 이다. 각 $i=1,2,\cdots,n$에 대하여 $x_{\alpha_i}\in U_{\alpha_i}$이고 $U_{\alpha_i}\in\mathfrak{T}_{\alpha_i}$이므로 $B_{\alpha_i}\in\mathscr{B}_{\alpha_i}$가 존재하여 $x_{\alpha_i}\in B_{\alpha_i}\subset U_{\alpha_i}$을 만족한다. 그러면 $B=\langle B_{\alpha_1},B_{\alpha_2},\cdots,B_{\alpha_n}\rangle\in\mathscr{B}$ 이고 $x\in B\subset B'\subset U$이다. 그러므로 $\mathscr{B}$는 곱위상에 대한 기저가 된다. □

정리 3.2.4

$\{(X_\alpha,\mathfrak{T}_\alpha)\mid\alpha\in J\}$는 위상공간들의 첨수족이고 $(\prod_{\alpha\in J}X_\alpha,\mathfrak{T})$를 곱공간이라 하자. 임의의 $\alpha\in J$에 대하여 사영함수 $\pi_\alpha:\prod_{\alpha\in J}X_\alpha\to X_\alpha$는 연속이다.

따름정리 3.2.1

$\{(X_\alpha,\mathfrak{T}_\alpha)\mid\alpha\in J\}$는 위상공간들의 첨수족이고 $\mathfrak{T}'$를 $\prod_{\alpha\in J}X_\alpha$ 상의 상자위상이라 할 때 임의의 $\alpha\in J$에 대하여 α-째 사영함수
$\pi_\alpha:(\prod_{\alpha\in J}X_\alpha,\mathfrak{T}')\to X_\alpha$는 연속이다.

정리 3.2.5

$\{(X_\alpha, \mathfrak{T}_\alpha) | \alpha \in J\}$는 위상공간들의 첨수족이고 $\mathfrak{T}$를 $\prod_{\alpha \in J} X_\alpha$ 위의 곱위상이라 하자. 그러면 $\mathfrak{T}$는 각 사영함수 $\pi_\alpha : \prod_{\alpha \in J} X_\alpha \to X_\alpha$를 연속되게 하는 $\prod_{\alpha \in J} X_\alpha$ 위의 가장 작은 위상이다.

증 명 위상 $\mathfrak{T}'$를 $\prod_{\alpha \in J} X_\alpha$ 위에서 각 사영함수가 연속이 되는 임의의 위상이라 가정하자. 그리고 $\mathscr{S}$를 $\mathfrak{T}$의 부분기저라 하자. 임의의 원소 $S \in \mathscr{S}$에 대하여 적당한 $\alpha \in J$와 $U_\alpha \in \mathfrak{T}_\alpha$가 존재하여 $S = \pi_\alpha^{-1}(U_\alpha)$이다. α에 관한 사영함수 $\pi_\alpha : (\prod_{\alpha \in J} X_\alpha, \mathfrak{T}') \to X_\alpha$가 연속이므로 $\pi_\alpha^{-1}(U) \in \mathfrak{T}'$이 된다. 즉, $\mathscr{S} \subset \mathfrak{T}'$이다. 따라서 곱위상 $\mathfrak{T}$는 그 자신의 부분기저 $\mathscr{S}$를 포함하는 가장 작은 위상이므로 $\mathfrak{T} \subset \mathfrak{T}'$이다. □

정리 3.2.6

$\{(X_\alpha, \mathfrak{T}_\alpha) | \alpha \in J\}$는 위상공간들의 첨수족이고 $\mathfrak{T}$를 $\prod_{\alpha \in J} X_\alpha$ 위의 상자위상(곱위상)이라 하자. 그러면 각 $\alpha \in J$에 대하여 사영함수 $\pi_\alpha : \prod_{\alpha \in J} X_\alpha \to X_\alpha$는 개함수이다.

증 명 만약 W를 $\prod_{\alpha \in J} X_\alpha$ 위의 개집합이라 하자. 임의의 $x_\alpha \in \pi_\alpha(W)$에 대하여 원소 $(x_\alpha)_{\alpha \in J} \in W$가 존재하여 $\pi_\alpha(x_\alpha) = x_\alpha$가 된다. 각 $\alpha \in J$에 대하여 개집합 $U_\alpha \in \mathfrak{T}_\alpha$가 존재하여 $(x_\alpha) \in \prod_{\alpha \in J} U_\alpha \subset W$가 된다. 따라서 $x_\alpha \in U_\alpha$이고 $U_\alpha \subset \pi_\alpha(W)$이다. 그러므로 $\pi_\alpha(W)$는 개집합이다. □

정리 3.2.7

$\{(X_\alpha, \mathfrak{T}_\alpha) \mid \alpha \in J\}$는 위상공간들의 첨수족이고 각 $\alpha \in J$에 대하여 A_α를 $(X_\alpha, \mathfrak{T}_\alpha)$의 부분공간이라 하자. 그러면 $\prod_{\alpha \in J} A_\alpha$ 위의 상자위상(곱위상)은 $\prod_{\alpha \in J} X_\alpha$ 위에서 상자위상(곱위상)에 의하여 유도되는 $\prod_{\alpha \in J} A_\alpha$ 위의 부분공간 위상과 같다.

정리 3.2.8

$(\prod_{\alpha \in J} X_\alpha, \mathfrak{T})$를 곱공간이라 가정하고 A를 임의의 위상공간이라 하자. $f: A \to \prod_{\alpha \in J} X_\alpha$를 $f(a) = (f_\alpha(a))_{\alpha \in J}$로 정의된 함수라 하자. 여기서 각 $\alpha \in J$에 대하여 $f_\alpha: A \to X_\alpha$는 좌표함수이다. 그러면 f가 연속일 필요충분조건은 각 함수 f_α가 연속이다.

증 명 $f: A \to \prod_{\alpha \in J} X_\alpha$를 연속이라 하자. 각 $\alpha \in J$에 대하여 사영함수 $\pi_\alpha: \prod_{\alpha \in J} X_\alpha \to X_\alpha$는 연속이다. 왜냐하면 임의의 개집합 $U_\alpha \in \mathfrak{T}_\alpha$에 대하여 $\pi_\alpha^{-1}(U_\alpha)$는 $\mathfrak{T}$의 부분기저의 원소이므로 개집합이다. 각 $\alpha \in J$에 대하여, $f_\alpha = \pi_\alpha \circ f$이기 때문에 연속함수 f와 π_α의 합성함수인 f_α는 연속이다.

역으로 각 좌표함수 f_α가 연속이라 가정하자. $f: A \to \prod_{\alpha \in J} X_\alpha$가 연속임을 증명하기 위하여 $\prod_{\alpha \in J} X_\alpha$에서 부분기저의 원소의 f의 역상이 A에서 개집합이 됨을 보이면 충분하다.

적당한 $\beta \in J$와 $U_\beta \in \mathfrak{T}_\beta$에 대하여, $f_\beta = \pi_\beta \circ f$이므로

$$f^{-1}(\pi_\beta^{-1}(U_\beta)) = f_\beta^{-1}(U_\beta)$$

가 성립된다.

좌표함수 $f_\beta: A \to X_\beta$가 연속이므로 $f_\beta^{-1}(U_\beta)$는 A에서 개집합이다. 즉, $\mathfrak{T}$의

부분기저의 임의의 원소 $\pi_\beta^{-1}(U_\beta)$에 대하여 f의 역상 $f^{-1}(\pi_\beta^{-1}(U_\beta))$이 A에서 개집합이 되므로 f는 연속이다. □

위의 [정리 3.2.8]이 $\prod_{\alpha\in J} X_\alpha$ 위에 상자위상을 적용해도 성립할까?
다음[예제 3.2.4]에서 보듯이 일반적으로 성립하지 않는다.

예제 3.2.3 유클리드 n-공간 $\mathbb{R}^n$에서, $\mathbb{R}$ 상의 기저는 모든 개구간들의 모임이므로 $\mathbb{R}^n$ 위의 기저 $\mathscr{B}$는 다음과 같은 형태의 곱집합들의 모임이다.

$$\mathscr{B}=\{(a_1, b_1)\times(a_2, b_2)\times\cdots\times(a_n, b_n) \mid a_i, b_i\in\mathbb{R}\}$$

$\mathbb{R}^n$은 유한개의 $\mathbb{R}$의 곱이므로 상자위상과 곱위상은 같다.

예제 3.2.4 각 $n\in\mathrm{N}$에 대하여 $X_n=\mathbb{R}$일 때, $\prod_{n\in\mathrm{N}} X_n=\mathbb{R}^w$라 하자. 각 $n\in\mathrm{N}$에 대하여 $f_n:\mathbb{R}\to\mathbb{R}$을 항등함수라 두고 $f:\mathbb{R}\to\mathbb{R}^w$를

$$f(t)=(f_n(t))=(t, t, \cdots)$$

로 정의하자. $\mathbb{R}^w$에 곱위상이 주어졌을 때는 각 좌표함수 f_n이 연속이므로 [정리 3.2.8]에 의하여 f 또한 연속이다. 그러나 $\mathbb{R}^w$에 상자위상이 주어지면 f가 연속이 아니다. $\mathbb{R}^w$ 위의 상자위상에 대한 기저의 한 원소

$$B=(-1,1)\times\left(-\frac{1}{2},\frac{1}{2}\right)\times\left(-\frac{1}{3},\frac{1}{3}\right)\times\cdots\times\left(-\frac{1}{n},\frac{1}{n}\right)\times\cdots$$

를 선택하자. 그러나 $f^{-1}(B)$는 $\mathbb{R}$ 위에서 개집합이 아니다. 왜냐하면 만약 $f^{-1}(B)$가 개집합이라면 적당한 개구간 $(-\delta, \delta)$이 존재하여

$$0\in(-\delta, \delta)\subset f^{-1}(B)$$

을 만족하여야 한다. 따라서 $f((-\delta, \delta))\subset B$이다. 모든 $n\in\mathrm{N}$에 대하여, $f((-\delta, \delta))\subset B$의 양쪽에 π_n을 취하면

$$\pi_n(f((-\delta, \delta)))\subset\pi_n(B)$$

이다. 즉 모든 $n\in\mathrm{N}$에 대하여 $f_n((-\delta, \delta))=(-\delta, \delta)\subset\left(-\frac{1}{n},\frac{1}{n}\right)$을 만족하여야 하나 n을 충분히 크게 선택할 경우 위 성질이 성립되지 않는다. □

연습 문제 3.2

1. 정리 3.2.2 를 증명하여라.

2. 정리 3.2.4 를 증명하여라.

3. 정리 3.2.8 를 증명하여라.

4. $\{X_\alpha \mid \alpha \in J\}$를 공간들의 첨수족이라 하고, 각 $\alpha \in J$에 대하여 $A_\alpha \subset X_\alpha$일 때 다음을 증명하여라.

   (1) 각 $\alpha \in J$에 대하여 A_α가 X_α에서 폐집합이면 $\prod_{\alpha \in J} A_\alpha$도 $\prod_{\alpha \in J} X_\alpha$에서 폐집합이다.

   (2) $\overline{\prod_{\alpha \in J} A_\alpha} = \prod_{\alpha \in J} \overline{A_\alpha}$

   (3) $\prod_{\alpha \in J} X_\alpha$에 상자위상이 주어졌을 경우에도 (1), (2)가 성립하는지 보여라.

5. A를 집합 $\{X_\alpha \mid \alpha \in J\}$를 공간들의 첨수족이라 하자. $\{f_\alpha \mid \alpha \in J\}$를 함수 $f_\alpha : A \to X_\alpha$의 첨수족이라 할 때 다음을 보여라.

   (1) A에 각 f_α가 연속이 되는 가장 작은 유일한 위상 $\mathfrak{T}$가 존재한다.

   (2) $\mathscr{S}_\beta = \{f_\beta^{-1}(U_\beta) \mid U_\beta$는 X_β에서 개집합$\}$이고
   $\mathscr{S} = \bigcup_{\beta \in J} \mathscr{S}_\beta$일 때 $\mathscr{S}$는 $\mathfrak{T}$의 한 부분기저가 된다.

   (3) 한 함수 $g : Y \to (A, \mathfrak{T})$가 연속일 필요충분조건은 각 $\alpha \in J$에 대하여 $f_\alpha \circ g : Y \to X_\alpha$이 연속이 되는 것이다.

   (4) 함수 $f : A \to \prod_{\alpha \in J} X_\alpha$를 $f(a) = (f_\alpha(a))_{\alpha \in J}$라 할 때, 임의의 $U \in \mathfrak{T}$에 대하여 $f(U)$는 $\prod_{\alpha \in J} X_\alpha$의 부분공간 $f(A)$에서 개집합이다.

§3.3 상위상

위상수학의 많은 개념들이 해석학에서 생긴 것에 비하여 상공간의 개념은 기하학에서부터 기인된 자르고 붙이는 기술이다. 예를 들면 원은 폐구간의 양끝점을 붙임으로 얻어지고 원환면(Torus)은 직사각형의 가장자리를 붙임으로써 얻어진다.(그림참조)

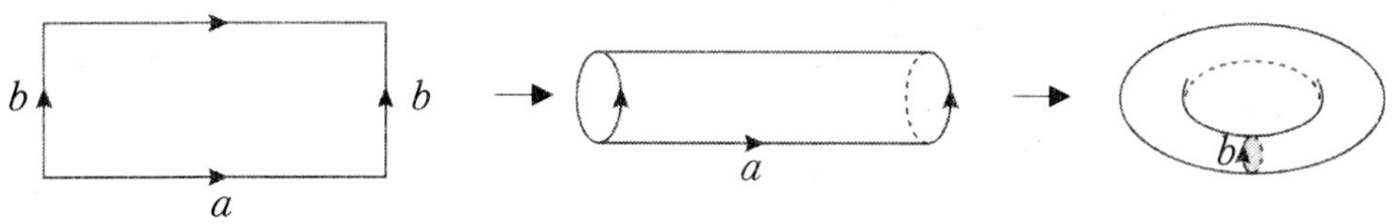

[그림 3.3.1]

정의 3.3.1 $(X, \mathfrak{T})$를 한 위상공간, Y는 임의의 한 집합이고 $f: X \to Y$를 전사함수라 하자. 집합족

$$\mathfrak{T}_f = \{ V \in \mathscr{P}(Y) \mid f^{-1}(V) \in \mathfrak{T} \}$$

는 Y 위에서 한 위상이고 이 위상 $\mathfrak{T}_f$를 함수 f에 의하여 유도된 Y 위의 **상위상**(Quotient topology on Y induced by f)이라 한다. 위상공간 $(Y, \mathfrak{T}_f)$를 **상공간**(Quotient space), 함수 f를 **상함수**(Quotient map)라 한다.

집합족 $\mathfrak{T}_f$가 Y 위의 한 위상이 됨을 보이는 것은 쉽다. 또한 위상 $\mathfrak{T}_f$는 전사함수 $f: X \to Y$를 연속되게 하는 Y 상의 가장 큰 위상이다.
왜냐하면, 함수 $f: (X, \mathfrak{T}) \to (Y, \mathfrak{T}_f)$가 연속이 되는 것은 상위상 $\mathfrak{T}_f$의 정의로부터 명백하다. 한편 Y 상의 한 위상 $\mathfrak{T}'$에 대하여 $f: (X, \mathfrak{T}) \to (Y, \mathfrak{T}')$를 연속이라 하자. 임의의 $V \in \mathfrak{T}'$에 대하여 f가 연속이므로 $f^{-1}(V) \in \mathfrak{T}$ 이다. 한편 $f^{-1}(V) \in \mathfrak{T}$ 이므로 상위상 $\mathfrak{T}_f$의 정의에 의하여 $V \in \mathfrak{T}_f$이다. 따라서 $\mathfrak{T}' \subset \mathfrak{T}_f$가 성립된다.

정리 3.3.1

$(X, \mathfrak{T})$, $(Y, \mathfrak{T}')$를 위상공간이라 하고 $f:X\to Y$를 전사함수라 하자. f가 연속이고 개함수일 때 f는 상함수이다.

증 명 함수 $f:(X, \mathfrak{T})\to(Y, \mathfrak{T}')$를 전사, 연속이고 개함수라고 가정하자. f가 상함수라는 것을 보이기 위하여 $\mathfrak{T}' = \mathfrak{T}_f$임을 증명하면 충분하다. 상위상 $\mathfrak{T}_f$는 f가 연속되는 Y상의 가장 큰 위상이므로 $\mathfrak{T}' \subset \mathfrak{T}_f$는 자명하다. 한편 임의의 $V\in\mathfrak{T}_f$에 대하여 $\mathfrak{T}_f$의 정의에 의하여 $f^{-1}(V)\in\mathfrak{T}$이다. 함수 f가 전사이므로 $f(f^{-1}(V))=V$이고, f가 개함수이므로 $f(f^{-1}(V))$는 Y위에서 개집합이다. 즉 $f(f^{-1}(V))=V\in\mathfrak{T}'$이다. 그러므로 $\mathfrak{T}_f\subset\mathfrak{T}'$이다. □

정리 3.3.2

$(X, \mathfrak{T})$, $(Y, \mathfrak{T}')$를 위상공간이라 하고 함수 $f:X\to Y$를 전사라 하자. f가 연속이고 폐함수일 때 f는 상함수이다.

증 명 함수 $f:(X, \mathfrak{T})\to(Y, \mathfrak{T}')$를 전사, 연속이고 폐함수라고 가정하자. f가 연속이므로 $\mathfrak{T}' \subset \mathfrak{T}_f$가 되는 것은 자명하다. 한편 임의의 $V\in\mathfrak{T}_f$에 대하여 $f^{-1}(V)\in\mathfrak{T}$이고 $X-f^{-1}(V)$는 X에서 폐집합이 된다. f가 전사이므로 $f(X-f^{-1}(V))=Y-V$이고 f가 폐함수이므로 $f(X-f^{-1}(V))=Y-V$는 Y에서 폐집합이 된다. 따라서 $V\in\mathfrak{T}'$이다. 그러므로 $\mathfrak{T}'=\mathfrak{T}_f$이 된다. □

예제 3.3.1 X, Y를 위상공간이라 하고 함수 $\pi_1: X\times Y\to X$를 사영함수라 하면 π_1은 전사이고 연속이며 개함수이다. 따라서 π_1은 상함수이다. 일반적으로 $\{(X_\alpha, \mathfrak{T}_\alpha) \mid \alpha\in J\}$를 위상공간들의 첨수족이라 하고 $(\prod_{\alpha\in J} X_\alpha, \mathfrak{T})$를 곱공

간이라 하면 임의의 $\alpha \in J$ 에 대하여 사영함수 $\pi_\alpha : \prod_{\alpha \in J} X_\alpha \to X_\alpha$ 는 상함수이다.

[정리 3.3.1]의 역은 일반적으로 성립되지 않는다.

예제 3.3.2 집합 $X=[0,1]\cup[2,3]$, $Y=[0,2]$를 보통공간 $\mathbb{R}$ 의 부분공간이라 하고 함수 $f: X \to Y$를

$$f(x)=\begin{cases} x, & x\in[0,1] \\ x-1, & x\in[2,3] \end{cases}$$

라 하면 f 는 전사, 연속이고 폐함수이다. 따라서 f 는 상함수이다. 그러나 f 는 개함수는 아니다. 왜냐하면 $U=[0,1]$는 X 에서 개집합이나 $f(U)=[0,1]$은 Y 에서 개집합이 아니다.

예제 3.3.3 집합 $X=\mathbb{R}$를 보통실수공간, $Y=\{a,b,c\}$라 하고 함수 $f: X \to Y$를

$$f(x)=\begin{cases} a, & x>0 \\ b, & x<0 \\ c, & x=0 \end{cases}$$

라 할 때 Y 위의 상위상 $\mathfrak{T}_f$는 $\{\varnothing, X, \{a\}, \{b\}. \{a,b\}\}$이 된다.

예제 3.3.4 집합 $X=[0,1]$를 보통실수공간 $\mathbb{R}$ 의 부분공간, $Y=S^1$를 $\mathbb{R}^2$의 부분공간이라 하자. 함수 $f: X \to Y$를 $f(t)=(\cos 2\pi t, \sin 2\pi t)$로 정의하면 f 는 전사, 연속, 폐함수이다. 따라서 f 는 상함수이다.([그림 3.3.2] 참조) 즉, 단위원 S^1은 폐구간 $[0,1]$의 한 상공간임을 알 수 있다.

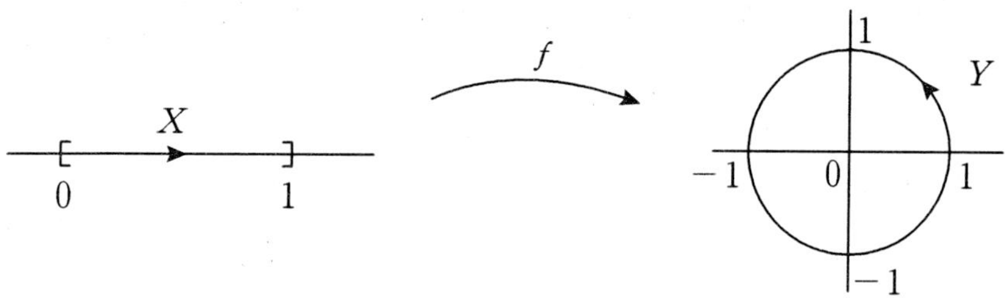

[그림 3.3.2]

정 리 3.3.3

두 상함수의 합성함수는 상함수이다.

정 리 3.3.4

X, Y 그리고 Z 를 위상공간이라 하고 함수 $p: X \to Y$를 상함수라 하자. 임의의 함수 $g: Y \to Z$가 연속이기 위한 필요충분조건은 $g \circ p: X \to Z$가 연속이 되는 것이다.

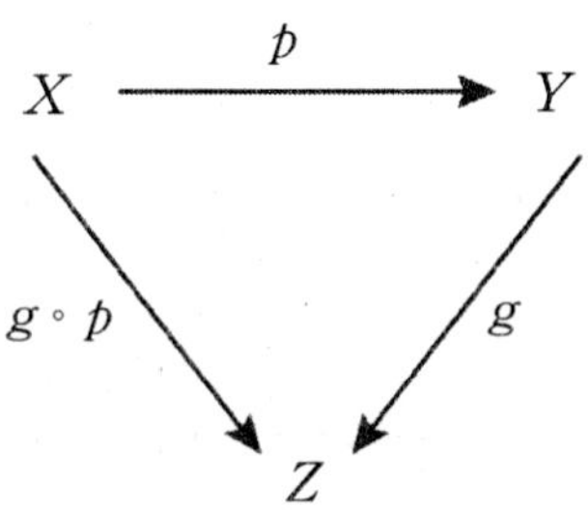

[그림 3.3.3]

증 명 함수 $p: X \to Y$를 상함수라 하고 $g: Y \to Z$를 연속함수라 하자. 함수 p가 연속이므로 두 연속함수의 합성함수 $g \circ p: X \to Z$도 연속이다.
역으로, 합성함수 $g \circ p: X \to Z$를 연속이라 가정하자. 공간 Z에서 임의의 개집합 V를 취하면, $g \circ p$가 연속이므로 $(g \circ p)^{-1}(V) = p^{-1}(g^{-1}(V))$가 X에서 개집합이다. p가 상함수이고, 집합 $p^{-1}(g^{-1}(V))$가 X에서 개집합이므로 $g^{-1}(V)$는 X에서 개집합이 된다. 따라서 함수 $g: Y \to Z$는 연속이다. □

정 리 3.3.5

함수 $p: X \to Y$를 상함수라 하고 Z를 임의의 위상공간이라 하자. 함수 $g: X \to Z$를 연속함수로서 각 $y \in Y$에 대하여 g는 $p^{-1}(y)$ 위에서 상수라 가정하자. 즉, 각 $y \in Y$에 대하여 $g(p^{-1}(y))$는 Z에서 단원집합이다. 그러면 함수 g는 한 연속함수 $f: Y \to Z$를 유도하고 $f \circ p = g$ 이 된다.

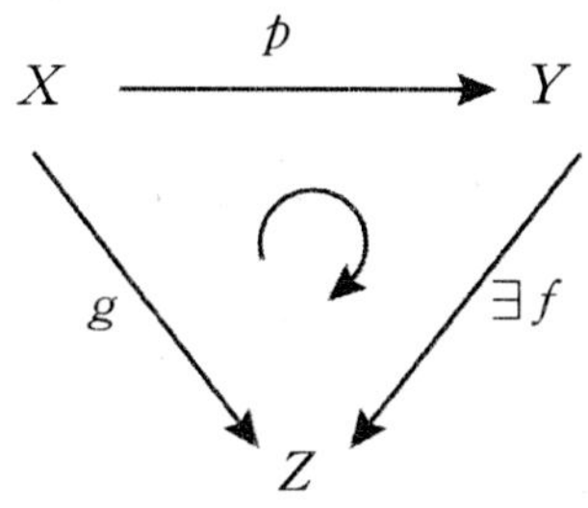

[그림 3.3.4]

증 명 각 $y \in Y$에 대하여 $g(p^{-1}(y))$가 단원집합이므로, 함수 $f: Y \to Z$에 관한 $y \in Y$의 상 $f(y)$를 단원집합 $g(p^{-1}(y))$의 주어진 한 원소로 하면 $f(y)$는 유일한 한 원소로 결정되고 f는 함수가 된다. 또한 임의의 $x \in X$에 대하여 $f(p(x)) = g(x)$를 만족한다. 왜냐하면, 임의의 $x \in X$에 대하여 $p(x) = y$라 두면 $x \in p^{-1}(y)$이고 $g(p^{-1}(y))$가 단원집합이므로 $\{g(x)\} = g(p^{-1}(y))$이다. f의 정의에 의하여 $f(y) \in g(p^{-1}(y))$이므로 $f(y) \in \{g(x)\}$가 된다. 따라서 $f(y) = g(x)$이다. $y = p(x)$이므로 $f(p(x)) = g(x)$를 만족한다. 한편 f가 연속이 됨을 보이기 위하여 V를 Z에서 개집합이라 하자. g가 연속이므로 $g^{-1}(V) = p^{-1}(f^{-1}(V))$는 X에서 개집합이다. p가 상함수이고 $p^{-1}(f^{-1}(V))$가 X에서 개집합이므로 $f^{-1}(V)$는 Y에서 개집합이 된다. 그러므로 f는 연속이다. □

X를 한 집합이라 하고 관계 $\sim$를 X위의 한 동치관계라 하자. 임의의 $x \in X$에 대하여 동치류 $[x] = \{y \in X \mid x \sim y\}$들의 모임을 $X/\sim$이라 하면 $X/\sim$는 X의 한 분할이다.

한 함수 $p: X \to X/\sim$를 $x \in X$에 대하여 $p(x) = [x]$로 정의하자. 그러면 p는 전사함수이다. X가 위상공간이면 $X/\sim$에 상위상 $\mathfrak{T}_p$를 취할 수 있고 이를

관계 $\sim$ 에 의한 상위상이라 한다.

정의 3.3.2 $(X, \mathfrak{T})$는 한 위상공간이고 X^*를 X의 한 분할이라 하자. 함수 $p: X \to X^*$를 다음과 같이 정의한다. 각 $x \in X$에 대하여, $p(x)$는 x를 포함하는 X^*의 원소인 동치류 $[x]$로 정의한다.

이때 p에 의하여 유도된 상위상 $\mathfrak{T}_p$가 주어진 $(X^*, \mathfrak{T}_p)$를 X의 **상공간**(Quotient space)이라고 하고, 함수 p를 **자연함수**(natural map) 또는 **표준함수**(canonical map)라 한다.

특히, 집합 X^*를 X의 **분해**(decomposition) 또는 **동일화공간**(identification space)이라 한다.

정의 3.3.3 위상공간 X가 **Hausdorff 공간**(Hausdorff space)이라는 뜻은 서로 다른 임의의 원소 x와 y에 대하여 서로소인 개집합 U와 V가 존재하여 $x \in U$이고 $y \in V$을 만족할 때이다.

정리 3.3.6

X와 Z를 임의의 위상공간이라 하고 $g: X \to Z$를 전사인 연속함수라고 하자. 한 분할

$$X^* = \{g^{-1}(z) \mid z \in Z\}$$

에 자연함수 $p: X \to X^*$에 의하여 유도된 상위상이 주워졌을 때,

(1) Z가 Hausdorff 공간이면 X^*도 Hausdorff 공간이고

(2) 함수 g가 한 전단사 함수 $f: X^* \to Z$를 유도하고 f가 위상동형사상일 필요충분조건은 g가 상함수이다.

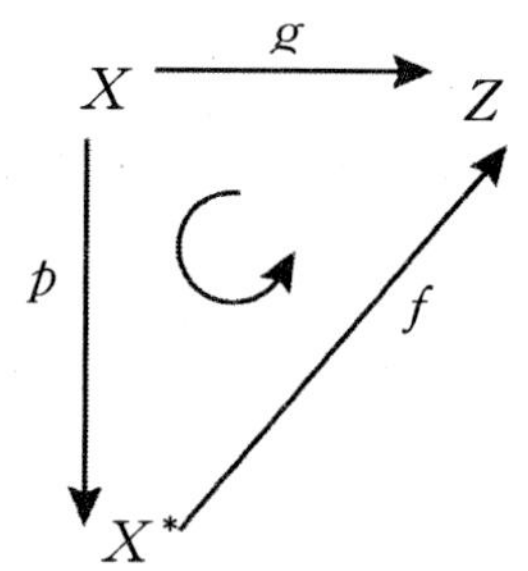

[그림 3.3.5]

증 명 (1)의 증명 : [정리 3.3.5]에 의하여 g는 한 연속함수 $f: X^* \to Z$를 유도하고 함수 f가 전단사인 것은 분명하다. Z를 Hausdorff 공간이라 하자. 서로 다른 원소 $[x] \in X^*$, $[y] \in X^*$에 대하여 함수 f가 전단사이므로 $f([x]) \neq f([y])$이다. 따라서 Z가 Hausdorff 공간이므로 서로소인 개집합 U와 V가 존재해서 $f([x]) \in U$, $f([y]) \in V$이다. 따라서 $f^{-1}(U)$와 $f^{-1}(V)$는 $[x]$와 $[y]$의 서로소인 근방이 된다. 그러므로 X^*는 Hausdorff 공간이다.

(2)의 증명 : $f: X^* \to X$를 동형사상이라 가정하자. f와 p가 상함수이므로 $g = f \circ p$는 상함수이다.

역으로 g를 상함수라 가정하자. 주어진 X^*의 개집합 V에 대하여

$$g^{-1}(f(V)) = p^{-1}(V)$$

이고, p가 연속이므로 $p^{-1}(V) = g^{-1}(f(V))$는 X에서 개집합이 된다. 한편, g가 상함수이고 $g^{-1}(f(V))$가 X에서 개집합이므로 $f(V)$는 Z에서 개집합이 된다. 즉, f는 개함수이다. 따라서 f는 위상동형사상이 된다. □

예제 3.3.5 각 $n \in \mathbb{N}$에 대하여 보통공간 $\mathbb{R}^2$의 부분집합 L_n을

$$L_n = \mathbb{R} \times \{n\}$$

이라 하고, $X = \bigcup_{n \in \mathbb{N}} L_n$이라 하자.

또한 각 $n \in \mathbb{N}$에 대하여

$$L_n' = \{(x, nx) \mid x \in \mathbb{R}\}$$

이라 하고, $Z = \bigcup_{n \in \mathbb{N}} L_n'$이라 하자. X와 Z를 $\mathbb{R}^2$의 부분공간이라 가정하고 함수 $g: X \to Z$를 $g(x, n) = (x, nx)$로 정의된 함수라면, 각 $n \in \mathbb{N}$에 대하여 $g(L_n) = L_n'$이 된다.

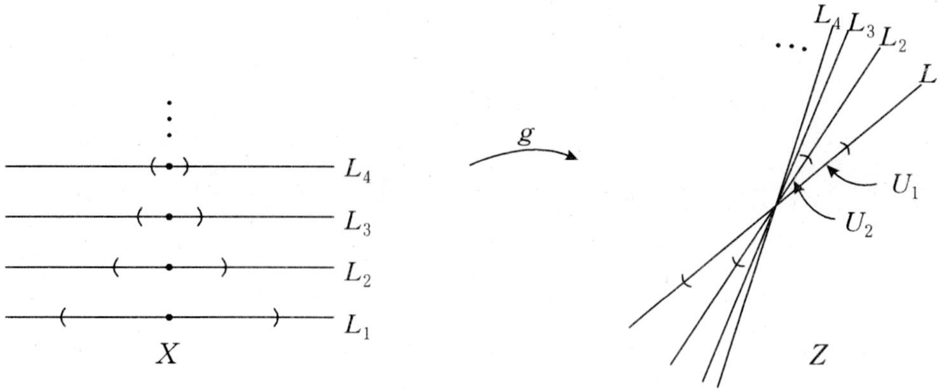

[그림 3.3.6]

그러나 함수 g가 상함수는 되지 않는다. 왜냐하면 각 $n \in \mathbb{N}$에 대하여, 선 L_n'에서 원점을 중심으로 길이가 $\frac{1}{n}$인 개구간을 U_n이라 하자. 집합 $U = \bigcup_{n \in \mathbb{N}} U_n$은 g에 의해서 유도된 상공간 Z에서 개집합이다. 그 이유는 $g^{-1}(U)$가 X에서 개집합이 되기 때문이다. 그러나 $U = \bigcup_{n \in \mathbb{N}} U_n$은 $\mathbb{R}^2$의 부분공간 Z에서는 개집합이 아니다. 그 이유는 원점 0에 대하여, U에 포함되는 0의 근방을 택할 수 없기 때문이다. 즉, 원점이 $Z - U$의 극한점이다. 그러므로 집합 Z 위에서 g에 의하여 유도된 상위상과 $\mathbb{R}^2$의 부분공간으로서 부분위상과 같지 않다. 따라서 g는 상함수가 될 수 없다.

여기에서 분할 $X^* = \{g^{-1}(z) \mid z \in Z\}$위에 g에 의하여 유도된 상위상이 주어지면 X의 부분집합 $\{0\} \times \mathbb{N}$이 원점 0와 동일시됨으로써 마치 공간 Z와 위상동형인 것 같이 보이나, g에 의하여 유도된 연속함수 $f: X^* \to Z$는 g가 상함수가 아니므로 위상동형사상이 아니다.

예제 3.3.6 집합 $X=[0,1]$과 $Y=S^1$를 각각 $\mathbb{R}$과 $\mathbb{R}^2$의 부분공간이라 하면 $g: X \to Y,\ g(t)=(\cos 2\pi t,\ \sin 2\pi t)$는 상함수이다. 한편, g에 의하여 유도된 분할은 $X^* = \{g^{-1}(y) \mid y \in Y\} = \{\{t\} \mid 0 < t < 1\} \cup \{\{0,1\}\}$이다.
분할 X^*에 상위상을 취하면 X^*와 S^1은 위상동형임을 알 수 있다. 즉 단위원 S^1은 단위구간 $X=[0,1]$에서 0과 1을 같은 점으로 볼 때 얻어질 수 있는 공간임을 알 수 있다.

예제 3.3.7 $X=[0,1]\times[0,1]$과 $Y=S^1\times[0,1]$를 각각 $\mathbb{R}^2$와 $\mathbb{R}^3$의 부분공간이라 하면,

$$g: X \to Y,\quad g(s,t)=((\cos 2\pi s,\ \sin 2\pi s),\ t)$$

는 전사, 연속, 폐함수이므로 한 상함수이다.

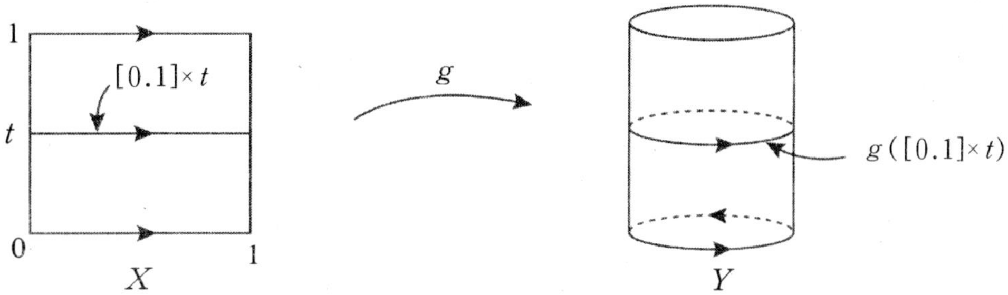

[그림 3.3.7]

따라서 $Y=S^1\times[0,1]$은 g에 의하여 유도된 상공간으로서, X 위에서 각 $t\in[0,1]$에 대하여 $(0,t)$와 $(1,t)$을 같은 점으로 볼 때 얻어지는 공간임을 알 수 있다.

예제 3.3.8 집합 X를 $[0,1]\times[0,1]$이라 하고 Y를 윤환면(torus) $S^1\times S^1$이라 하자. 함수

$$g: X \to Y,\quad g(s,t)=((\cos 2\pi s,\ \sin 2\pi s),\ (\cos 2\pi t,\ \sin 2\pi t))$$

는 전사, 연속, 폐함수이므로 한 상함수이다.

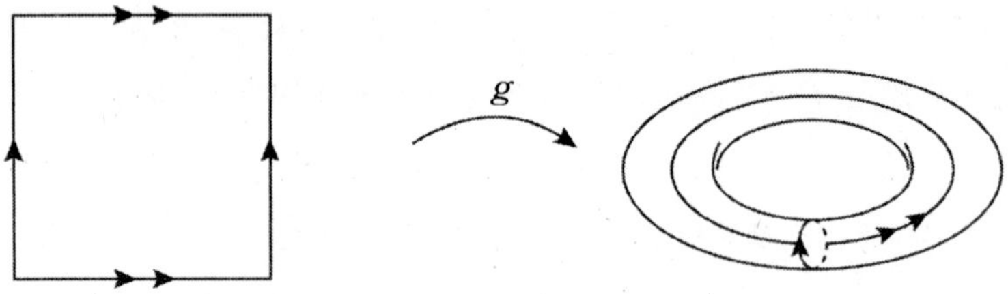

[그림 3.3.8]

g에 의하여 유도된 분할 $X^* = \{g^{-1}(y) \mid y \in Y\}$는 다음과 같이 구성된 집합이다.

$$X^* = \{\{(s, t)\} \mid 0 < s < 1,\ 0 < t < 1\} \cup \{\{(s, 0), (s, 1)\} \mid 0 < s < 1\}$$
$$\cup \{\{(0, t), (1, t)\} \mid 0 < t < 1\} \cup \{\{(0, 0), (0, 1), (1, 0), (1, 1)\}\}$$

따라서 윤환면 Y는 g에 의한 상공간으로서, X에서 $(s, 0)$와 $(s, 1)$을 같은 점으로 $(0, t)$와 $(1, t)$를 같은 점으로 볼 때 얻어지는 공간임을 알 수 있다.

연습 문제 3.3

1. 사영함수 $\pi_1 : \mathbb{R}\times\mathbb{R} \to \mathbb{R}$ 에 대하여 다음을 증명하여라.

   (1) $X = (0\times\mathbb{R}) \cup (\mathbb{R}\times 0)$ 를 $\mathbb{R}\times\mathbb{R}$ 의 한 부분공간이라 할 때 $g = \pi_1|_X : X \to \mathbb{R}$ 은 폐함수이다. 그러나 개함수는 아니다.

   (2) $Y = ([0,\infty)\times\mathbb{R}) \cup (\mathbb{R}\times 0)$ 를 $\mathbb{R}\times\mathbb{R}$ 의 한 부분공간이라 할 때 $h = \pi_1|_Y : Y \to \mathbb{R}$ 은 폐함수도 개함수도 아니다. 그러나 h 는 상함수이다.

2. 함수 $p : X \to Y$ 를 전사이고 연속함수라 하자. A 가 X 의 한 부분공간일 때 다음을 보여라.

   (1) A 가 X 에서 개집합이고 p 가 개함수이면 축소함수 $p|_A : A \to Y$ 도 개함수이다.

   (2) A 가 X 에서 폐집합이고 p 가 폐함수이면 축소함수 $p|_A : A \to Y$ 도 폐함수이다.

3. X 를 한 위상공간, A 를 한 점 집합이라 하고 $p : X \to A$ 가 전사함수일 때 다음을 증명하여라.
   A 에서의 상위상 $\mathfrak{T}_p$ 는 A 에서 p 를 연속되게 하는 가장 큰 위상이다.

4. 평면 $\mathbb{R}^2$ 에서 동치관계를 아래와 같이 정의할 때,

$$(x_0, y_0) \sim (x_1, y_1) \Leftrightarrow x_0^2 + y_0^2 = x_1^2 + y_1^2$$

   동치류들의 상공간 X^* 는 우리가 알고 있는 어떤 공간과 위상동형이 되는지 보여라.

5. (1) 함수 $g : \mathbb{R}^2 \to \mathbb{R}$, $g(x,y) = x + y^2$ 가 상함수임을 보여라.

   (2) 함수 $g : \mathbb{R}^2 \to [0,\infty)$, $g(x,y) = x^2 + y^2$ 가 상함수임을 보여라.

6. $Z = (\mathbb{R} \times 0) \cup (0 \times \mathbb{R}) \subset \mathbb{R}^2$ 이고, $g : \mathbb{R}^2 \to Z$ 를 다음과 같은 함수라 할 때

$$g(x, y) = \begin{cases} (x, 0), & x \neq 0 \\ (0, y), & x = 0 \end{cases}$$

(1) 함수 g 가 상함수, 연속이 되는지 밝혀라.

(2) 상공간 $(Z, \mathfrak{T}_g)$ 는 Hausdorff 공간이 아님을 보여라.

7. $\{X_\alpha \mid \alpha \in J\}$ 를 공간들의 첨수족, A 를 집합 그리고 $\{p_\alpha \mid \alpha \in J\}$ 를 함수 $p_\alpha : X_\alpha \to A$ 들의 첨수족이라 하자.

(1) 각 $p_\alpha : X_\alpha \to A$ 가 연속이 되는 A 에서 가장 큰 위상 $\mathfrak{T}$ 가 유일하게 존재함을 보여라.

(2) 한 함수 $f : (A, \mathfrak{T}) \to Y$ 가 연속일 필요충분조건은 각 함수 $f \circ p_\alpha : X_\alpha \to Y$ 가 연속이 되는 것임을 보여라.

제2부

제4장 거리공간

§4.1 거리공간

이 절에서 우리는 한 집합 X 위에 거리공간을 정의하고 몇 개의 보기를 보여준다.

정의 4.1.1 X를 공집합이 아닌 집합이라 하자. 다음 조건을 만족하는 함수 $d: X \times X \to \mathbb{R}$을 X 위에서 **거리함수**(metric function or distance function)라 한다.

(M_1) $d(x, y) \geq 0 \quad {}^{\forall}x, y \in X$

(M_2) $d(x, y) = 0 \Leftrightarrow x = y \quad {}^{\forall}x, y \in X$

(M_3) $d(x, y) = d(y, x) \quad {}^{\forall}x, y \in X$

(M_4) $d(x, y) \leq d(x, z) + d(z, y) \quad {}^{\forall}x, y, z \in X$

임의의 $x, y \in X$에 대하여 $d(x, y)$를 x로부터 y까지의 **거리**(distance)라 부른다.

거리함수 d의 성질 중 (M_4)는 삼각형의 한 변의 길이가 다른 두 변의 길이의 합보다 작거나 같다는 사실을 추상화한 것이다. 따라서 이 성질을 **삼각부등식**(triangle inequality)이라 한다.

예제 4.1.1 X를 한 집합이라 한다. 임의의 $x, y \in X$에 대하여

$$d(x, y) = \begin{cases} 0, & x = y \\ 1, & x \neq y \end{cases}$$

으로 정의한 함수 $d: X \times X \to \mathbb{R}$는 $M_1 \sim M_4$를 만족하므로 X위의 한 거리함수가 된다. 이 거리함수 d를 **이산거리**(discrete metric)함수라 한다.

예제 4.1.2 실수집합 $\mathbb{R}$ 에서 함수 $d:\mathbb{R}\times\mathbb{R}\to\mathbb{R}$ 를

$$d(x, y)=|x-y|,\ \forall x, y\in X$$

로 정의하면 d는 $M_1\sim M_4$를 만족하므로 $\mathbb{R}$ 위의 한 거리함수가 된다. 이 거리함수 d를 $\mathbb{R}$ 위의 **보통거리**(usual metric)**함수**라 한다.

예제 4.1.3 이차원 평면 $\mathbb{R}^2$에서 두 점 $x=(x_1, x_2)$, $y=(y_1, y_2)$을 임의로 취하고 세 함수 d, d_1, d_2를 다음과 같이 정의하자.

(1) $d(x, y)=\sqrt{(x_1-y_1)^2+(x_2-y_2)^2}$

(2) $d_1(x, y)=\max\{|x_1-y_1|, |x_2-y_2|\}$

(3) $d_2(x, y)=|x_1-y_1|+|x_2-y_2|$

이들 세 함수 d, d_1, d_2는 $M_1\sim M_4$를 만족하므로 $\mathbb{R}^2$상의 거리함수가 된다. 이를 일반화하여, $n\in\mathbb{N}$ 이면 $\mathbb{R}^n=\{x=(x_1, x_2, \cdots, x_n)\mid x_i\in\mathbb{R},\ i=1,2,\cdots,n\}$ 이다. 따라서 임의의 $x=(x_1, x_2, \cdots, x_n)$, $y=(y_1, y_2, \cdots, y_n)$에 대하여, 세 함수를 다음과 같이 정의할 수 있다.

(1) $d(x, y)=\left(\sum_{i=1}^{n}(x_i-y_i)^2\right)^{1/2}$

(2) $d_1(x, y)=\max\{|x_i-y_i|\mid i=1,2,\cdots,n\}$

(3) $d_2(x, y)=\sum_{i=1}^{n}|x_i-y_i|$

특히 d를 $\mathbb{R}^n$위에서 **보통거리**(usual metric) 또는 **유클리드거리**(Euclidean metric), d_1을 **정사각거리**(square metric)라 한다.

예제 4.1.4 집합 $C[0, 1]=\{f\mid f:[0, 1]\to\mathbb{R}$ 는 연속함수$\}$에서 임의의 $f, g\in C[0, 1]$에 대하여 함수 ρ_1과 ρ_2를 다음과 같이 정의하자.

(1) $\rho_1(f, g)=\int_0^1|f(x)-g(x)|\,dx$

(2) $\rho_2(f, g)=\max\{|f(x)-g(x)|\mid x\in[0, 1]\}$

두 함수 ρ_1과 ρ_2는 $C[0, 1]$위에서 서로 다른 두 개의 거리함수가 된다. 왜냐

하면, $|f(x)-g(x)|$는 $[0,1]$에서 연속이므로 적분값

$$\int_0^1 |f(x)-g(x)|\,dx$$

이 존재한다. 또한 $[0,1]$에서

$$\max\{|f(x)-g(x)|\mid x\in[0,1]\}=|f(x_0)-g(x_0)|$$

를 만족하는 $x_0\in[0,1]$가 반드시 존재하여 두 함수가 잘 정의되고 $M_1\sim M_4$를 만족한다. ([그림 4.1.1] 참조)

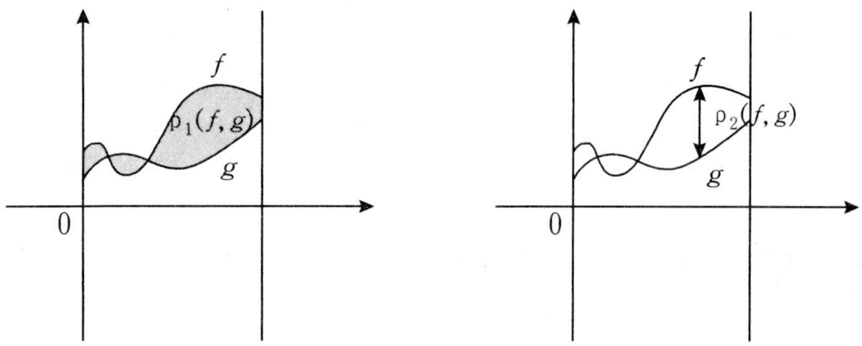

[그림 4.1.1]

정의 4.1.2 X를 한 집합이라 하고 한 함수 $d:X\times X\to\mathbb{R}$를 거리함수라 하자. 한 점 $x\in X$와 한 실수 $\varepsilon>0$에 대하여, 집합 $B_d(x,\varepsilon)=\{y\in X\mid d(x,y)<\varepsilon\}$를 x가 중심인 **ε-공**(ε-ball centered at x) 또는 ***x*의 ε-근방**(ε-neighborhood of x)라고 한다. 아무런 혼동이 일어나지 않을 경우에는 거리함수 d를 생략하고 $B_d(x,\varepsilon)$을 $B(x,\varepsilon)$으로 쓴다.

예제 4.1.5 2차원 평면 $\mathbb{R}^2$위에서 정의한 세 거리 함수 d, d_1, d_2에 대하여 $x\in\mathbb{R}^2$, $\varepsilon>0$일 때, ε-공은 다음[그림 4.1.2]과 같고

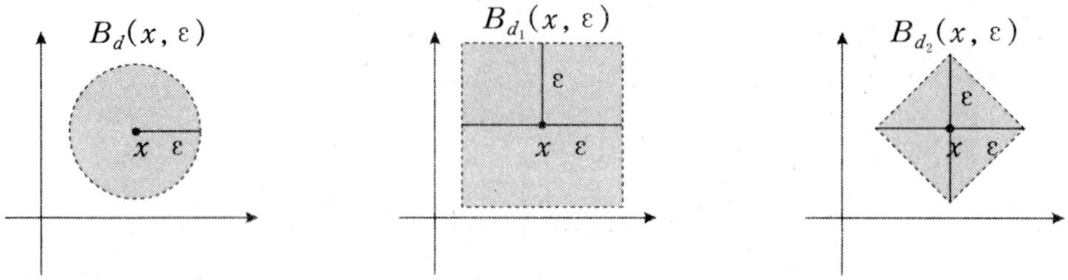

[그림 4.1.2]

$$B_{d_2}(x,\varepsilon) \subsetneq B_d(x,\varepsilon) \subsetneq B_{d_1}(x,\varepsilon)$$

이 성립한다.

정의 4.1.3 함수 d를 집합 X위의 한 거리함수라 하자. 집합족

$$\mathscr{B}=\{B_d(x,\ \varepsilon)\mid x\in X,\ \ \varepsilon>0\}$$

라 하면 $\mathscr{B}$는 X위의 한 위상에 대한 기저가 된다. 이 기저 $\mathscr{B}$에 의하여 생성된 위상 $\mathfrak{T}=\mathfrak{T}(\mathscr{B})$를 **거리위상**(metric topology)이라 하고 $(X,\ \mathfrak{T})$를 **거리공간**(metric space)이라 한다.

정리 4.1.1

> d를 집합 X위의 한 거리함수라 하고
>
> $$\mathscr{B}=\{B_d(x,\ \varepsilon)\mid x\in X,\ \ \varepsilon>0\}$$
>
> 라 하면 $\mathscr{B}$는 X위의 한 위상에 대한 기저가 된다.

증 명 $\mathscr{B}$가 [정의 2.2.1]의 $B-1$, $B-2$를 만족함을 보이면 충분하다.

$(B-1)$: 임의의 $x\in X,\ \ \varepsilon>0$에 대하여 $x\in B_d(x,\varepsilon)$이므로

$\bigcup_{\substack{x\in X\\ \varepsilon>0}} B_d(x,\ \varepsilon)=X$를 만족한다.

$(B-2)$: $B_d(x,\ \varepsilon_1),\ \ B_d(y,\ \varepsilon_2)\in$ B 이고 $a\in B_d(x,\ \varepsilon_1)\cap B_d(y,\ \varepsilon_2)$라 하자.

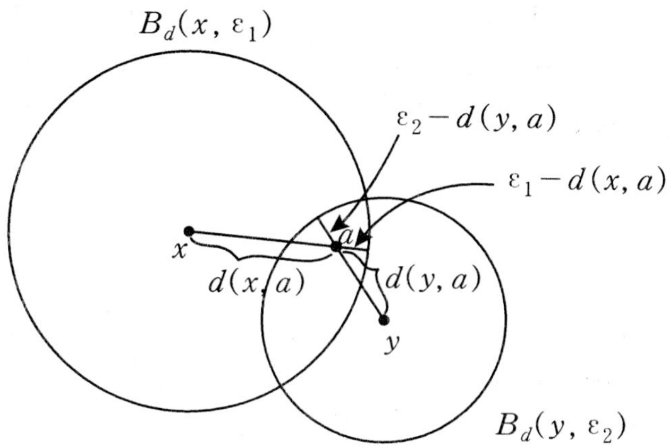

[그림 4.1.3]

$$\varepsilon = \min\{\varepsilon_1 - d(x, a), \varepsilon_2 - d(y, a)\}$$

이라 놓으면, $d(x, a) < \varepsilon_1$이고 $d(y, a) < \varepsilon_2$이므로 $\varepsilon > 0$이다.

따라서 $B_d(a, \varepsilon) \in \mathscr{B}$ 이고, 또한 $B_d(a, \varepsilon) \subset B_d(x, \varepsilon_1) \cap B_d(y, \varepsilon_2)$를 만족한다. 왜냐하면, $p \in B_d(a, \varepsilon)$을 취하면

$$d(x, p) \le d(x, a) + d(a, p) < d(x, a) + \varepsilon$$

이다. $\varepsilon \le \varepsilon_1 - d(x, a)$이므로 $d(x, a) + \varepsilon \le \varepsilon_1$이다. 따라서 $d(x, p) < \varepsilon_1$이다.
같은 방법으로

$$d(y, p) \le d(y, a) + d(a, p) < d(y, a) + \varepsilon$$

이고, $d(y, a) + \varepsilon \le \varepsilon_2$이므로 $d(y, p) \le \varepsilon_2$이다.
따라서 $p \in B_d(x, \varepsilon_1) \cap B_d(y, \varepsilon_2)$를 만족한다. □

거리함수 d에 의하여 유도된 거리위상을 $\mathfrak{T}(d)$로 표시한다.
거리위상의 정의에 의하여

$U \in \mathfrak{T}(d) \Leftrightarrow$ 임의의 $x \in U$에 대하여, 적당한 $\delta > 0$가 존재하여
$B_d(x, \delta) \subset U$를 만족한다.

왜냐하면 이 조건을 만족하면, $U = \bigcup_{x \in U} B_d(x, \delta)$이므로 위상조건에 의하여 U는 개집합이 된다.

역으로, U를 개집합이라 하고 $y \in U$라 하자. $\mathscr{B} = \{B_d(x, \varepsilon) \mid x \in X, \varepsilon > 0\}$가

$\mathfrak{T}(d)$의 기저이므로 한 원소 $x \in X$와 $\varepsilon > 0$이 존재하여 $y \in B_d(x, \varepsilon) \subset U$를 만족한다. $\delta = \varepsilon - d(x, y)$로 하면 $B_d(y, \delta) \subset B_d(x, \varepsilon)$이다.
따라서 $B_d(y, \delta) \subset U$이 성립된다.

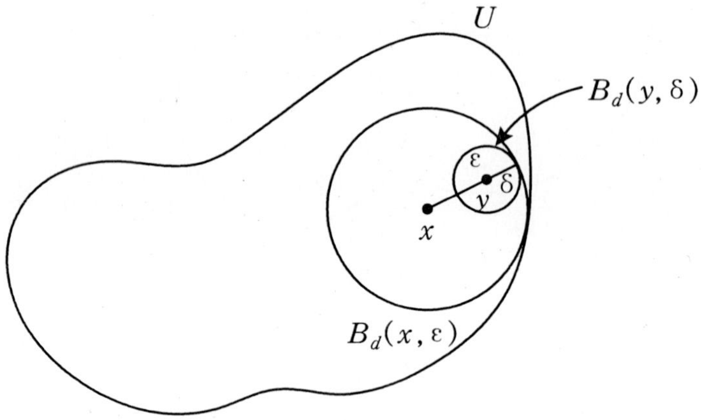

[그림 4.1.4]

예제 4.1.6 한 집합 X 위에서 이산거리 함수

$$d(x, y) = \begin{cases} 1, & x \neq y \\ 0, & x = y \end{cases}$$

를 취하면 d에 의하여 유도된 거리위상 $\mathfrak{T}(d)$는 이산위상이다. 왜냐하면, 임의의 $x \in X$에 대하여 $B_d(x, 1) = \{x\}$이다. 즉 기저 $\mathscr{B}$는 X의 모든 단원집합을 포함한다. 그러므로 $\mathfrak{T}(d) = \mathscr{P}(X)$이다.

예제 4.1.7 실수집합 $\mathbb{R}$ 위에 보통거리함수 $d(x, y) = |x - y|$에 대하여

$$\begin{aligned} B_d(x, \varepsilon) &= \{y \in \mathbb{R} \mid d(x, y) < \varepsilon\} \\ &= \{y \in \mathbb{R} \mid |x - y| < \varepsilon\} \\ &= (x - \varepsilon, x + \varepsilon) \end{aligned}$$

이므로 거리위상 $\mathfrak{T}(d)$의 기저는 $\mathbb{R}$ 위의 개구간 전체를 가진다.
따라서 $\mathfrak{T}(d)$는 $\mathbb{R}$ 위의 보통위상 $\mathscr{U}$와 같은 위상임을 알 수 있다.

집합 X에 서로 다른 두 거리 함수 d_1과 d_2가 같은 위상을 유도할 수도 있다. 예를 들면,

예제 4.1.8 한 집합 X위에 두 거리함수 d_1과 d_2를 다음과 같이 정의하자.

$$d_1(x, y)=\begin{cases}0, & x=y \\ 1, & x\neq y\end{cases}$$

$$d_2(x, y)=\begin{cases}0, & x=y \\ 2, & x\neq y\end{cases}$$

여기서 d_1과 d_2는 서로 다른 거리함수지만 $\mathfrak{T}(d_1)$과 $\mathfrak{T}(d_2)$는 X위의 이산위상과 같으므로, $\mathfrak{T}(d_1)=\mathfrak{T}(d_2)$이다.

정의 4.1.4 d_1과 d_2를 한 집합 X위의 거리함수라 할 때, $\mathfrak{T}(d_1)=\mathfrak{T}(d_2)$이면 d_1과 d_2를 **동치거리(equivalent metric)함수**라 한다.

예제 4.1.9 실수평면 $\mathbb{R}^2$에서 정의한 거리함수 d, d_1, d_2는 같은 거리위상 $\mathfrak{T}(d)=\mathfrak{T}(d_1)=\mathfrak{T}(d_2)=\mathscr{U}$을 갖는다. 왜냐하면, 임의의 $x\in\mathbb{R}^2$와 $\varepsilon>0$에 대하여

$$B_{d_2}(x, \frac{\varepsilon}{2})\subset B_d(p, \frac{\varepsilon}{2})\subset B_{d_1}(x, \frac{\varepsilon}{2})\subset B_{d_2}(x, \varepsilon)\subset B_d(x, \varepsilon)$$

을 이용하여 $\mathfrak{T}(d)=\mathfrak{T}(d_1)=\mathfrak{T}(d_2)$를 얻을 수 있다. 따라서 d, d_1, d_2는 $\mathbb{R}^2$위의 동치거리 함수들이다. [그림 4.1.5 참조]

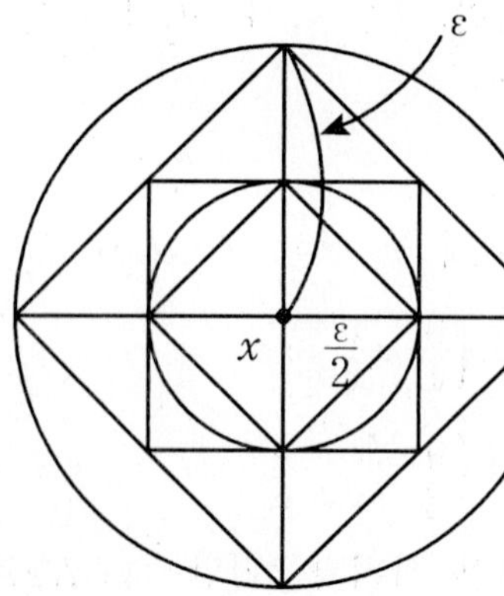

[그림 4.1.5]

정리 4.1.2

공간 (X, d)와 (Y, ρ)를 거리공간이라 하고 $f: X \to Y$를 한 함수라 하자. 함수 f가 X의 한 점 a에서 연속일 필요충분조건은 임의의 $\varepsilon > 0$에 대하여 적당한 $\delta > 0$이 존재하여

$$f(B_d(a, \delta)) \subset B_\rho(f(a), \varepsilon)$$

가 성립하는 것이다. [그림 4.1.6 참조]

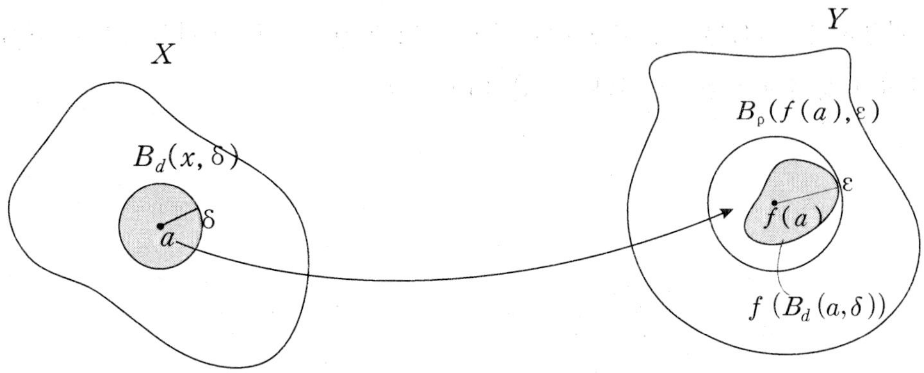

[그림 4.1.6]

증 명 함수 $f: X \to Y$가 X의 한 점 $a \in X$에서 연속이라 가정하자. 임의의 $\varepsilon > 0$에 대하여, $V = B_\rho(f(a), \varepsilon)$는 $f(a)$의 ε-근방이므로 가정에 의하여 a의 적당한 근방 U가 존재하여

$$f(U) \subset B_\rho(f(a), \varepsilon) = V$$

를 만족한다. 한편 $U \in \mathfrak{T}(d)$이므로 적당한 $\delta > 0$가 존재하여

$$B_d(a, \delta) \subset U$$

를 만족한다. 따라서 $f(B_d(a, \delta)) \subset f(U) \subset B_\rho(f(a), \varepsilon)$이다.

역으로 주어진 가정에서 f가 a에서 연속이 됨을 보여보자.

임의의 $f(a)$의 근방 V에 대하여, $V \in \mathfrak{T}(\rho)$이므로 적당한 $\varepsilon > 0$이 존재하여

$$B_\rho(f(a), \varepsilon) \subset V$$

를 만족한다. 가정에 의하여 적당한 $\delta > 0$이 존재하여

$$f(B_d(a, \delta)) \subset B_\rho(f(a), \varepsilon)$$

$U = B_d(a, \delta)$라 두면 U는 a의 근방이고 $f(U) \subset B_\rho(f(a), \varepsilon) \subset V$를 만족하여 f는 점 $a \in X$에서 연속이 된다. □

연습 문제 4.1

1. d를 집합 X 위의 한 거리함수라 하자. 함수 $d' : X \times X \to \mathbb{R}$를 $d'(x, y) = \min\{1, d(x, y)\}$ $(x, y \in X)$로 정의하면 d'도 X 위의 한 거리함수가 됨을 보여라.

2. $d : \mathbb{R} \times \mathbb{R} \to \mathbb{R}$, $d(a, b) = \dfrac{|a-b|}{1+|a-b|}$ $((a, b) \in \mathbb{R} \times \mathbb{R})$라 할 때 d는 $\mathbb{R}$ 위의 한 거리함수임을 보여라.

3. 다음 세 함수는 $\mathbb{R}^2$ 위의 거리함수임을 보여라.
   (1) $d(x, y) = \sqrt{(x_1 - y_1)^2 + (x_2 - y_2)^2}$
   (2) $d_1(x, y) = \max\{|x_1 - y_1|, |x_2 - y_2|\}$
   (3) $d_2(x, y) = |x_1 - y_1| + |x_2 - y_2|$ (여기서, $x = (x_1, x_2)$, $y = (y_1, y_2)$)

4. 한 집합 $X = C[0, 1]$에서 $\rho_1(f, g) = \int_0^1 |f(x) - g(x)|\,dx$,

   $\rho_2(f, g) = \max\{|f(x) - g(x)| \mid x \in [0, 1]\}$일 때,
   (1) ρ_1, ρ_2는 $C[0, 1]$ 위의 거리함수임을 보여라.
   (2) 두 거리공간 (X, ρ_1), (X, ρ_2)에서, $\mathfrak{T}(\rho_1) \subset \mathfrak{T}(\rho_2)$임을 밝혀라.

5. 이산거리공간 (X, d)에서 $\overline{B_d(x, 1)}$를 구하여라.

6. d를 $X = (0, 1)$ 위의 보통거리함수라 하고, $d'(x, y) = \left|\dfrac{1}{x} - \dfrac{1}{y}\right|$라 할 때 다음을 증명하여라.
   (1) d'는 X 위의 한 거리함수이다.
   (2) $\mathfrak{T}(d) = \mathfrak{T}(d')$이다.

§4.2 거리공간의 성질

정의 4.2.1 (X, d)를 거리공간이라 하고 A와 B를 공집합이 아닌 X의 부분집합이라 하자.

(1) 한 점 $x \in X$와 집합 $A \subset X$에 대하여

$$d(x, A) = \inf\{d(x, a) \mid a \in A\}$$

를 x와 A 사이의 **거리**(distance)라고 한다.

(2) 집합 $A \subset X$와 $B \subset X$에 대하여

$$d(A, B) = \inf\{d(a, b) \mid a \in A,\ b \in B\}$$

를 A와 B 사이의 **거리**라고 한다.

(3) 집합 $A \subset X$에 대하여

$$\text{diam}(A) = \text{lub}\{d(a_1, a_2) \mid a_1, a_2 \in A\}$$

를 A의 **지름**(diameter)이라고 한다. 만일 $\text{diam}(A) < \infty$일 경우 A를 **유계집합**(bounded set)이라 한다.

위의 정의로부터 다음과 같은 결과를 쉽게 얻을 수 있다. $(A \neq \varnothing \neq B)$

(1) $d(x, A)$, $d(A, B)$, $\text{diam}(A)$는 모두 음수가 아니다.

(2) $x \in A$이면 $d(x, A) = 0$이다.

(3) $A \cap B \neq \varnothing$이면 $d(A, B) = 0$이다.

$\varnothing$에 대하여는 $d(x, \varnothing) = \infty$, $d(A, \varnothing) = \infty$, $\text{diam}(\varnothing) = 0$로 약속한다.

정리 4.2.1

d_1과 d_2를 한 집합 X에서 두 거리함수라 하자. 그러면 두 거리 위상 $\mathfrak{T}(d_1)$, $\mathfrak{T}(d_2)$에 대해서, $\mathfrak{T}(d_1) \subset \mathfrak{T}(d_2)$일 필요충분조건은 임의의 $x \in X$와 임의의 $\varepsilon > 0$에 대하여, 적당한 $\delta > 0$가 존재하여

$$B_{d_2}(x, \delta) \subset B_{d_1}(x, \varepsilon)$$

를 만족한다.

증 명 $\mathfrak{T}(d_1) \subset \mathfrak{T}(d_2)$를 가정하자. $\mathfrak{T}(d_1)$의 기저의 원소 $B_{d_1}(x, \varepsilon)$은 $\mathfrak{T}(d_1)$의 원소이고, $\mathfrak{T}(d_1) \subset \mathfrak{T}(d_2)$이므로 $B_{d_1}(x, \varepsilon) \in \mathfrak{T}(d_2)$이다.
따라서 적당한 $\delta > 0$가 존재하여

$$B_{d_2}(x, \delta) \subset B_{d_1}(x, \varepsilon)$$

을 만족한다.
역으로 임의의 $\mathfrak{T}(d_1)$의 기저의 원소 $B_1 \in \mathscr{B}_1$에 대하여, $x \in B_1$라 하면, $\mathfrak{T}(d_1)$의 기저의 정의에 의하여 적당한 $\varepsilon > 0$이 존재하여 $B_{d_1}(x, \varepsilon) \subset B_1$를 만족한다. 가정에 의하여 적당한 $\delta > 0$이 존재하여 $B_{d_2}(x, \delta) \subset B_{d_1}(x, \varepsilon)$이다. 즉 $\mathfrak{T}(d_2)$의 기저 $\mathscr{B}_2$의 원소 $B_2' = B_{d_2}(x, \delta)$가 존재하여 $B_2 \subset B_1$이므로 [정리 2.2.4]에 의하여 $\mathfrak{T}(d_1) \subset \mathfrak{T}(d_2)$를 만족한다. □

집합의 유계성(boundedness)은 위상적 성질이 아니라 그 집합에 주어진 거리에 따라 정해진다.

정리 4.2.2

(X, d)를 위상공간이라 하고 함수 $\overline{d} : X \times X \to \mathbb{R}$를 다음과 같이 정의하자.

$$\overline{d}(x, y) = \min\{d(x, y), 1\}$$

그러면 $\overline{d}$는 거리함수이고 $\mathfrak{T}(\overline{d}) = \mathfrak{T}(d)$이 된다.
이 거리함수 $\overline{d}$를 d에 따른 **표준유계거리**(standard bounded metric)함수라 한다.

증 명 $M_1 \sim M_3$의 증명은 분명하다. 삼각부등식 M_4를 증명해 보자.
즉, 임의의 $x, y, z \in X$에 대하여

$$\overline{d}(x, z) \le \overline{d}(x, y) + \overline{d}(y, z)$$

만약 $d(x, y) \ge 1$이거나 $d(y, z) \ge 1$이면 $\overline{d}(x, y) = 1$이거나 $\overline{d}(y, z) = 1$ 이다.

따라서 $\bar{d}(x, y)+\bar{d}(y, z) \geq 1$ 이다. 그러나 $\bar{d}(x, z) \leq 1$이므로

$$\bar{d}(x, z) \leq \bar{d}(x, y)+\bar{d}(y, z)$$

를 만족한다.

한편 $d(x, y) < 1$ 이고 $d(y, z) < 1$ 이면

$$d(x, z) \leq d(x, y)+d(y, z)=\bar{d}(x, y)+\bar{d}(y, z)$$

이고, $\bar{d}$의 정의에 의하여 $\bar{d}(x, z) \leq d(x, z)$이다. 따라서 $\bar{d}(x, z) \leq \bar{d}(x, y)+\bar{d}(y, z)$ 를 만족한다.

$\mathfrak{J}(\bar{d})=\mathfrak{J}(d)$를 증명하기 위하여 임의의 $\varepsilon > 0$에 대하여 $\delta=\min\{\varepsilon, 1\}$이라 두면 $\mathfrak{J}(\bar{d})$과 $\mathfrak{J}(d)$의 기저들 사이에 다음이 성립한다.

$$B_d(x, \varepsilon) \subset B_{\bar{d}}(x, \varepsilon)$$

$$B_{\bar{d}}(x, \delta) \subset B_d(x, \varepsilon)$$

따라서 [정리 4.2.1] 에 의하여 $\mathfrak{J}(\bar{d})=\mathfrak{J}(d)$를 만족한다. □

정리 4.2.3

거리함수 d를 $\mathbb{R}^n$위에서 보통거리, ρ를 $\mathbb{R}^n$위에서 정사각거리라 하자. 그러면 $\mathfrak{J}(d)=\mathfrak{J}(\rho)$이고 이는 곱위상과 같다.

증 명 $x=(x_1, x_2, \cdots, x_n)$, $y=(y_1, y_2, \cdots, y_n) \in \mathbb{R}^n$이라 하자. 그러면 $\rho(x, y) \leq d(x, y) \leq \sqrt{n}\,\rho(x, y)$가 성립함을 알 수 있다.

$\rho(x, y) \leq d(x, y)$로 부터, 임의의 $x \in X$, $\varepsilon > 0$에 대하여 $B_d(x, \varepsilon) \subset B_\rho(x, \varepsilon)$가 성립하며 $d(x, y) \leq \sqrt{n}\,\rho(x, y)$로부터, 임의의 $x \in X$, $\varepsilon > 0$에 대하여 $B_\rho(x, \frac{\varepsilon}{\sqrt{n}}) \subset B_d(x, \varepsilon)$이 성립한다. 따라서 [정리 4.2.1]에 의하여 $\mathfrak{J}(d)=\mathfrak{J}(\rho)$가 성립한다.

한편 $\mathfrak{J}$를 $\mathbb{R}^n$위에서 곱위상이라 가정하자. $\mathfrak{J}=\mathfrak{J}(\rho)$임을 증명하기 위하여, $B=(a_1, b_1)\times(a_2, b_2)\times\cdots\times(a_n, b_n)$를 $\mathfrak{J}$의 기저의 한 원소라 하자.

$x=(x_1, x_2, \cdots, x_n) \in B$이면, 각 $i=1, 2, \cdots, n$에 대하여 $\varepsilon_i > 0$이 존재하여

$(x_i-\varepsilon_i,\ x_i+\varepsilon_i)\subset(a_i,\ b_i)$ 를 만족한다. $\varepsilon=\min\{\varepsilon_1,\ \varepsilon_2,\ \cdots,\ \varepsilon_n\}$ 이라 하면 $B_\rho(x,\varepsilon)\subset B$ 이다. 따라서 $\mathfrak{T}\subset\mathfrak{T}(\rho)$ 가 성립된다.

역으로 $B_\rho(x,\varepsilon)$ 을 $\mathfrak{T}(\rho)$ 의 기저의 한 원소라 하자.

$$B_\rho(x,\varepsilon)=(x_1-\varepsilon,\ x_1+\varepsilon)\times(x_2-\varepsilon,\ x_2+\varepsilon)\times\cdots\times(x_n-\varepsilon,\ x_n+\varepsilon)$$

이므로 $B_\rho(x,\varepsilon)$ 은 $\mathfrak{T}$ 의 기저의 한 원소이다. 즉, 임의의 $y\in B_\rho(x,\varepsilon)$ 에 대하여, 그 자신 $B_\rho(x,\varepsilon)$ 이 $\mathfrak{T}$ 의 기저의 원소로서 $y\in B_\rho(x,\varepsilon)\subset B_\rho(x,\varepsilon)$ 을 만족하므로 $\mathfrak{T}(\rho)\subset\mathfrak{T}$ 가 성립된다. □

정의 4.2.2 $(X,\mathfrak{T})$ 가 위상공간이고 $a\in X$ 라 하자. $\mathfrak{T}$ 의 한 부분집합 $\mathscr{B}_a$ 가 a 의 한 **국소기저**(local basis)라는 뜻은

(1) 임의의 $B\in\mathscr{B}_a$ 에 대하여, $a\in B$ 이다.

(2) 임의의 $U\in\mathfrak{T}$ 에 대하여, $a\in U$ 이면 $B\in\mathscr{B}_a$ 가 존재하여 $B\subset U$ 이다.

예제 4.2.1 $\mathscr{U}$ 를 $\mathbb{R}$ 위에서 보통위상이라 하면, 집합족

$$\mathscr{B}_0=\left\{\left(-\frac{1}{n},\ \frac{1}{n}\right)\mid n\in\mathrm{N}\right\}$$

는 0 의 한 국소기저이다.

정리 4.2.4

(X,d) 를 거리공간이라 하자. 임의의 $a\in X$ 에 대하여

$$\mathscr{B}_a=\left\{B_d\left(a,\frac{1}{n}\right)\mid n\in\mathrm{N}\right\}$$

은 a 에서 가산 국소기저이다.

증 명 U 를 임의의 a 의 개집합이라 하자. $U\in\mathfrak{T}(d)$ 이므로 적당한 $\varepsilon>0$ 이 존재하여 $B_d(a,\varepsilon)\subset U$ 가 성립한다. 아르키메데스 정리에 의하여 $0<\frac{1}{n}<\varepsilon$ 을

만족하는 n을 취할 수 있고,

$$a \in B_d(a, \frac{1}{n}) \subset B_d(a, \varepsilon) \subset U$$

을 만족하므로 $\mathscr{B}_a$는 a에서 한 국소기저가 된다. □

정리 4.2.5

(X, d)를 거리공간이라 하고 A를 X의 한 부분집합이라 하자. 그러면 $\overline{A} = \{x \in X \mid d(x, A) = 0\}$가 성립한다.

증 명 $B = \{x \in X \mid d(x, A) = 0\}$라 두고 $\overline{A} = B$를 증명해 보자. 임의의 $x \in \overline{A}$, $n \in \mathbb{N}$에 대하여 $B_d\left(x, \frac{1}{n}\right)$이 x의 근방이므로 $B_d\left(x, \frac{1}{n}\right) \cap A \neq \varnothing$ 이다. 따라서 $a_n \in B_d\left(x, \frac{1}{n}\right) \cap A$인 점 a_n을 취할 수 있고

$$0 \leq d(x, A) \leq d(x, x_n) < \frac{1}{n} \quad (a \in \mathbb{N})$$

이 성립한다. 따라서 $d(x, A) = 0$이다. 즉, $\overline{A} \subset B$이다.
역으로, $x \in B$라 하고, U를 x의 임의의 근방이라 하자.

$$d(x, A) = \inf\{d(x, a) \mid a \in A\} = 0$$

이므로 임의의 $n \in \mathbb{N}$에 대하여 $d(x, a_n) < \frac{1}{n}$인 점 $a_n \in A$를 취할 수 있다. 따라서

$$a_n \in B_d\left(x, \frac{1}{n}\right) \cap A \quad (n \in \mathbb{N})$$

이다. 한편 $\mathscr{B}_x = \left\{B_d\left(x, \frac{1}{n}\right) \mid n \in \mathbb{N}\right\}$이 x에서 국소기저이므로, 적당한 $n \in \mathbb{N}$이 존재하여, $B_d\left(x, \frac{1}{n}\right) \subset U$를 만족한다.

$$a_n \in B_d\left(x, \frac{1}{n}\right) \cap A \subset U \cap A, \text{ 즉 } U \cap A \neq \varnothing$$

이므로 $x \in \overline{A}$이다. 즉 $B \subset \overline{A}$이다. □

정리 4.2.6

거리공간 (X, d)에서 단원집합은 폐집합이다.

증 명 $x \in X$라 하면 [정리 4.2.5]에서

$$\overline{\{x\}} = \{y \in X \mid d(y, \{x\}) = d(y, x) = 0\} = \{x\}$$

이므로 $\{x\}$는 폐집합이다.

따라서 거리공간 (X, d)에서 모든 유한부분집합은 폐집합이 된다. □

정리 4.2.7

거리공간 (X, d)에서 거리함수 $d : X \times X \to \mathbb{R}$는 연속이다.

증 명 임의의 한 점 $(a, b) \in X \times X$와 임의의 $\varepsilon > 0$에 대하여

$U = B_d\left(a, \frac{\varepsilon}{2}\right) \times B_d\left(b, \frac{\varepsilon}{2}\right)$이라 두면 U는 점 (a, b)의 한 근방이 되고

$$d(U) \subset (d(a, b) - \varepsilon, d(a, b) + \varepsilon)$$

을 만족한다.

왜냐하면 임의의 $(x, y) \in U$에 대하여, $x \in B_d\left(a, \frac{\varepsilon}{2}\right)$, $y \in B_d\left(b, \frac{\varepsilon}{2}\right)$이므로

$$d(x, y) \le d(x, a) + d(a, b) + d(b, y) < d(a, b) + \varepsilon$$
$$d(a, b) \le d(a, x) + d(x, y) + d(y, b) < d(x, y) + \varepsilon$$

를 만족한다. 위 식으로부터

$$d(a, b) - \varepsilon < d(x, y) < d(a, b) + \varepsilon$$

이 성립되므로 $d(x, y) \in (d(a, b) - \varepsilon, d(a, b) + \varepsilon)$이다.

따라서 d는 $X \times X$에서 연속함수이다. □

정리 4.2.8

(X, d)를 거리공간이라 하자. $A \subset X$에 대하여 함수 $f : X \to \mathbb{R}$를

$$f(x) = d(x, A), \quad {}^{\forall} x \in X$$

으로 정의하면, f는 연속이다.

증 명 임의의 $x_0 \in X$와 임의의 $\varepsilon > 0$에 대하여 $\delta = \varepsilon$으로 두면

$$f(B_d(x_0, \delta)) \subset (f(x_0) - \varepsilon, f(x_0) + \varepsilon)$$

을 만족한다. 왜냐하면 임의의 $x \in B_d(x_0, \varepsilon)$과 $a \in A$에 대하여

$$d(x, a) \leq d(x, x_0) + d(x_0, a)$$

를 만족하므로

$$\begin{aligned} d(x, A) = \inf_{a \in A} d(x, a) &\leq \inf_{a \in A} \{d(x, x_0) + d(x_0, a)\} \\ &= d(x, x_0) + \inf_{a \in A} d(x_0, a) \\ &= d(x, x_0) + d(x_0, A) \end{aligned}$$

을 만족한다. 같은 방법으로,

$$d(x_0, A) \leq d(x, x_0) + d(x, A)$$

을 얻을 수 있다. 따라서 위 식으로부터

$$d(x_0, A) - d(x, x_0) \leq d(x, A) \leq d(x_0, A) + d(x, x_0)$$

이고, $x \in B_d(x_0, \varepsilon)$이므로 $d(x, x_0) < \varepsilon$이다. 따라서

$$d(x_0, A) - \varepsilon < d(x, A) < d(x_0, A) + \varepsilon$$

이다. 즉, $f(x) = d(x, A) \in (d(x_0, A) - \varepsilon, d(x_0, A) + \varepsilon)$

$$= (f(x_0) - \varepsilon, f(x_0) + \varepsilon)$$

이다. 따라서 $f: X \to \mathbb{R}$는 연속함수이다. □

위상공간 $(X, \mathfrak{T})$에서 한 거리함수 d에 의해서 유도된 위상 $\mathfrak{T}(d)$와 주어진 위상 $\mathfrak{T}$가 같은 위상이 되기 위해서 어떤 조건을 가져야 할 것인가라는 문제를 거리화의 문제(metrization problem)라 한다.

정의 4.2.3 $(X, \mathfrak{T})$를 위상공간이라 하자. X를 **거리화가능공간**(metrizable space)이라 함은 한 거리함수 d가 존재하여 $\mathfrak{T} = \mathfrak{T}(d)$라는 뜻이다.

예제 4.2.2 이산공간 $(X, \mathscr{D})$는 거리화가능공간이다. 왜냐하면 이산거리함수 d에 의하여 유도된 위상 $\mathfrak{T}(d)$가 이산위상 $\mathscr{D}$와 같기 때문이다.

예제 4.2.3 $(\mathbb{R}^n, \mathscr{U})$는 거리화가능공간이다. 왜냐하면 보통거리함수 d에 의하여 유도된 위상 $\mathfrak{T}(d)$가 보통위상 $\mathscr{U}$와 같기 때문이다.

예제 4.2.4 $X = \{x, y, z\}$, $\mathfrak{T} = \{\varnothing, X, \{x\}\}$이면 위상공간 $(X, \mathfrak{T})$는 거리화가능공간이 아니다. 왜냐하면 $(X, \mathfrak{T})$에서 단원집합 $\{x\}$는 폐집합이 아니기 때문이다. ([정리 4.2.6] 참조)

연습 문제 4.2

1. (X, d)를 거리공간이라 하고 $A, B \subset X$일 때 다음을 보여라.
   (1) $\text{diam}(A) = 0 \Leftrightarrow A = \varnothing$ 또는 A는 단원집합이다.
   (2) $A \subset B \Rightarrow \text{diam}(A) \le \text{diam}(B)$
   (3) $\text{diam}(\overline{A}) = \text{diam}(A)$

2. 위상공간 $(X, \mathfrak{T})$가 한 거리공간 (X, d)와 위상동형이면 $(X, \mathfrak{T})$는 거리화가능공간이 됨을 보여라.

3. (X, d)가 거리공간일 때 다음을 보여라. $A \subset X$가 X에서 폐집합일 필요충분조건은 각 $x \in X - A$ 대하여, $d(x, A) \neq 0$이다.

4. (X, d)가 거리공간이면 X는 Hausdorff 공간이다.

5. (X, d)가 거리공간이고 A, B가 서로소인 X의 폐부분집합이면 서로소인 개집합 U, V가 존재하여 $A \subset U, B \subset V$를 만족한다.

6. $X = C[0, 1]$에서 $\rho(f, g) = \int_0^1 |f(x) - g(x)|\, dx$일 때 다음 집합을 설명해 보라.
   (1) $f : [0, 1] \to \mathbb{R}$, $f(x) = 2$ $(x \in [0, 1])$일 때, $B_\rho(f, 1)$
   (2) $g : [0, 1] \to \mathbb{R}$, $g(x) = x$ $(x \in [0, 1])$일 때, $B_\rho(g, 1)$
   (3) $h : [0, 1] \to \mathbb{R}$, $h(x) = x^2$ $(x \in [0, 1])$일 때, $B_\rho(h, 4)$

§4.3 점 열

한 집합 X에서 점열을 다음과 같이 정의한다.

정의 4.3.1 X를 공집합이 아닌 한 집합이라 하자. 자연수 전체의 집합 $\mathbb{N}$에서 X로의 한 함수 $\psi : \mathbb{N} \to X$를 집합 X에서의 **점열**(sequence)이라고 한다.

$$\psi(1) = x_1,\ \psi(2) = x_2,\ \cdots,\ \psi(n) = x_n,\ \cdots$$

일 때 점열 ψ를

$$(x_1,\ x_2,\ \cdots,\ x_n,\ \cdots) = (x_n)_{n \in \mathbb{N}} = (x_n)$$

와 같이 나타낸다.

정의 4.3.2 (x_n)을 위상공간 X에서의 한 점열이라 하고 $x \in X$라 하자. 점열 (x_n)이 한 점 x에 **수렴한다**(converge to x)라는 뜻은 x의 각 근방 U에 대하여 적당한 자연수 n_0가 존재하여 $n \geq n_0$인 모든 자연수 n에 대하여 $x_n \in U$임을 의미한다. 이때 x를 점열 (x_n)의 **극한점**(limit point)이라 하고

$$\lim_{n \to \infty} x_n = x \quad \text{또는} \quad \lim x_n = x,\ \ x_n \to x\ (n \to \infty)$$ 로 나타낸다.

예제 4.3.1 비 이산공간 $(X, \mathscr{I})$에서는 임의의 점열 (x_n)이 X의 모든 점에 수렴한다. 왜냐하면, X에서 임의의 점 $x \in X$를 취하면 x의 근방은 전공간 X뿐이다. X는 점열의 모든 항을 포함하고 있으므로 점열 (x_n)은 x에 수렴한다.

예제 4.3.2 보통실수공간 $(\mathbb{R}, \mathscr{U})$에서 점열 $\left(\frac{1}{n}\right)_{n \in \mathbb{N}}$은 0에 수렴한다. 왜냐하면 0의 임의의 근방 U에 대하여, U는 $(\mathbb{R}, \mathscr{U})$에서 개집합이므로 적당

한 자연수 $n_0 \in \mathbb{N}$ 이 존재하여 $\left(-\frac{1}{n_0}, \frac{1}{n_0}\right) \subset U$ 를 만족한다. 따라서 $n \geq n_0$ 인 모든 자연수 n 에 대하여 $0 < \frac{1}{n} < \frac{1}{n_0}$ 이므로 $\frac{1}{n} \in \left(-\frac{1}{n_0}, \frac{1}{n_0}\right) \subset U$ 이다.

따라서 $\left(\frac{1}{n}\right) \to 0$ 이다.

예제 4.3.3 (x_n) 을 이산위상공간 $(X, \mathscr{D})$ 에서 한 점열이라 하자. 만약 $(x_n) \to x$ 라 하면, 정의에 의하여 x 의 각 근방 U 에 대하여 적당한 $n_0 \in \mathbb{N}$ 이 존재하여 $n \geq n_0$ 인 모든 자연수 n 에 대하여 $x_n \in U$ 이다.

한편 단원집합 $\{x\}$ 가 x 의 근방이므로 $U = \{x\}$ 라 두면 $n \geq n_0$ 인 모든 자연수 n 에 대하여 $x_n \in U = \{x\}$ 가 되어야 한다. 따라서 이산공간 $(X, \mathscr{D})$ 에서 (x_n) 이 x 에 수렴하기 위한 필요충분조건은 적당한 자연수 n_0 가 존재하여 $n \geq n_0$ 인 모든 자연수에 대하여 $x_n = x$ 가 되는 것이다. 즉

$$(x_n) = (x_1, x_2, \cdots, x_{n_0 - 1}, x, x, \cdots)$$

가 되는 것이다.

정리 4.3.1

$(X, \mathfrak{T})$ 를 한 위상공간이라 하고 점 $x \in X$ 에 대하여 $\mathscr{B}_x$ 를 x 의 국소기저라 하자. X 위의 한 점열 (x_n) 이 $x \in X$ 에 수렴하기 위한 필요충분조건은 임의의 $V \in \mathscr{B}_x$ 에 대하여 적당한 $n_0 \in \mathbb{N}$ 이 존재하여 $n \geq n_0$ 인 모든 자연수 n 에 대하여 $x_n \in V$ 가 되는 것이다.

증 명 $(x_n) \to x$ 라 가정하자. 임의의 $V \in \mathscr{B}_x$ 는 역시 x 의 근방이므로 수렴의 정의에 의하여 적당한 $n_0 \in \mathbb{N}$ 가 존재하여 $n \geq n_0$ 인 모든 자연수 n 에 대하여 $x_n \in V$ 가 된다.

역으로 x 의 임의의 근방 U 에 대하여, $U \in \mathfrak{T}$ 이므로 적당한 기저의 원소 V 가

존재하여 $x \in V \subset U$를 만족한다. 따라서 $V \in \mathscr{B}_x$ 이다. 가정에 의하여 적당한 $n_0 \in \mathbb{N}$ 이 존재하여 $n \geq n_0$인 모든 자연수 n에 대하여 $x_n \in V$이다. $V \subset U$ 이므로 $n \geq n_0$인 모든 자연수 n에 대하여 $x_n \in U$를 만족한다. 따라서 수렴의 정의로부터 $(x_n) \to x$가 성립한다. □

정리 4.3.2

$(X, \mathfrak{T})$를 위상공간이라 하고 $\mathcal{S}$를 $\mathfrak{T}$의 부분기저라 하자. 임의의 점 $x \in X$에 대하여

$$\mathscr{S}_x = \{S \in \mathscr{S} \mid x \in S\}$$

라 두면, 임의의 점열 (x_n)이 $x \in X$에 수렴하기 위한 필요충분조건은 임의의 $S \in \mathscr{S}_x$에 대하여 적당한 $n_0 \in \mathbb{N}$이 존재하여 $n \geq n_0$인 모든 자연수 n에 대하여 $x_n \in S$가 되는 것이다.

증 명 $(x_n) \to x$라 가정하자. 임의의 $S \in \mathscr{S}_x$에 대하여 $S \in \mathfrak{T}$이므로 S는 x의 한 근방이다. 따라서 수렴의 정의에 의하여 적당한 $n_0 \in \mathbb{N}$이 존재하여 $n \geq n_0$인 모든 자연수 n에 대하여 $x_n \in S$를 만족한다.

역으로, $\mathscr{B}$를 $\mathscr{S}$에 의하여 생성된 $\mathfrak{T}$의 기저라 하고 $\mathscr{B}_x = \{B \in \mathscr{B} \mid x \in B\}$ 라 두면 $\mathscr{B}_x$는 x의 국소기저이다. 임의의 $V \in \mathscr{B}_x$에 대하여,

$$V = \bigcap_{i=1}^{m} S_i \ (S_i \in \mathscr{S})$$

라 두면 $x \in V$이므로 각 $i = 1, 2, \cdots, m$에 대하여 $x \in S_i$이다. 즉, $S_i \in \mathscr{S}_x$이다. 가정에 의하면 각 $i = 1, 2, \cdots, m$에 대하여 적당한 자연수 $n_1, n_2, \cdots, n_m$이 존재하여 $n \geq n_i$인 모든 자연수 n에 대하여 $x_n \in S_i$가 성립한다. 한편

$$n_0 = \max\{n_1, n_2, \cdots, n_m\}$$

라 두면 $n \geq n_0 \geq n_i$ $(i = 1, 2, \cdots, m)$인 모든 자연수 n에 대하여 $x_n \in S_i$ $(i = 1, 2, \cdots, m)$이다. 따라서 $n \geq n_0$인 모든 자연수 n에 대하여

$x_n \in \bigcap_{i=1}^{m} S_i = V$ 이 된다. 그러므로 [정리 4.3.1]에 의하여 $x_n \to x$ 이다. □

정리 4.3.3

위상공간 $(X, \mathfrak{T})$를 Hausdorff 공간이라 하자. (x_n)이 X에서 점열이고 $x_n \to x$ 이고 $x_n \to y$ 이면 $x = y$ 이다.

증 명 만약 $x_n \to x$, $x_n \to y$ 이고 $x \neq y$ 라고 가정하면, X이 Hausdorff 공간이므로 서로소인 x의 근방 U와 y의 근방 V가 존재한다. $x_n \to x$ 이므로 적당한 자연수 $n_1 \in \mathbb{N}$ 이 존재하여 $n \geq n_1$인 모든 자연수에 대하여 $x_n \in U$가 성립한다. 마찬가지로 $x_n \to y$ 이므로 $n_2 \in \mathbb{N}$ 가 존재하여 $n \geq n_2$인 모든 자연수에 대하여 $x_n \in V$ 이다. $n_0 = \max\{n_1, n_2\}$ 라 두면 $n \geq n_0$인 모든 자연수에 대하여 $n \geq n_1$이므로 $a_n \in U$ 이고, 또한 $n \geq n_2$이므로 $a_n \in V$ 이다. 따라서 $a_n \in U \cap V$ 이다. 이는 $U \cap V = \varnothing$ 에 모순이 된다. 따라서, $x = y$이다. □

정의 4.3.3 X, Y를 위상공간이라 하고 $f : X \to Y$를 한 함수라 하자. 함수 $f : X \to Y$가 점 x에서 **점열연속**(sequentially continuous)이라는 뜻은 X의 임의의 점열 (x_n)이 $x \in X$에 수렴하면 점열 $(f(x_n))$이 $f(x) \in Y$에 수렴하는 것을 의미한다. 즉 $x \in X$에 수렴하는 임의의 점열 (x_n)에 대하여,

$$\lim_{n \to \infty} f(x_n) = f(\lim_{n \to \infty} x_n)$$

이 성립한다. 함수 f가 X 위의 각 점에서 점열연속일 때 f를 **점열연속함수**라 한다.

정리 4.3.4

X, Y를 위상공간이라 하고 $f : X \to Y$를 한 함수라 하자.
함수 $f : X \to Y$가 연속이면 f는 점열연속이다.

증 명 함수 $f:X \to Y$를 연속이라 가정하자. 임의의 한 점열 (x_n)이 $x \in X$로 수렴한다고 하자. 함수 f는 점 x에서 연속이므로 $f(x)$의 임의의 근방 V에 대하여 적당한 x의 근방 U가 존재하여

$$f(U) \subset V$$

가 된다. U는 x의 근방이고 $x_n \to x$이므로 적당한 $n_0 \in \mathrm{N}$가 존재하여 $n \geq n_0$인 모든 자연수 n에 대하여 $x_n \in U$이 성립된다. 따라서 $f(x_n) \in f(U) \subset V$이므로 정의에 의하여 $f(x_n) \to f(x)$는 성립한다. 따라서 f는 점 x에서 점열연속이 되고 x가 임의의 원소이므로 f는 점열연속이 된다.

다음 예제 4.3.4 에서 보는 바와 같이 위 정리 4.3.4 의 역은 일반적으로 성립되지 않는다.

예제 4.3.4 실수집합 $\mathbb{R}$ 위에 여가산 위상 $\mathfrak{T}$를 주자. 즉

$$\mathfrak{T} = \{U \mid U^c\text{는 } \mathbb{R}\text{의 가산부분집합}\} \cup \{\varnothing\}$$

여기서 항등함수 $1_{\mathbb{R}}:(\mathbb{R}, \mathfrak{T}) \to (\mathbb{R}, \mathscr{D})$를 생각해 보자. 먼저 $1_{\mathbb{R}}$은 점열연속이다. 임의의 점열 (x_n)이 $(\mathbb{R}, \mathfrak{T})$에서 $x \in \mathbb{R}$로 수렴한다고 가정하자. 집합 $X = \{x_n \mid n \in \mathrm{N}\} - \{x\}$는 $\mathbb{R}$에서 가산집합이므로 $U = X^c$는 $(\mathbb{R}, \mathfrak{T})$에서 x의 근방이 된다. $x_n \to x$이므로 적당한 $n_0 \in \mathrm{N}$이 존재하여 $n \geq n_0$인 모든 n에 대하여 $x_n \in U$이어야 한다. $U = X^c = (\{x_n \mid n \in \mathrm{N}\} - \{x\})^c$이므로 $n \geq n_0$인 모든 n에 대하여 $x_n = x$ 이어야 한다. 즉

$$x_n = (x_1, x_2, \cdots, x_{n_0 - 1}, x, x, \cdots)$$

이다. 따라서 $(1_{\mathbb{R}}(x_n)) = (x_1, x_2, \cdots, x_{n_0 - 1}, x, x, \cdots)$이므로 $(\mathbb{R}, \mathscr{D})$에서

$$1_{\mathbb{R}}(x_n) \to 1_{\mathbb{R}}(x) = x$$

를 만족한다. 그러므로 $1_{\mathbb{R}}:(\mathbb{R}, \mathfrak{T}) \to (\mathbb{R}, \mathscr{D})$는 점열연속이다. 그러나 $\mathfrak{T} \subsetneq \mathscr{D}$이므로 $1_{\mathbb{R}}:(\mathbb{R}, \mathfrak{T}) \to (\mathbb{R}, \mathscr{D})$는 연속이 될 수 없다. □

정의 4.3.4 함수 $f:\mathrm{N} \to \mathrm{N}$는 순증가함수 [$n < m$ 이면 $f(n) < f(m)$]이고

$\psi:\mathbb{N}\to X$ 를 X 위에 한 점열이라 할 때 f 와 ψ 의 합성함수

$$\psi\circ f:\mathbb{N}\to X$$

를 점열 ψ 의 **부분점열**(subsequence)이라 한다.

$\psi=(x_n)_{n\in\mathbb{N}}$ 이고 각 $k\in\mathbb{N}$ 에 대하여 $f(k)=n_k$ 로 나타내면

$$(\psi\circ f)(k)=\psi(f(k))=\psi(n_k)=x_{n_k}$$

이므로 부분점열 $\psi\circ f$ 를 다음과 같이 나타낸다.

$$\psi\circ f=(x_{n_k})_{k\in\mathbb{N}}=(x_{n_1},x_{n_2},\cdots,x_{n_k},\cdots)\quad(\text{단, } n_k<n_{k+1})$$

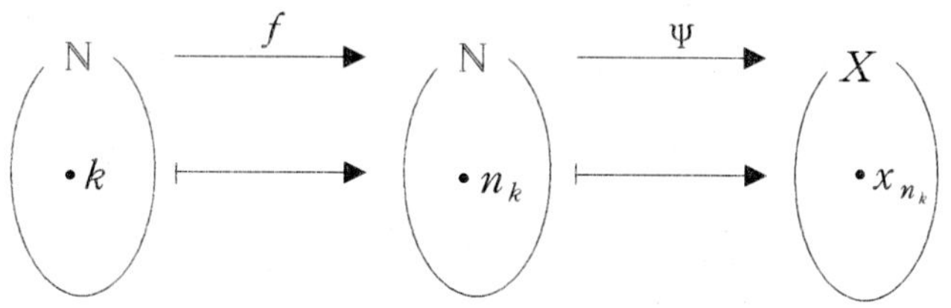

[그림 4.3.1]

예제 4.3.5 보통실수공간 $(\mathbb{R},\mathscr{U})$ 에서 점열

$\left(\frac{1}{2},\frac{1}{3},\frac{2}{3},\frac{1}{4},\frac{3}{4},\cdots,\frac{1}{n},\frac{n-1}{n},\cdots\right)$ 은 부분점열

$\left(\frac{1}{2},\frac{1}{3},\frac{1}{4},\cdots,\frac{1}{n},\cdots\right)$ 과 $\left(\frac{2}{3},\frac{3}{4},\frac{4}{5},\cdots,\frac{n-1}{n},\cdots\right)$ 을 가지고 그들은 0 와 1 에 각각 수렴한다. 그러나 원래의 점열은 수렴하지 않는다.

예제 4.3.6 $A=[0,1]\cap\mathbb{Q}$ 라 하면 A 는 가산집합이므로

$$A=\{x_1,x_2,\cdots,x_n,\cdots\}$$

로 나타낼 수 있다. 이 경우 점열 $(x_1,x_2,\cdots,x_n,\cdots)$ 은 수렴하지 않는다. 그러나 임의의 점 $x\in[0,1]$ 를 취하면 x 에 수렴하는 (x_n) 의 부분점열을 찾을 수 있다.

임의의 자연수 $k\in\mathbb{N}$ 에 대하여 $x_{n_k}\in\left(x-\frac{1}{k},x+\frac{1}{k}\right)$ 이고 $n_{k-1}<n_k$ 를 만족하

는 x_{n_k}를 선택할 수 있다. 이 경우 (x_{n_k})는 (x_n)의 부분점열이 되고 (x_{n_k})는 x에 수렴한다.

정리 4.3.5

X를 한 위상공간이라 하고 $A\subset X$라 하자. 만약 X가 거리화가능공간이라면 $x\in\overline{A}$일 필요충분조건은 A의 원소로 된 점열 (x_n)이 존재하여 $x_n\to x$을 만족하는 것이다.

증 명 A의 원소로 된 점열 (x_n)이 x에 수렴한다고 가정하자. 임의의 x의 근방 U에 대하여, $x_n\to x$이므로 적당한 $n_0\in\mathbb{N}$가 존재하여 $n\geq n_0$인 모든 n에 대하여 $x_n\in U$이 성립된다. 각 $n\in\mathbb{N}$에 대하여 $x_n\in A$이므로 $n\geq n_0$인 모든 n에 대하여 $x_n\in A\cap U$이다. 즉, $A\cap U=\varnothing$이다. 그러므로 [정리 2.6.4]에 의하여 $x\in\overline{A}$가 성립된다.

역으로 $x\in\overline{A}$이고 d를 X의 위상을 생성하는 거리함수라 하자. 각 $n\in\mathbb{N}$에 대하여 $B_d\left(x, \frac{1}{n}\right)$는 x의 근방이므로 $B_d\left(x, \frac{1}{n}\right)\cap A\neq\varnothing$이다. 따라서 $B_d\left(x, \frac{1}{n}\right)\cap A$의 한 원소를 선택하여 이를 x_n이라 하자. 그러면 점열 (x_n)은 A의 원소로 된 점열이고 $x_n\to x$를 만족한다. 왜냐하면, U를 x의 임의의 근방이라면 적당한 $\varepsilon>0$이 존재하여

$$x\in B_d(x, \varepsilon)\subset U$$

를 만족한다. 한편, $\frac{1}{n_0}<\varepsilon$를 만족하는 자연수 n_0를 선택할 수 있다. 그러면 $n\geq n_0$인 모든 자연수 n에 대하여

$$d(x_n, x)<\frac{1}{n}\leq\frac{1}{n_0}<\varepsilon$$

이다. 즉, $x_n\in B_d(x, \varepsilon)\subset U$이다. 따라서 $x_n\to x$을 만족한다. □

정의 4.3.5 X를 한 위상공간이라 하자. X를 **제1가산공간**(first countable space)이라 함은 X의 임의의 점 x에 대하여 x에서의 가산국소기저(countable local base at x)가 항상 존재할 때를 의미한다. **제1가산공리**(1st countable axiom)란 X 위의 임의의 점 x에 대하여 x에서의 가산국소기저가 항상 존재한다는 것이다. 따라서 공간 X가 제1가산공리를 만족할 때 X를 제1가산공간이라 한다. 제1가산공리는 각 점의 근방들에 대한 특별한 성질을 준 것이므로 제1가산공리를 위상공간 X의 **국소적 성질**(local property)이라 한다.

예제 4.3.7 (X, d)를 거리공간이라 하자. 임의의 $x \in X$에 대하여

$$\mathscr{B}_x = \left\{ B_d\left(x, \frac{1}{n}\right) \mid n \in \mathbb{N} \right\}$$

는 점 x에서의 가산국소기저가 됨으로, 거리공간 (X, d)는 제1가산공간이다.

예제 4.3.8 이산공간 $(X, \mathscr{D})$는 제1가산공간이다. X 위의 임의의 원소 x에 대하여 $\mathscr{B}_x = \{\{x\}\}$는 x에서의 가산국소기저가 된다.

정의 4.3.6 X를 위상공간이라 하고 $\mathscr{B}_x = \{B_n \mid n \in \mathbb{N}\}$를 x에서의 가산국소기저라 하자. $\mathscr{B}_x$를 x에서의 **축소가산국소기저**(nested countable local base)라 함은 임의의 $n \in \mathbb{N}$에 대하여

$$B_n \supset B_{n+1}$$

을 만족할 때이다.

정리 4.3.6

위상공간 X가 제1가산공간이면 임의의 원소 x에 대하여 x의 축소가산국소기저가 반드시 존재한다.

증 명 X가 제1가산공간이므로 임의의 원소 x에 대하여 가산국소기저

$\mathscr{B}_x = \{U_1, U_2, \cdots, U_n, \cdots\}$ 이 존재한다.

$$B_1 = U_1$$
$$B_2 = U_1 \cap U_2$$
$$\vdots$$
$$B_n = U_1 \cap U_2 \cap \cdots \cap U_n$$
$$\vdots$$

이라 두면 $\mathscr{B}_x = \{B_1, B_2, \cdots, B_n, \cdots\}$ 은 명백히 x 의 축소가산국소기저가 된다. □

정리 4.3.7

$\mathscr{B}_x = \{B_n | n \in \mathbb{N}\}$ 을 x 의 축소가산국소기저라 하자. 한 점열 (x_n)이 X 의 원소로서 각 $n \in \mathbb{N}$ 에 대하여

$$x_n \in B_n$$

이면 $x_n \to x$ 이 성립된다.

증 명 만약 V 를 x 의 임의의 근방이라 하자. $\mathscr{B}_x$ 가 x 의 국소기저이므로 적당한 $n_0 \in \mathbb{N}$ 이 존재하여

$$B_{n_0} \subset V$$

를 만족한다. $n \geq n_0$ 인 모든 n 에 대하여, $x_n \in B_n$ 이고, $\mathscr{B}_x$ 가 축소국소가산기저이므로 $B_{n_0} \supset B_n$ 이다. 따라서 $x_n \in B_{n_0} \subset V$ 이다. 즉, $x_n \to x$ 이다. □

정리 4.3.8

위상공간 X 를 제1가산공간이라 하면, 함수 $f: X \to Y$ 가 연속일 필요충분조건은 f 가 점열연속이 되는 것이다.

증 명 위상공간 X 를 제1가산공간이라 가정하자. 함수 f 가 연속이면 점열연속

이 되는 것은 [정리 4.3.4]에서 증명하였다.

역으로 f가 점열연속이면서 연속은 아니라고 가정하자. 적당한 한 원소 $x_0 \in X$에서 연속이 아니라고 가정하면, 적당한 $f(x_0)$의 근방 V가 존재하여 임의의 x_0의 근방 U에 대하여

$$f(U) \not\subset V$$

가 성립한다.

한편 X가 제1가산공간이므로 x_0의 축소가산국소기저 $\mathscr{B}_{x_0} = \{B_n | n \in \mathbb{N}\}$이 존재한다. 임의의 $n \in \mathbb{N}$에 대하여 B_n이 x_0의 근방이므로

$$f(B_n) \not\subset V$$

이 역시 성립된다. 따라서 임의의 $n \in \mathbb{N}$에 대하여 $f(x_n) \notin V$이 되도록 점 $x_n \in B_n$을 선택할 수 있다.

그러면 [정리 4.3.7]에 의하여 $x_n \to x_0$이 성립된다. 그러나 임의의 $n \in \mathbb{N}$에 대하여 $f(x_n) \notin V$이므로 점열 $(f(x_n))$은 $f(x_0)$에 수렴할 수 없다. 즉, f는 x_0에서 점열연속이 아니다. 가정에서 f는 점열연속이라 했으므로 이는 모순이다. 따라서 f는 연속이다. □

정리 4.3.9

위상공간 X를 제1가산공간이라 하자. 임의의 $A \subset X$와 $x \in X$에 대하여 $x \in \overline{A}$이기 위한 필요충분조건은 x에 수렴하는 한 점열이 A 안에 존재하는 것이다.

증 명 $x \in \overline{A}$라 가정하고 $\mathscr{B}_x = \{B_n | n \in \mathbb{N}\}$을 x의 축소가산국소기저라 하자. $x \in \overline{A}$이므로 모든 $n \in \mathbb{N}$에 대하여

$$B_n \cap A \neq \varnothing$$

이다. 따라서 각 $n \in \mathbb{N}$에 대하여

$$x_n \in B_n \cap A$$

을 선택할 수 있다. $\mathscr{B}_x$ 가 x의 축소가산국소기저이므로 [정리 4.3.7]에 의하여 $x_n \to x$이 되고, (x_n)은 명백히 A안의 점열이다.

역으로 A안의 한 점열 (x_n)이 x로 수렴한다고 가정하자. x의 임의의 근방 U에 대하여, $x_n \to x$이므로 적당한 $n_0 \in \mathbb{N}$이 존재하여 $n \geq n_0$인 모든 자연수 n에 대하여 $x_n \in U$가 성립한다. 따라서 $x_n \in A$이고 $x_n \in U$이므로 $A \cap U \neq \varnothing$이다. 즉, $x \in \overline{A}$가 성립된다. □

위 정리에서 제1가산공간이 아니라면 일반적으로 성립되지 않는다.

예제 4.3.9 위상공간 X를 비가산집합에 여가산위상 $\mathfrak{T}$가 주어졌다고 하자. 그러면 $(X, \mathfrak{T})$는 제1가산공간이 아니다.

$(X, \mathfrak{T})$를 제1가산공간이라 가정하자. 그러면 각 $x \in X$에 대하여 축소가산국소기저 $\mathscr{B}_x = \{B_n | n \in \mathbb{N}\}$가 존재한다. 더욱이 $\bigcap_{n=1}^{\infty} B_n = \{x\}$임을 알 수 있다. 왜냐하면, 임의의 원소 $y \in X$에 대하여 $y \neq x$라면, $U = \{y\}^c$는 X에서 개집합이 되고, $x \in U$이므로 U는 x의 근방이다. 한편 $\mathscr{B}_x$ 가 x의 국소기저이므로 적당한 $n \in \mathbb{N}$이 존재하여

$$x \in B_n \subset U$$

를 만족한다. 따라서 $y \notin U$이므로 $y \notin B_n$이다. 즉, $y \notin \bigcap_{n=1}^{\infty} B_n$이 성립된다. 그러므로 $\bigcap_{n=1}^{\infty} B_n = \{x\}$이다.

한편 임의의 $n \in \mathbb{N}$에 대하여 $B_n \in \mathfrak{T}$이므로 $B_n{}^c$은 가산이다. 따라서 $\bigcup_{n=1}^{\infty} B_n{}^c = \left(\bigcap_{n=1}^{\infty} B_n\right)^c = \{x\}^c$도 가산이어야 한다. 그러나 X가 비가산집합이므로 $X - \{x\}$는 또한 비가산집합으로 모순이다.

$A \subset X$를 다음과 같이 두자.

$$A \neq \varnothing, \quad A \neq X, \quad A \in \mathfrak{T}$$

그러면 $X - A \subset \overline{A}$를 만족한다. 왜냐하면 임의의 $y \in X - A$와 y의 근방 U

에 대하여 U는 비가산집합이고 $X-A$는 가산집합이므로 $U \not\subset X-A$가 된다. 따라서 $U \cap A = \varnothing$. 즉, $y \in \overline{A}$이다.

만약 $x \in X-A$라고 두면, $x \in \overline{A}$이나 A 안의 어떤 점열 (x_n)도 x에 수렴하지 못한다. 왜냐하면 임의의 점열 (x_n)에 대하여 $U = \{x_n | n \in \mathbb{N}\}^c$이라 하면 $U \in \mathfrak{T}$이고 $x \in U$이다. 즉, U는 x의 근방이다. 그러나 $U \cap \{x_1, x_2, \cdots, x_n, \cdots\} = \varnothing$이므로 $x_n \not\to x$이다. □

연습 문제 4.3

1. X를 셈가능이 아닌 무한집합, $\mathfrak{T}_f$를 여유한위상이라 하자. (x_n)을 X위의 한 점열로서 $i \neq j$일 때 $x_i \neq x_j$인 경우 (x_n)의 극한점이 있는가? 있다면 모두 구하여라.

2. X를 셈가능이 아닌 무한집합, $\mathfrak{T}_c$를 여가산위상이라 할 때 임의의 점열 (x_n)의 극한점을 구하여라.

3. (X, d)를 거리공간이라 하고 (x_n)을 X에서 한 점열이라 하자. $x_n \to x$일 필요충분조건은 $d(x_n, x) \to 0$ 임을 보여라.

4. $x_n \to x$, $y_n \to y$인 $(\mathbb{R}, \mathscr{U})$에서의 점열 (x_n), (y_n)에 대하여 다음을 보여라.
   (1) $(x_n + y_n) \to x + y$
   (2) $(x_n - y_n) \to x - y$
   (3) $(x_n y_n) \to xy$
   (4) 각 n에 대하여 $y_n \neq 0$ 이고, $y \neq 0$ 일 때

$$\left(\frac{x_n}{y_n}\right) \to \frac{x}{y}$$

제5장 분리공리

§5.1 Hausdorff 공간

정의 5.1.1 한 위상공간 $(X, \mathfrak{I})$이 T_0 **공간**(T_0 space)이란 뜻은 임의의 서로 다른 두 점에 대하여 한 점을 포함하면서 다른 점을 포함하지 않는 개집합이 존재하는 것이다. 즉 임의의 서로 다른 두 원소 x, y 에 대하여 $x \in U$이고 $y \notin U$인 한 개집합 U가 존재하거나 $x \notin V$이고 $y \in V$인 한 개집합 V가 존재할 때 X를 T_0 공간이라 한다. ([그림 5.1.1] 참조)

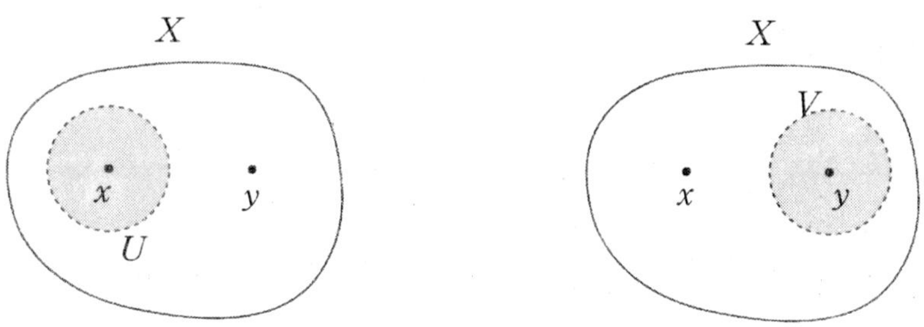

[그림 5.1.1]

예제 5.1.1 $X = \{x, y\}$, $\mathfrak{I} = \{\varnothing, X, \{x\}\}$라 두면 $(X, \mathfrak{I})$는 T_0 공간이다. 왜냐하면 서로 다른 두 원소 x, y 에 대하여 $U = \{x\}$라 두면, $U \in \mathfrak{I}$이고 원소 x를 포함하고 있으나 원소 y는 포함하지 않는다.

정리 5.1.1

$(X, \mathfrak{I})$를 한 위상공간이라 하자.
X가 T_0 공간이 될 필요충분조건은 서로 다른 두 점 x, y 에 대하여 $x \notin \overline{\{y\}}$이거나 $y \notin \overline{\{x\}}$ 이다.

증 명 X를 T_0 공간이라 하자. 서로 다른 두 점 x, y에 대하여 $x \in U$이고 $y \not\in U$인 개집합 U가 존재하거나 $x \not\in V$이고 $y \in V$인 개집합 V가 존재한다. $x \in U$이고 $y \not\in U$인 경우, U는 x의 근방이고 $U \cap \{y\} = \varnothing$이므로 $x \not\in \overline{\{y\}}$가 성립하고 $x \not\in V$이고 $y \in V$인 경우, V는 y의 근방이고 $V \cap \{x\} = \varnothing$이므로 $y \not\in \overline{\{x\}}$가 성립한다.

역으로 임의의 서로 다른 두 원소 x, y에 대하여 $x \not\in \overline{\{y\}}$이거나 $y \not\in \overline{\{x\}}$가 성립한다고 가정하자.

$x \not\in \overline{\{y\}}$일 경우, $U = \overline{\{y\}}^c$라 두면 U는 개집합으로서 $x \in U$이고 $y \not\in U$이다. $y \not\in \overline{\{x\}}$일 경우, $V = \overline{\{x\}}^c$라 두면 V는 개집합으로서 $x \not\in V$이고 $y \in V$이다. □

예제 5.1.2 $X = \{a, b\}$이고 $\mathscr{I} = \{\varnothing, X\}$이면 비이산공간 $(X, \mathscr{I})$는 T_0 공간이 될 수 없다.

정의 5.1.2 한 위상공간 $(X, \mathfrak{T})$가 **T_1 공간**(T_1 space)이란 뜻은 임의의 서로 다른 두 원소 x, y에 대하여 개집합 U와 V가 존재하여 $x \in U$, $y \not\in U$, $y \in V$이고 $x \not\in V$를 만족하는 것이다. ([그림 5.1.2] 참조)

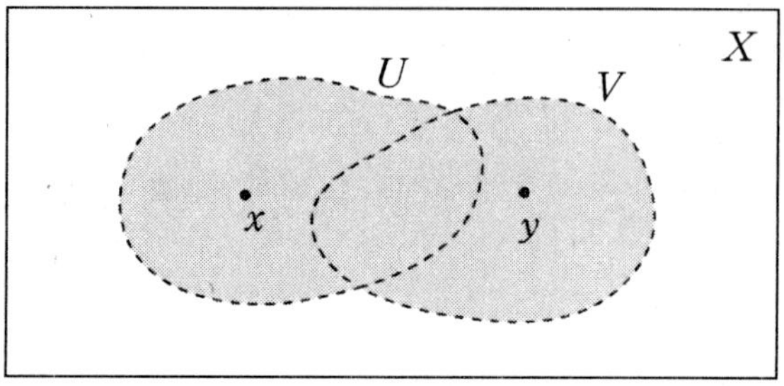

[그림 5.1.2]

모든 T_1 공간은 T_0 공간이다. 그러나 일반적으로 그 역은 성립하지 않는다.

예제 5.1.3 $X=\{x, y\}$, $\mathfrak{T}=\{\varnothing, X, \{x\}\}$ 일 때 $(X, \mathfrak{T})$는 T_0 공간이지만 T_1 공간은 아니다. 왜냐하면 y를 포함하면서 x를 포함하지 않는 개집합이 존재하지 않기 때문이다.

예제 5.1.4 여유한 공간 $(X, \mathfrak{T})$는 T_1 공간이다. 왜냐하면 임의의 서로 다른 두 원소 x, y에 대하여 $V=\{x\}^c$, $U=\{y\}^c$라 두면 U와 V는 개집합으로서 $x \in U$, $y \in V$, $x \notin V$, $y \notin U$를 만족한다.

정리 5.1.2

$(X, \mathfrak{T})$를 위상공간이라 하자. X가 T_1 공간이기 위한 필요충분조건은 X의 임의의 단원 집합은 폐집합이다.

증 명 X를 T_1 공간이라 가정하자. 임의의 $x \in X$에 대하여 $\{x\}$가 폐집합임을 보이기 위하여 $\{x\}^c$가 개집합임을 보이자. 임의의 $y \in \{x\}^c$에 대하여, $x \neq y$이고 X가 T_1 공간이므로 적당한 개집합 V가 존재하여 $x \notin V$이고 $y \in V$를 만족한다. 따라서 $y \in V \subset \{x\}^c$가 성립하여 $\{x\}^c$는 개집합이다.

역으로 임의의 단원집합이 폐집합이라고 가정하자. 임의의 서로 다른 두 점 x, y에 대하여 $U=\{y\}^c$, $V=\{x\}^c$라 두면 U와 V는 개집합이고 $x \in U$, $y \in V$, $x \notin V$, $y \notin U$를 만족한다. 따라서 $(X, \mathfrak{T})$는 T_1 공간이다. □

예제 5.1.5 X 위의 여유한 위상 $\mathfrak{T}$는 X를 T_1 공간이 되게 하는 X 위의 위상 중에서 가장 작은 위상이다. 만약 $(X, \mathfrak{T}')$가 T_1 공간이라 가정하고 임의의 $U \in \mathfrak{T}$에 대하여, $F=U^c$라 두면 F는 유한집합이다. $(X, \mathfrak{T}')$가 T_1 공간이므로 모든 단원집합은 폐집합이고 그들의 유한개의 합집합인 유한집합 역시 폐집합이다. 즉, F는 $(X, \mathfrak{T}')$에서 폐집합이다.
따라서 $U=F^c=(U^c)^c \in \mathfrak{T}'$이다. 그러므로 $\mathfrak{T} \subset \mathfrak{T}'$가 성립한다.

다음 정의는 앞에서 언급하였지만 여기서 한번 더 살펴보자.

정의 5.1.3 한 위상공간 $(X, \mathfrak{T})$가 $\boldsymbol{T_2}$ **공간**(T_2 space) 또는 **Hausdorff 공간**(Hausdorff space)이란 뜻은 임의의 서로 다른 두 원소 x, y에 대하여 개집합 U와 V가 존재하여 $x \in U$, $y \in V$이고 $U \cap V = \varnothing$을 만족하는 것이다. ([그림 5.1.3] 참조) 즉, 임의의 서로 다른 두 원소가 서로소인 근방을 가질 때 T_2 공간이라 한다.

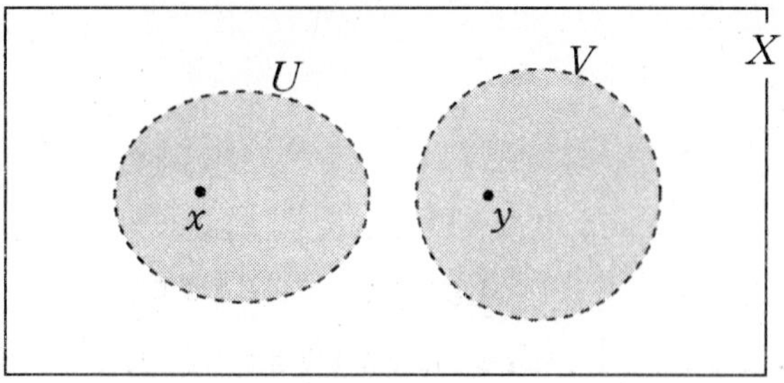

[그림 5.1.3]

예제 5.1.6 보통위상공간 $(\mathbb{R}, \mathscr{U})$는 T_2 공간이다. 임의의 서로 다른 두 실수 $x < y$에 대하여, $\varepsilon = \dfrac{b-a}{2}$ 라 놓고 $U = (x-\varepsilon, x+\varepsilon)$, $V = (y-\varepsilon, y+\varepsilon)$라 두면 U와 V는 x와 y의 서로소인 근방이 된다. ([그림 5.1.4] 참조)

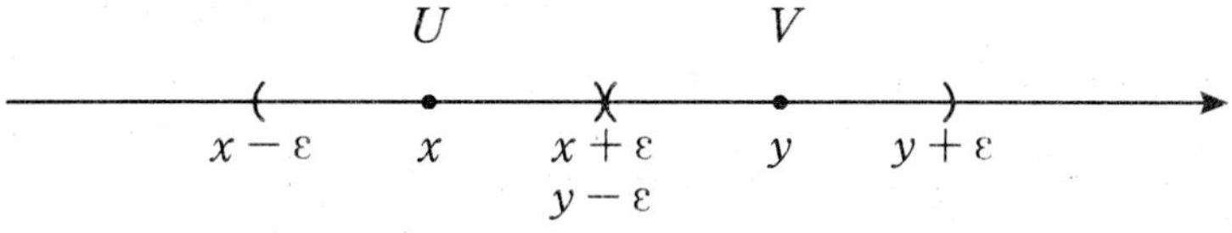

[그림 5.1.4]

일반적으로 거리공간 (X, d)는 T_2공간이다. 왜냐하면 서로 다른 임의의 두 원소 x, y에 대하여 $\varepsilon = d(x, y)$라 두고 $U = B_d(x, \frac{\varepsilon}{3})$, $V = B_d(y, \frac{\varepsilon}{3})$라 하면 U와 V는 x와 y의 서로소인 근방이다.

모든 T_2 공간은 T_1 공간이다. 그러나 일반적으로 그 역은 성립하지 않는다.

예제 5.1.7 X를 무한집합이라 하고 $\mathfrak{T}$를 X위의 여유한 위상이라 하면 $(X, \mathfrak{T})$는 T_1 공간이다. 그러나 $(X, \mathfrak{T})$는 T_2 공간이 아니다. 왜냐하면, X를 T_2 공간이라 하면 임의의 서로 다른 두 원소 x, y에 대하여 서로소인 x, y의 근방 U와 V가 존재한다. 한편 $U \in \mathfrak{T}$이고 $V \in \mathfrak{T}$이므로 $F = U^c$와 $H = V^c$는 유한집합이 되어야하고, 또한 X가 무한집합이므로 U와 V는 무한집합이어야 한다. U와 V가 서로소이므로 $U \subset H$이고 $V \subset F$가 되어야하므로 이는 모순이다. □

정리 5.1.3

$(X, \mathfrak{T})$를 위상공간이라 하자. X가 T_2 공간이 될 필요충분조건은 대각선 $\Delta = \{(x, y) \mid x = y\}$이 $X \times X$에서 폐집합이 되는 것이다.

증 명 X를 T_2 공간이라 가정할 때, Δ^c가 $X \times X$에서 개집합임을 보이자. 임의의 $(x, y) \in \Delta^c$에 대하여, $x \neq y$이고 X가 T_2 공간이므로 개집합 U와 개집합 V가 존재하여 $x \in U$, $y \in V$, $U \cap V = \varnothing$이다. 그러면 $(x, y) \in U \times V$이고 $U \times V \cap \Delta = \varnothing$이다. 즉 $U \times V$는 $X \times X$에서 개집합이고

$$(x, y) \in U \times V \subset \Delta^c$$

이므로 Δ^c는 $X \times X$에서 개집합이다.

역으로 Δ가 $X \times X$에서 폐집합이라 가정하고 임의의 서로 다른 원소 x, y를 취하자. $x \neq y$이므로 $(x, y) \in \Delta^c$이고 Δ^c가 개집합이므로 곱위상의 기저의 한 원소 $U \times V$가 존재하여

$$(x, y) \in U \times V \subset \Delta^c$$

이다. 한편 U와 V는 X에서 개집합이고 $x \in U$, $y \in V$이며

$$U \times V \cap \Delta = \varnothing$$

이다. 따라서 $U \cap V = \varnothing$ 이다. □

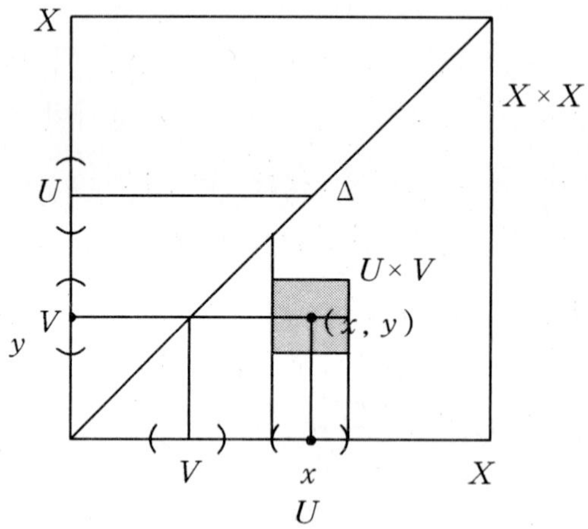

[그림 5.1.5]

정리 5.1.4

각 $i = 0, 1, 2$에 대하여 다음이 성립한다.

(1) T_i 공간의 부분공간은 T_i 공간이다.

(2) 공집합이 아닌 곱공간 $\prod_{\alpha \in A} X_\alpha$가 T_i 공간이기 위한 필요충분조건은 각 $\alpha \in A$에 대하여 X_α가 T_i 공간이 되는 것이다.

증 명 여기서 $i = 2$ 인 경우에 살펴보자.

(1) $(X, \mathfrak{T})$ 를 T_2 공간이라 하고 $(Y, \mathfrak{T}_Y)$를 X의 부분공간이라 가정하자. 임의의 Y의 서로 다른 원소 y_1, y_2에 대하여 y_1, y_2가 X의 원소이고 X가 T_2 공간이므로 $U_1 \in \mathfrak{T}$, $U_2 \in \mathfrak{T}$가 존재하여 $y_1 \in U_1$, $y_2 \in U_2$, $U_1 \cap U_2 = \varnothing$

이다. 따라서 $G_1 = U_1 \cap Y$, $G_2 = U_2 \cap Y$ 라 하면 $G_1 \in \mathfrak{T}_Y$, $G_2 \in \mathfrak{T}_Y$이고 $y_1 \in G_1$, $y_2 \in G_2$, $G_1 \cap G_2 = \varnothing$ 이 성립하여 $(Y, \mathfrak{T}_Y)$는 T_2 공간이 된다.

(2) 곱공간 $(\prod_{\alpha \in A} X_\alpha, \mathfrak{T})$를 공집합이 아닌 T_2 공간이라 하고 한 원소 $x = (x_\alpha)_{\alpha \in A}$를 취하자. 임의의 $\alpha_0 \in A$에 대하여

$$L(x, \alpha_0) = X_{\alpha_0} \times \prod\{\{x_\alpha\} \mid \alpha \neq \alpha_0\} \subset \prod_{\alpha \in A} X_\alpha$$

이라 하면 $L(x, \alpha_0)$는 X_{α_0}와 위상적 동형이다. (1)에 의하여 부분공간 $L(x, \alpha_0)$는 T_2 공간이므로 위상동형인 X_{α_0}도 T_2 공간이다. 역으로 각 $\alpha \in A$에 대하여 X_α가 T_2 공간이라 하자. 서로 다른 원소 $x = (x_\alpha)$와 $y = (y_\alpha)$에 대하여, $x \neq y$이므로 적당한 $\alpha \in A$가 존재하여 $x_\alpha \neq y_\alpha$가 되어야 한다. X_α가 T_2 공간이므로 X_α에서 개집합 U_α와 V_α가 존재하여 $x_\alpha \in U_\alpha$, $y_\alpha \in V_\alpha$, $U_\alpha \cap V_\alpha = \varnothing$ 이 성립된다.

따라서, $U = \pi_\alpha^{-1}(U_\alpha)$, $V = \pi_\alpha^{-1}(V_\alpha)$라 두면, $U \in \mathfrak{T}$, $V \in \mathfrak{T}$이고 $x \in U$, $y \in V$, $U \cap V = \varnothing$ 이 성립하여 $(\prod_{\alpha \in A} X_\alpha, \mathfrak{T})$가 T_2 공간이다. □

정의 5.1.4 $(X, \mathfrak{T})$를 한 위상공간이라 하자. $D(\subset X)$가 X의 **조밀부분집합**(dense subset)이라 함은 D의 폐포가 X가 되는 것이다. 즉, $\overline{D} = X$일 때 D를 조밀부분집합이라 한다.

예제 5.1.8 (1) 비이산공간 $(X, \mathscr{I})$ 에서는 공집합이 아닌 모든 부분집합은 조밀부분집합이다.

(2) 이산공간 $(X, \mathscr{D})$ 에서는 전공간 X 외에는 조밀부분집합이 존재하지 않는다.

예제 5.1.9 $X = \{x, y, z\}$, $\mathfrak{T} = \{\varnothing, X, \{x\}, \{x, y\}\}$라 하고 $D = \{x, z\}$라 하면 $\overline{D} = X$ 가 된다. 따라서 D는 조밀부분집합이다.

그러나 $E = \{y, z\}$라 두면 E는 조밀부분집합이 아니다.

예제 5.1.10 보통실수공간 $(\mathbb{R}, \mathscr{U})$ 에서 유리수 전체의 집합 $\mathbb{Q}$ 는 조밀부분집합이다. 임의의 $t\in\mathbb{R}$ 에 대하여, t 의 임의의 근방 U 를 취하자. 그러면 적당한 $\varepsilon>0$ 이 존재하여

$$(t-\varepsilon, t+\varepsilon)\subset U$$

를 만족한다. 서로 다른 두 실수 $t-\varepsilon$, $t+\varepsilon$ 사이에는 적어도 한 유리수 $r\in\mathbb{Q}$ 이 존재한다. 즉,

$$\exists\, r\in\mathbb{Q},\ t-\varepsilon < r < t+\varepsilon$$

따라서, $r\in(t-\varepsilon, t+\varepsilon)\subset U$ 이므로 $U\cap\mathbb{Q}\neq\varnothing$ 이다.
그러므로 $t\in\overline{\mathbb{Q}}$ 이다. 즉 $\mathbb{R}=\overline{\mathbb{Q}}$ 이다.

정리 5.1.5

$(X, \mathfrak{T})$ 를 임의의 한 위상공간, $(Y, \mathfrak{T}')$ 를 T_2 공간이라 하자. 함수 $f, g: X\to Y$ 를 임의의 두 연속함수라 가정하면 다음 (1), (2)가 성립한다.
(1) 집합 $\{x\in X \mid f(x)=g(x)\}$ 는 X 에서 폐집합이다.
(2) D 가 X 의 임의의 한 조밀부분집합이고 $f|_D=g|_D$ 이면 $f=g$ 이다.

증 명 (1) 함수 $h: X\to Y\times Y$ 를 $h(x)=(f(x), g(x))$ 라 정의하면, h 의 성분함수 f, g 가 연속이므로 h 는 연속이다. 한편 $(Y, \mathfrak{T}')$ 가 T_2 공간이므로 $\Delta=\{(y,y)\mid y\in Y\}$ 는 $Y\times Y$ 에서 폐집합이고, 따라서 연속함수 h 의 역상 $h^{-1}(\Delta)$ 는 X 에서 폐집합이 되어야 한다. 한편 집합 $h^{-1}(\triangle)$ 는

$$h^{-1}(\Delta)=\{x\mid f(x)=g(x)\}$$

이므로 $\{x\mid f(x)=g(x)\}$ 는 X 에서 폐집합이다.
(2) 임의의 조밀부분집합 $D\subset X$ 에서 $f|_D=g|_D$ 라 가정하자. $f|_D=g|_D$ 이므로, 임의의 $x\in D$ 에 대하여 $f(x)=g(x)$ 이다. 따라서

$$D\subset\{x\mid f(x)=g(x)\}$$

이 성립된다. D 가 조밀부분집합이고 $\{x\mid f(x)=g(x)\}$ 는 폐집합이므로

$$X=\overline{D}\subset\overline{\{x\mid f(x)=g(x)\}}=\{x\mid f(x)=g(x)\}$$

가 성립한다. 따라서 $X=\{x \mid f(x)=g(x)\}$이다. 그러므로 $f=g$가 성립된다. □

T_0, T_1, T_2 공간들 사이의 관계를 요약하면,

$$T_2 \text{ 공간} \underset{\not\Leftarrow}{\Rightarrow} T_1 \text{ 공간} \underset{\not\Leftarrow}{\Rightarrow} T_0 \text{ 공간}$$

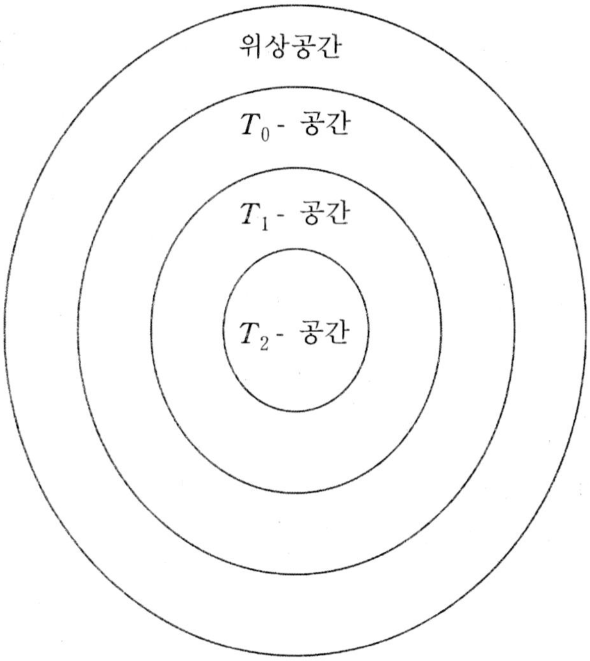

[그림 5.1.6]

연습 문제 5.1

1. 다음을 증명하여라.

   (1) X가 T_0-공간이기 위한 필요충분조건은 임의의 서로 다른 $x, y \in X$에 대해서 $\overline{\{x\}} \neq \overline{\{y\}}$ 이다.

   (2) X가 T_1-공간이기 위한 필요충분조건은 임의의 부분집합 A에 대하여, $A = \cap\{U \mid A \subset U,\ U$는 개집합$\}$이다.

   (3) X가 T_1-공간일 때 X의 부분집합 A의 도집합 A'는 X에서 폐집합이다.

2. X가 Hausdorff 공간이면 X에서 모든 수렴하는 점열이 유일한 극한점을 가진다.

3. X가 Hausdorff 공간이 아니면 수렴하는 점열이 일반적으로 유일한 극한점을 갖지 않는다. 예를 들어라.

§5.2 정칙공간과 완전정칙공간

앞에서 언급한 성질은 개집합으로써 두 점을 분리하는 것이다. 이 절에서 살펴볼 성질은 개집합으로써 점과 폐집합을 분리하는 것이다.

정의 5.2.1 한 위상공간 $(X, \mathfrak{T})$를 T_1 공간이라 가정하자. 공간 X가 **정칙공간**(regular space) 또는 **T_3 공간**(T_3 space)이란 뜻은 X의 임의의 폐집합 F와 임의의 원소 $x \notin F$에 대하여, 서로소인 개집합 U와 V가 존재하여 $F \subset U$이고, $x \in V$인 것이다. ([그림 5.2.1]참조)

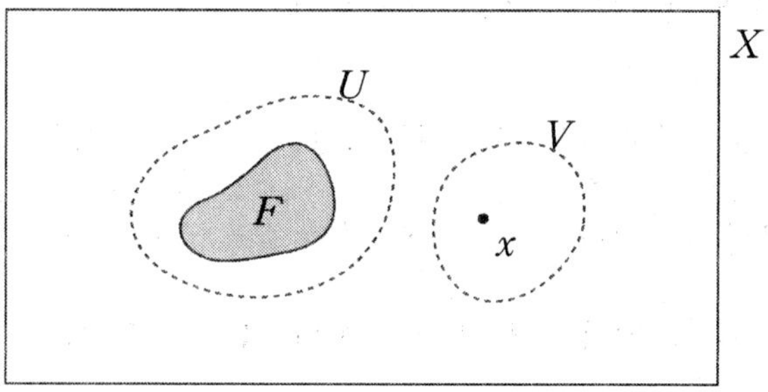

[그림 5.2.1]

예제 5.2.1 거리공간 (X, d)는 정칙공간이다. 거리공간 (X, d)에서 단원집합은 폐집합이므로 T_1 공간이 되고 임의의 폐집합 F와 임의의 원소 $x \notin F$에 대하여 F가 폐집합이므로 $d(x, F) = \varepsilon > 0$이다.

$$U = \bigcup\left\{B_d\left(y, \frac{\varepsilon}{3}\right) \mid y \in F\right\}, \quad V = B_d\left(x, \frac{\varepsilon}{3}\right)$$

라 하면 거리위상의 정의에 의하여 U와 V는 (X, d)에서 개집합이고, $F \subset U$, $x \in V$이다. $U \cap V = \varnothing$임을 보이자.

$U \cap V \neq \varnothing$이라 가정하자. $z \in U \cap V$라고 하면 적당한 원소 $y \in F$가 존재하

여 $z \in B_d\left(y, \frac{\varepsilon}{3}\right)$이고, $z \in B_d\left(x, \frac{\varepsilon}{3}\right)$이다. 따라서

$$d(x, y) \le d(x, z) + d(z, y) < \frac{\varepsilon}{3} + \frac{\varepsilon}{3} = \frac{2}{3}\varepsilon$$

이 된다. $d(x, F) = \varepsilon$ 이므로 $d(x, y) \ge \varepsilon$ 이라는 사실에 모순이다. 그러므로 (X, d)는 정칙공간이다.

예제 5.2.2 모든 정칙공간은 T_2 공간이다. X를 정칙공간이라 하자. 임의의 서로 다른 두 점 x, y에 대하여, X가 T_1 공간이므로 $\{x\} = F$는 폐집합이고 $y \neq F$이다. X는 정칙공간이므로 서로소인 개집합 U와 V가 존재하여 $F \subset U$, $y \in V$가 성립한다. 따라서 $x \in U$, $y \in V$, $U \cap V = \varnothing$가 되어서 X는 T_2 공간이 된다.

위 예제의 역은 일반적으로 성립하지 않는다.

예제 5.2.3 한 위상 $\mathscr{U}$를 실수집합 $\mathbb{R}$ 위의 보통위상이라 하고 집합 $A = \left\{\frac{1}{n} \mid n \in \mathbb{N}\right\}$이라 하자. $S = \mathscr{U} \cup \{A^c\}$를 부분기저로 하는 위상을 $\mathfrak{T}$라 하면 $\mathscr{U} \subsetneq \mathfrak{T}$가 된다. 왜냐하면 $A^c \in \mathfrak{T}$이나 $A^c \notin \mathscr{U}$이다. 만약 $A^c \in \mathscr{U}$이면 A가 폐집합이나 $\overline{A} \neq A$에 모순이다.

$(\mathbb{R}, \mathscr{U})$가 T_2 공간이므로 $(\mathbb{R}, \mathfrak{T})$도 역시 T_2 공간이다. 그러나 폐집합 A와 A에 포함되지 않는 원소 0에 대하여, A를 포함하는 임의의 개집합 U와 0의 근방 V는 항상 만난다. 따라서 $(\mathbb{R}, \mathfrak{T})$는 정칙공간이 될 수 없다.

정리 5.2.1

T_1 공간 $(X, \mathfrak{T})$이 정칙일 필요충분조건은 임의의 $x \in X$와 x의 각 근방 U에 대하여, x의 근방 V가 존재하여

$$x \in V \subset \overline{V} \subset U$$

가 성립하는 것이다.

증 명 (⇒) X를 정칙공간이라 가정하고 임의의 $x \in X$와 x의 한 근방 U를 취하자. 그러면 $F = U^c$는 폐집합이고, $x \notin F$이다. 그러므로 서로소인 개집합 V와 W가 존재하여 $x \in V$, $F \subset W$이다. $V \cap W = \varnothing$이므로 $V \subset W^c$이고 W^c가 폐집합이므로

$$\overline{V} \subset W^c$$

가 성립된다. 한편, $F \subset W$이므로 $W^c \subset F^c = U$가 되어

$$x \in V \subset \overline{V} \subset W^c \subset U$$

이 성립된다. 그러므로 V는 $\overline{V} \subset U$인 x의 한 근방이다.

(⇐) X를 필요조건을 만족하는 T_1공간이라 가정한다. X위의 임의의 폐집합 F와 임의의 원소 $x \notin F$에 대하여, $x \notin F$이므로 $U = F^c$는 x의 근방이 된다. 가정에 의하여 x의 근방 V가 존재하여

$$x \in V \subset \overline{V} \subset U$$

가 성립한다. $H = \overline{V}^c$라 놓으면 H는 개집합이고, $\overline{V} \subset U = F^c$이므로 $F \subset \overline{V}^c = H$이고, $V \subset \overline{V} = H^c$로부터 $H \cap V = \varnothing$가 된다. 따라서 X는 정규공간이다. □

정리 5.2.2

정칙공간의 부분공간은 또한 정칙공간이다.

증 명 $(X, \mathfrak{T})$를 정칙공간이고 $(Y, \mathfrak{T}_Y)$를 X의 부분공간이라 하자. $(X, \mathfrak{T})$가 T_1공간이므로 부분공간 $(Y, \mathfrak{T}_Y)$는 또한 T_1공간이다. 한편 C를 Y에서 폐집합이라하고 $x \notin C$라 하자. C가 부분공간 Y에서 폐집합이므로 X위에서 한 폐집합 F가 존재하여 $C = F \cap Y$가 성립된다. X가 정칙이고 $x \notin F$이므로 X의 서로소인 개집합 U와 V가 존재하여

$$F \subset U, \ x \in V$$

이다. $U, V \in \mathfrak{T}$이므로 $H = U \cap Y \in \mathfrak{T}_Y$, $W = V \cap Y \in \mathfrak{T}_Y$이고

$$C \subset H, \ x \in W, \ H \cap W = \varnothing$$

이다. 따라서 $(Y, \mathfrak{T}_Y)$는 정칙이다. □

정리 5.2.3

공집합이 아닌 곱공간이 정칙일 필요충분조건은 각 좌표공간이 정칙공간이 되는 것이다.

증 명 (⇒) $\{(X_\alpha, \mathfrak{T}_\alpha) \mid \alpha \in J\}$를 위상공간의 첨수족이고 $X = \prod_{\alpha \in J} X_\alpha$라 하자. $(X, \mathfrak{T})$를 정칙공간이라 가정하고 $x = (x_\alpha)_{\alpha \in J} \in X$와 $\alpha \in J$를 임의로 택하자. 좌표공간 X_α는 X의 부분공간 $L(x,\alpha)$와 위상동형이고 X가 정칙이므로 부분공간 $L(x,\alpha)$가 정칙이다. 따라서 위상동형인 X_α도 정칙이어야 한다.

(⇐) 각 $\alpha \in J$에 대하여 좌표공간 $(X_\alpha, \mathfrak{T}_\alpha)$를 정칙이라 가정하자. 임의의 $x = (x_\alpha)_{\alpha \in J} \in X$와 x의 근방 U에 대하여, 곱위상 $\mathfrak{T}$의 정의에 따라 유한개의 좌표 $\alpha_1, \alpha_2, \cdots, \alpha_n$이 존재하여 $U_{\alpha_i} \in \mathfrak{T}_{\alpha_i}$, $x_{\alpha_i} \in U_{\alpha_i}$이고,

$$x \in \langle U_{\alpha_1}, U_{\alpha_2}, \cdots, U_{\alpha_n} \rangle \subset U$$

되게 할 수 있다. X_{α_i}가 정칙이므로[정리 5.2.1]에 의하여 적당한 $V_{\alpha_i} \in \mathfrak{T}_{\alpha_i}$가 존재하여

$$x_{\alpha_i} \in V_{\alpha_i} \subset \overline{V}_{\alpha_i} \subset U_{\alpha_i}$$

를 만족한다. 따라서 $V = \langle V_{\alpha_1}, V_{\alpha_2}, \cdots, V_{\alpha_n} \rangle$는 x의 한 근방이고, $\overline{V} = \langle \overline{V}_{\alpha_1}, \overline{V}_{\alpha_2}, \cdots, \overline{V}_{\alpha_n} \rangle$이므로

$$x \in V \subset \overline{V} = \langle \overline{V}_{\alpha_1}, \overline{V}_{\alpha_2}, \cdots, \overline{V}_{\alpha_n} \rangle \subset \langle U_{\alpha_1}, U_{\alpha_2}, \cdots, U_{\alpha_n} \rangle \subset U$$

이다. 그러므로 $(X, \mathfrak{T})$는 정칙공간이다. □

정의 5.2.2 T_1 공간 $(X, \mathfrak{T})$를 **완전정칙공간**(completely regular space) 또는 Tychonoff 공간(Tyconoff space)이라 함은 X의 각 폐집합 F와 $a \notin F$에 대하여 한 연속함수 $f: X \to [0,1]$가 존재하여 $f(a) = 1$이고 모든 $x \in F$에 대하여 $f(x) = 0$를 만족하는 것이다.

정리 5.2.4

완전정칙공간은 정칙공간이다.

증 명 $(X, \mathfrak{T})$를 완전정칙공간이라 하자. 임의의 폐집합 F와 원소 $a \notin F$를 택하면, X가 완전정칙공간이므로 한 연속함수 $f : X \to [0, 1]$가 존재해서

$$f(x) = \begin{cases} 1, & x = a \\ 0, & x \in F \end{cases}$$

를 만족한다. 폐구간 $[0, 1]$은 보통공간 $(\mathbb{R}, \mathscr{U})$의 부분공간이므로

$[0, \frac{1}{3})$, $(\frac{2}{3}, 1]$은 $[0, 1]$에서 서로소인 개구간이다.

따라서 $U = f^{-1}([0, \frac{1}{3}))$, $V = f^{-1}((\frac{2}{3}, 1])$는 X에서 서로소인 개집합으로서 $F \subset U$, $a \in V$이다. 그러므로 X는 정칙공간이다. □

정리 5.2.5

거리공간은 완전정칙공간이다.

증 명 (X, d)를 한 거리공간이라 하자. (X, d)는 T_1공간이 됨은 명백하다. F를 임의의 폐집합이라 하고 원소 $a \notin F$를 취하자. 함수 $f : X \to [0, 1]$를 $f(x) = \min\{d(x, F)/d(a, F), 1\}$로 정의하면 $f(a) = 1$. 모든 $x \in F$에 대하여 $f(x) = 0$를 만족한다. 또한 f가 연속이다. 왜냐하면 임의의 $x \in X$에 대하여 $g_1(x) = d(x, F)$, $g_2(x) = d(a, F)$로 정의되는 함수 $g_1 : X \to \mathbb{R}$과 $g_2 : X \to \mathbb{R}$는 연속이다. 따라서 $g : X \to \mathbb{R}$, $g(x) = \dfrac{g_1(x)}{g_2(x)}$도 연속이다. 그러므로 $f(x) = \min\{g(x), 1\}$는 연속이다. □

정리 5.2.6

완전정칙공간의 부분공간은 완전정칙공간이다.

증 명 $(X, \mathfrak{T})$를 완전정칙공간, $(Y, \mathfrak{T}_Y)$를 X의 부분공간이라 하자. 임의의 Y에서 폐집합 C와 원소 $a \in Y-C$에 대하여, C가 Y에서 폐집합이므로 X에서 폐집합 F가 존재하여

$$C = F \cap Y$$

가 성립된다. $a \notin F$이고 X가 완전정칙공간이므로 연속함수 $f: X \to [0, 1]$가 존재하여

$$f(x) = \begin{cases} 1, & x = a \\ 0, & x \in F \end{cases}$$

를 만족한다. 따라서 축소함수 $f|_Y: Y \to [0, 1]$는 연속이고

$$f|_Y(x) = \begin{cases} 1, & x = a \\ 0, & x \in C \end{cases}$$

를 만족한다. 따라서 부분공간 $(Y, \mathfrak{T}_Y)$는 완전정칙공간이다. □

정리 5.2.7

한 위상공간 $(X, \mathfrak{T})$가 완전정칙공간이고, $(Y, \mathfrak{T}')$가 X와 위상동형이면 $(Y, \mathfrak{T}')$도 완전정칙공간이다.

증 명 $(X, \mathfrak{T})$를 완전정칙공간이라 하고 $h: X \to Y$를 위상동형사상이라 하자. C를 Y에서 임의의 폐집합, $a \in Y-C$라 하면 h가 위상동형사상이므로 $F = h^{-1}(C)$는 X에서 폐집합이고 $h^{-1}(a) = b$는 X의 원소로서 $b \notin F$이다. X가 완전정칙공간이므로 연속함수 $g: X \to [0, 1]$가 존재하여

$$g(x) = \begin{cases} 1, & x = b \\ 0, & x \in F \end{cases}$$

를 만족한다. 함수 $f: Y \to [0, 1]$를 $f = g \circ h^{-1}$로 정의하면 f는 연속이고

$$f(y) = \begin{cases} g(h^{-1}(y)) = g(h^{-1}(a)) = g(b) = 1, & y = b \\ g(h^{-1}(y)) = 0, & y \in F \end{cases}$$

가 성립된다. 따라서 Y는 완전정칙공간이다. □

정리 5.2.8

공집합이 아닌 곱공간이 완전정칙이 될 필요충분조건은 각 좌표공간이 완전정칙 공간이 되는 것이다.

증 명 ($\Rightarrow$) $\{(X_\alpha, \mathfrak{T}_\alpha) \mid \alpha \in J\}$를 위상공간의 첨수족이고 $X = \prod_{\alpha \in J} X_\alpha$라 하자. 곱공간 $(X, \mathfrak{T})$를 완전정칙공간이라 가정하자. 임의의 $\alpha \in J$와 $x = (x_\alpha) \in X$에 대하여 X의 부분공간 $L(x, \alpha)$는 완전정칙공간이고, $L(x, \alpha)$와 위상동형인 X_α도 완전정칙공간이다.

($\Leftarrow$) 각 $\alpha \in J$에 대하여 $(X_\alpha, \mathfrak{T}_\alpha)$를 완전정칙공간이라 가정하자. F를 X의 임의의 폐집합, $a \in X - F$라 하자. 곱위상의 정의에 의하여 유한개의 J의 원소 $\alpha_1, \alpha_2, \cdots, \alpha_n$이 존재하여, $U_{\alpha_i} \in \mathfrak{T}_{\alpha_i}$ $(i = 1, 2, \cdots, n)$이고

$$a \in \langle U_{\alpha_1}, U_{\alpha_2}, \cdots, U_{\alpha_n} \rangle \subset X - F$$

를 만족한다. 각 $i = 1, 2, \cdots, n$에 대하여 $(X_{\alpha_i}, \mathfrak{T}_{\alpha_i})$가 완전정칙공간이므로 연속함수 $f_i : X_{\alpha_i} \to [0, 1]$가 존재하여

$$f_{\alpha_i}(x_{\alpha_i}) = \begin{cases} 1, & x_{\alpha_i} = a_{\alpha_i} \\ 0, & x_{\alpha_i} \in X_{\alpha_i} - U_{\alpha_i} \end{cases}$$

가 성립한다.

함수 $f : X \to [0, 1]$을 다음과 같이 정의하자.

$$f : X \to [0, 1],\ f(x) = \min\{f_{\alpha_i}(x_{\alpha_i}) \mid i = 1, 2, \cdots, n\}$$

그러면 f는 유한개의 연속함수 f_i의 *minimum*으로 정의된 함수이므로 연속이다. 더욱이 $f(a) = 1$ 이고, 임의의 $x \in F$에 대하여 $f(x) = 0$이다.

왜냐하면, 각 $i = 1, 2, \cdots, n$에 대하여, $a_{\alpha_i} \in U$, $f_i(a_{\alpha_i}) = 1$ 이므로

$$f(a) = \min\{f_i(a_{\alpha_i}) = 1 \mid i = 1, 2, \cdots, n\} = 1$$

이다. 한편 $x \in F$ 이면 $x \notin \langle U_{\alpha_1}, \cdots, U_{\alpha_n} \rangle$이다. 따라서 적당한 $i \in \{1, 2, \cdots, n\}$가 존재하여 $x_{\alpha_i} \notin U_{\alpha_i}$이다. 즉 $f_i(x_{\alpha_i}) = 0$이다. 그러므로

$f(x) = \min\{f_i(x_{\alpha_i}) \mid i = 1, 2, \cdots, n\} = 0$ 이다. □

연습 문제 5.2

1. X가 정칙공간일 때, 모든 $x, y \in X$에 대하여 $x \in \overline{\{y\}}$이면 $y \in \overline{\{x\}}$이다.

2. X가 완전정칙공간이기 위한 필요충분조건은 임의의 $x \in X$와 x의 임의의 근방 U에 대하여 적당한 연속함수 $f: X \to I$가 존재하여 $f(x) = 1$, $f(U^c) = \{0\}$이 되는 것이다.

3. X가 Hausdorff 공간이고 각 $x \in X$에 대하여 폐포 $\overline{V}$가 정칙인 근방 V가 존재하면 X가 정칙이 됨을 증명하여라.

4. X가 정칙공간이면 서로 다른 $x, y \in X$에 대하여 각각의 근방 U, V가 존재하여 $\overline{U} \cap \overline{V} = \varnothing$이다.

5. X가 정칙이고 $A \subset X$가 폐집합이면

$$A = \bigcap \{U \mid A \subset U,\ U\text{는 } X\text{에서 개집합}\}$$

임을 보여라.

§5.3 정규공간

이 절에서 공부할 분리성질은 두 폐집합의 분리와 관련되고 앞의 분리성질에서 잘 적용되던 부분공간과 곱에 관해서 잘 적용되지 않는다.

정의 5.3.1 T_1 공간 $(X, \mathfrak{T})$를 **정규공간**(normal space) 또는 T_4 공간(T_4 space)이라 함은 X의 서로소인 임의의 폐집합 C와 D에 대해서 개집합 U와 V가 존재하여 $C \subset U$이고 $D \subset V$가 되는 것이다. ([그림 5.3.1]참조)

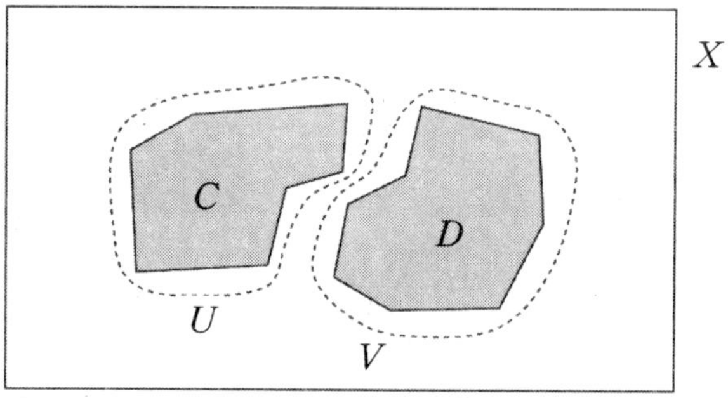

[그림 5.3.1]

정리 5.3.1

거리공간 (X, d)는 정규공간이다.

증 명 공간 (X, d)를 거리공간이라 하고 임의의 폐집합 C, D에 대하여 $C \cap D = \varnothing$이라 가정하자. 만약 $C = \varnothing$ 이거나 $D = \varnothing$이면 C와 D를 포함하는 서로소인 개집합을 $\varnothing$ 또는 X로 하면 충분하다. C와 D를 모두 공집합이 아니라고 가정하자. 임의의 원소 $x \in C$에 대하여 $x \notin D$이고 D가 폐집합이므로 $d(x, D)=\varepsilon_x>0$ 이다. 마찬가지로 임의의 원소 $y\in D$ 에 대하여, $d(y, C)=\varepsilon_y>0$ 이다. 한편 두 집합 U 와 V 를

$$U=\bigcup_{x\in C}B_d(x, \frac{\varepsilon_x}{3})$$

$$V=\bigcup_{y\in D}B_d(y, \frac{\varepsilon_y}{3})$$

라 두면 U 와 V 는 개집합으로서 $C\subset U$, $D\subset V$ 이다. 다음으로 $U\cap V=\varnothing$ 임을 보이자. $U\cap V\neq\varnothing$ 이라 가정하면 적당한 원소 $z\in X$ 가 존재하여, $z\in U\cap V$ 가 된다. 따라서 적당한 원소 $x\in C$ 와 $y\in D$ 가 존재하여

$$z\in B_d(x, \frac{\varepsilon_x}{3})\cap B_d(y, \frac{\varepsilon_y}{3})$$

를 만족한다. 한편 $d(x, y)=\varepsilon$ 이라 두면 정의에 의하여

$$d(x, D)=\varepsilon_x\leq\varepsilon$$

$$d(y, C)=\varepsilon_y\leq\varepsilon$$

이다. $d(x, z)<\frac{\varepsilon_x}{3}$ 이고 $d(z, y)<\frac{\varepsilon_y}{3}$ 이므로

$$d(x, y)\leq d(x, z)+d(z, y)<\frac{\varepsilon_x}{3}+\frac{\varepsilon_y}{3}\leq\frac{\varepsilon}{3}+\frac{\varepsilon}{3}=\frac{2}{3}\varepsilon$$

이다. 즉, $d(x, y)=\varepsilon<\frac{2}{3}\varepsilon$ 이 되어서 이는 모순이다. 따라서 $U\cap V=\varnothing$ 이다.

□

예제 5.3.1 보통공간 $(\mathbb{R}, \mathscr{U})$, $(\mathbb{R}^2, \mathscr{U})$ 는 거리화가능공간이므로 정규공간이다.

모든 정규공간은 정칙공간이나 그 역은 성립하지 않는다.

예제 5.3.2 평면 $\mathbb{R}^2$ 위에 하한위상공간 $(\mathbb{R}, \mathfrak{T}_\ell)$ 의 곱위상을 주자. 즉 $\mathbb{R}^2$ 위에 $\mathscr{B}=\{[a, b)\times[c, d)\mid a, b, c, d\in\mathbb{R},\ a<b,\ c<d\}$ 를 기저로 하는 위상 $\mathfrak{T}$ 를 주자. 먼저 임의의 기저의 원소 $V=[a, b)\times[c, d)$ 는 개집합과 동시에 폐

집합이다. 왜냐하면, 기저의 원소이므로 개집합이 됨은 명백하고 V가 폐집합이 됨을 보여 보자.

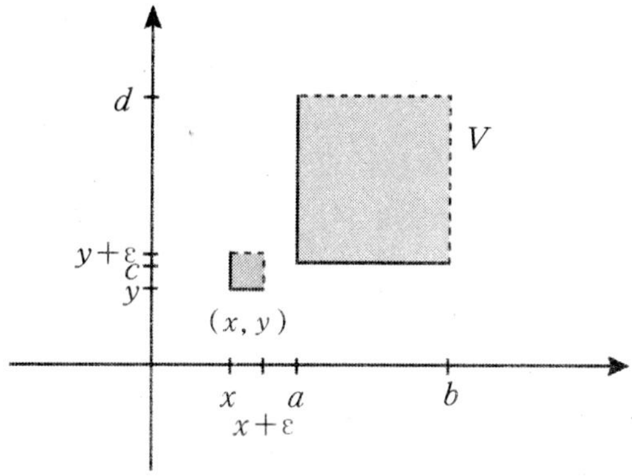

[그림 5.3.2]

임의의 $(x, y) \in \mathbb{R}^2 - V$에 대하여,

$$(x, y) \in [x, x+\varepsilon) \times [y, y+\varepsilon) \subset \mathbb{R}^2 - V$$

이 성립될 수 있는 $\varepsilon > 0$을 얼마든지 취할 수 있다. 따라서 $\mathbb{R}^2 - V$는 $\mathbb{R}^2$에서 개집합이다. 다음으로 $(\mathbb{R}^2, \mathfrak{T})$가 정칙공간 임을 보이자. 우선 $(\mathbb{R}^2, \mathfrak{T})$가 T_1공간임은 명백하다. 임의의 원소 $(x, y) \in \mathbb{R}$와 (x, y)의 임의의 개근방 U에 대하여 $\mathscr{B}$가 $\mathfrak{T}$의 기저이므로 적당한 원소 $V = [a, b) \times [c, d)$ 가 존재하여

$$(x, y) \in V \subset U$$

를 만족한다. V가 기저의 원소이므로 위에서 보였듯이 $V = \overline{V}$이다. 따라서 $(x, y) \in V \subset \overline{V} \subset U$ 가 성립하여 $(\mathbb{R}^2, \mathfrak{T})$는 정칙공간이다.

한편 $(\mathbb{R}^2, \mathfrak{T})$가 정규공간이 아님을 보여보자.

$L = \{(x, y) \in \mathbb{R}^2 \mid x + y = 0\}$이라 하면 L은 $(\mathbb{R}^2, \mathfrak{T})$에서 폐집합이 된다. 왜냐하면 임의의 원소 $(x, y) \in \mathbb{R}^2 - L$에 대하여

$$(x, y) \in [x, x+\varepsilon) \times [y, y+\varepsilon) \subset \mathbb{R}^2 - L$$

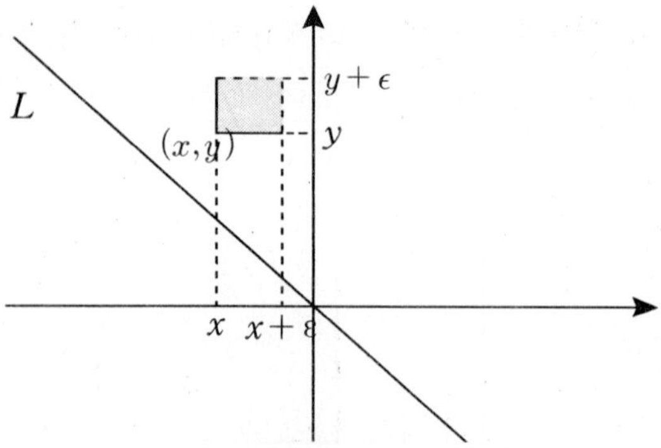

[그림 5.3.3]

을 만족하는 적당한 실수 $\varepsilon > 0$ 을 취할 수 있기 때문이다.

$(\mathbb{R}^2, \mathfrak{T})$ 의 부분공간위상 $(L, \mathfrak{T}_L)$ 은 이산위상공간이다. 왜냐하면 임의의 원소 $(x, y) \in L$ 에 대하여

$$\{(x, y)\} = [x, x+1) \times [y, y+1) \cap X$$

이므로 단원집합 $\{(x, y)\}$ 는 L 에서 개집합이다. 즉 $\{(x, y)\} \in \mathfrak{T}_L$ 이다. 따라서 L 의 임의의 부분집합은 L 에서 폐집합이고, L 이 $(\mathbb{R}^2, \mathfrak{T})$ 에서 폐집합이므로 그것은 $(\mathbb{R}^2, \mathfrak{T})$ 에서 폐집합이 된다.

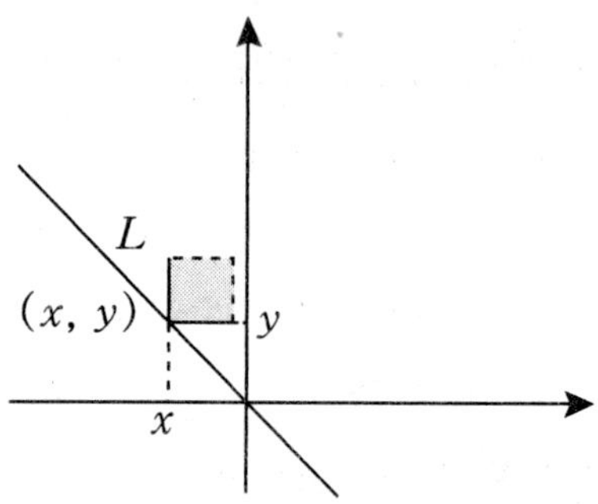

[그림 5.3.4]

만일 $(\mathbb{R}^2, \mathfrak{T})$ 를 정규공간이라 가정하자.

$$D = \{(x, y) \mid x, y \text{는 유리수}\}$$

라 하면 D는 $(\mathbb{R}^2, \mathfrak{T})$의 가산조밀부분집합이다.

L의 임의의 부분집합 A에 대하여, A와 $L-A$는 $(\mathbb{R}^2, \mathfrak{T})$에서 서로소인 폐집합이다. $\mathbb{R}^2$가 정규공간이므로 서로소인 개집합 $U(A)$와 $V(A)$가 존재하여 $A \subset U(A)$, $L-A \subset V(A)$를 만족한다. 이 경우 L의 임의의 두 부분집합 A, B에 대하여

$$A \neq B \Rightarrow D \cap U(A) \neq D \cap U(B)$$

이 성립한다. 왜냐하면 $A \neq B$인 경우 $A-B \neq \varnothing$이거나 $B-A \neq \varnothing$이다.

$A-B \neq \varnothing$이면, $A-B = A \cap (L-B) \neq \varnothing$이므로

$$U(A) \cap V(B) \neq \varnothing$$

이다. 따라서 D가 조밀부분집합이므로

$$D \cap U(A) \cap V(B) \neq \varnothing$$

이다. 그러나 정의에 의하여 $U(B) \cap V(B) = \varnothing$이므로

$$D \cap U(B) \cap V(B) = \varnothing$$

이다. 따라서 $D \cap U(A) \neq D \cap U(B)$이다. $B-A \neq \varnothing$인 경우도 같은 결과를 얻는다. 한 함수 $F : \wp(L) \to \wp(D)$를 다음과 같이 정의하자.

임의의 $A \in \wp(L)$에 대하여

$$F(A) = D \cap U(A)$$

그러면 위에서 살펴본 성질에 의하여 F는 단사가 된다. 그러나 L의 농도(cardinal number)는 D의 농도보다 크기 때문에 $\wp(L)$에서 $\wp(D)$로의 단사함수는 존재할 수 없다. 따라서 $(\mathbb{R}^2, \mathfrak{T})$는 정규공간이 아니다. □

정규공간에서 다음 정리가 성립한다.

정리 5.3.2

$(X, \mathfrak{T})$를 T_1공간이라 가정하자. 위상공간 $(X, \mathfrak{T})$가 정규공간일 필요충분조건은 임의의 폐집합 A와 A를 포함하는 임의의 개집합 U에 대하여 적당한 개집합 V가 존재하여 $A \subset V \subset \overline{V} \subset U$를 만족하는 것이다.

증 명 ($\Rightarrow$): $(X, \mathfrak{T})$를 정규공간이라 하고 U를 폐집합 A를 포함하는 임의의 개집합이라 하자. $B=U^c$라 하면 B는 폐집합이고 $A\cap B=\varnothing$이다. X가 정규공간이므로 적당한 개집합 G와 H가 존재하여

$$A\subset G,\ B\subset H,\ G\cap H=\varnothing$$

이다. 따라서 $A\subset G\subset H^c\subset B^c=U$이다.

한편 H^c는 폐집합이고 $G\subset H^c$이므로 $\overline{G}\subset H^c$를 만족한다. 그러므로

$$A\subset G\subset \overline{G}\subset H^c\subset U$$

이다.

($\Leftarrow$) : A와 B를 서로소인 폐집합이라 하자. $A\cap B=\varnothing$이므로 $A\subset B^c$이고 B^c는 개집합이다. 가정에 의하여 적당한 개집합 U가 존재하여 $A\subset U\subset \overline{U}\subset B^c$가 되어야 한다. 한편 $V=(\overline{U})^c$이라 하면 V는 개집합으로서 $B\subset V$를 만족한다. 또한 $V=\overline{U}^c\subset U^c$이므로 $V\subset U^c$이다. 즉 $U\cap V=\varnothing$가 되어서 X는 정규공간이다. □

정리 5.3.3

정규공간의 폐부분공간은 정규공간이다.

증 명 $(X, \mathfrak{T})$를 정규공간이라 하고 Y를 X의 폐집합으로서 부분공간위상 $\mathfrak{T}_Y$가 주어졌다고 하자. A와 B를 Y에서 서로소인 폐집합이라 하면, Y가 X에서 폐집합이므로 A와 B는 X에서 서로소인 폐집합이다. X가 정규공간이므로 서로소인 개집합 G와 H가 존재하여 $A\subset G, B\subset H$가 된다. 따라서 $U=G\cap Y,\ V=H\cap Y$라 두면 $U\in\mathfrak{T}_Y,\ V\in\mathfrak{T}_Y$이고 $A\subset U,\ \ B\subset V,\ U\cap V=\varnothing$가 된다. 따라서 $(Y, \mathfrak{T}_Y)$는 정규공간이다. □

연습 문제 5.3

1. 정칙공간이면서 정규공간이 아닌 예를 들어라.

2. 정규공간의 곱공간은 일반적으로 정규공간이 아니다. 예를 들어라.

3. $T_i(i=0, 1, 2, 3, 4)$− 공간들 사이의 포함 관계를 그림으로 나타내고, 그 공간들이 잘 정의됨을 보이시오.

§5.4 가산공리

정의 5.4.1 $(X, \mathfrak{T})$를 한 위상공간이라 하고 공간 X가 **제2가산공간**(2-nd countable space)이라 함은 위상 $\mathfrak{T}$에 대한 한 **가산기저**(countable base)가 존재할 때를 의미한다.

예제 5.4.1 보통실수공간 $(\mathbb{R}, \mathscr{U})$에서 한 기저 $\mathscr{B}$를

$$\mathscr{B} = \{(a, b) \mid a, b\text{는 유리수}\}$$

라 놓으면 $\mathscr{B}$는 보통위상 $\mathscr{U}$의 한 가산기저가 된다. 따라서 위상공간 $(\mathbb{R}, \mathscr{U})$는 제2가산공간이다.

예제 5.4.2 $\mathbb{R}^n$ 위에서 보통거리함수 d를 임의의 $x = (x_1, x_2, \cdots, x_n)$, $y = (y_1, y_2, \cdots, y_n) \in \mathbb{R}^n$에 대하여

$$d(x, y) = \left(\sum_{i=1}^{n} (x_i - y_i)^2 \right)^{\frac{1}{2}}$$

로 정의하였다.

보통거리공간 $(\mathbb{R}^n, d)$에서 한 기저 $\mathscr{B}$를

$$\mathscr{B} = \{B_d(a, r) \mid a\text{는 유리점, } r\text{은 양의 유리수}\}$$

라 하면 $\mathscr{B}$는 거리공간위상 $\mathfrak{T}_d$의 한 가산기저가 되어서 $(\mathbb{R}^n, d)$는 제2가산공간이 된다.

예제 5.4.3 이산위상공간 $(\mathbb{R}, \mathscr{D})$는 제2가산공간이 아니다. 왜냐하면 $\mathscr{B}$를 $\mathscr{D}$의 임의의 기저라면, 임의의 $t \in \mathbb{R}$에 대하여 $\{t\} \in \mathscr{D}$이므로 적당한 원소 $B \in \mathscr{B}$가 존재하여 $t \in B \subset \{t\}$이어야 한다. 따라서 B는 단원집합 $\{t\}$가 되어야 하므로 $\{\{t\} \mid t \in \mathbb{R}\} \subset \mathscr{B}$이다. 즉, $\mathscr{B}$는 가산이 될 수 없다.

정리 5.4.1

제2가산공간은 제1가산공간이다.

증 명 $(X, \mathfrak{T})$를 제2가산공간이라 하고 $\mathscr{B}$를 $\mathfrak{T}$에 대한 한 가산기저라 하자. 임의의 $x \in X$에 대하여 $\mathscr{B}$의 한 부분집합 B_x를

$$\mathscr{B}_x = \{B \in \mathscr{B} \mid x \in B\}$$

라 하면 $\mathscr{B}_x$는 x에서의 한 가산국소기저가 된다. 또한 $\mathscr{B}_x \subset$B 이므로 $\mathscr{B}_x$는 가산집합이다. 한편 x의 임의의 근방 U에 대하여 $\mathscr{B}$가 $\mathfrak{T}$의 기저이므로 적당한 $B \in \mathscr{B}$가 존재하여

$$x \in B \subset U$$

이어야 한다. $x \in B$이므로 $B \in \mathscr{B}_x$이고 따라서 $\mathscr{B}_x$는 x에서의 가산국소기저가 된다. 그러므로 $(X, \mathfrak{T})$는 제1가산공간이다. □

정의 5.4.2 X를 한 집합이라 하고 $A \subset X$라 하자. X의 한 부분집합족 $\mathscr{C}$를 A의 피복(cover, covering)이라 함은 $A \subset \bigcup \mathscr{C}$를 만족하는 것이다. 즉 임의의 $a \in A$에 대하여 적당한 $C \in \mathscr{C}$가 존재하여 $a \in C$를 만족하는 것이다.

$(X, \mathfrak{T})$가 위상공간이고 A의 피복 $\mathscr{C}$가 $\mathfrak{T}$의 부분집합일 때, 즉 $\mathscr{C}$의 모든 원소가 개집합일 때 피복 $\mathscr{C}$를 A의 **개피복**(open cover, open covering)이라 한다. $\mathscr{C}$와 $\mathscr{C}'$가 A의 피복으로서 $\mathscr{C} \subset \mathscr{C}'$일 때, $\mathscr{C}$를 $\mathscr{C}'$의 **부분피복**(subcover)이라하고 $\mathscr{C}$가 유한일 때 $\mathscr{C}$를 $\mathscr{C}'$의 유한부분피복이라 한다. 마찬가지로 $\mathscr{C}$가 가산일 때 $\mathscr{C}$를 $\mathscr{C}'$의 가산부분피복이라 한다.

정의 5.4.3 한 위상공간 $(X, \mathfrak{T})$를 **린델래프공간**(Lindelöf space)이라 함은 X의 임의의 개피복이 가산부분피복을 포함하는 것이다.

정리 5.4.2

제 2 가산공간은 린델레프공간이다.

증 명 $\mathscr{C}$를 X의 개피복이라 하고 $\mathscr{B}$를 X의 가산기저라 하자. 임의의 $a \in X$에 대하여 $\mathscr{C}$가 X의 개피복이므로 적당한 개집합 $G_a \in \mathscr{C}$가 존재하여 $a \in G_a$를 만족한다. $\mathscr{B}$가 X에 대한 기저이므로 적당한 원소 $B_a \in \mathscr{B}$가 존재하여

$$x \in B_a \subset G_a$$

를 만족한다. 따라서 $X = \bigcup\{B_a \mid a \in X\}$이다. $\{B_a \mid a \in X\} \subset \mathscr{B}$이므로 $\{B_a \mid a \in X\}$는 가산집합이다. 따라서

$$\{B_a \mid a \in X\} = \{B_i \mid i \in \mathbb{N}\}$$

이라 놓고, 각 $i \in \mathbb{N}$에 대하여 $B_i \subset G_i$인 $G_i \in \mathscr{C}$를 택하여 한 족 $\mathscr{A}$를

$$\mathscr{A} = \{G_i \mid i \in \mathbb{N}\}$$

이라 하면 $\mathscr{A}$는 X의 가산부분피복이 된다. 왜냐하면

$$X = \bigcup\{B_i \mid i \in \mathbb{N}\} \subset \bigcup\{G_i \mid i \in \mathbb{N}\}$$

이고 $\mathscr{A} \subset \mathscr{C}$이기 때문이다. □

정의 5.4.4 한 위상공간 $(X, \mathfrak{T})$가 **분해가능공간**(separable space)라 함은 X에 한 **가산조밀부분집합**(countable dense subset) D가 존재하는 것이다.

예제 5.4.4 보통실수공간 $(\mathbb{R}, \mathscr{U})$에서 유리수 전체의 집합 $\mathbb{Q}$는 가산조밀부분집합이다. 따라서 $(\mathbb{R}, \mathscr{U})$는 분해가능공간이다 그러나 이산위상공간 $(\mathbb{R}, \mathscr{D})$는 분해가능공간이 아니다. 왜냐하면 $(\mathbb{R}, \mathscr{D})$에서 조밀부분집합은 자신 $\mathbb{R}$ 밖에 없고 $\mathbb{R}$은 가산이 아니다.

정리 5.4.3

제2가산공간은 분해가능공간이다.

증 명 위상 $(X, \mathfrak{T})$를 제2가산공간이라 하고 $\mathscr{B}$를 X의 한 가산기저라 하자. $\mathscr{B}=\{B_n \mid n \in \mathbb{N}\}$ (단, $B_n \neq \varnothing$, $n \in \mathbb{N}$)라 두고 각 $n \in \mathbb{N}$에 대하여 $a_n \in B_n$인 점 a_n을 택하여

$$D=\{a_n \mid n \in \mathbb{N}\}$$

이라 하자. 당연히 D는 가산이고, 조밀부분집합이다. 왜냐하면, 임의의 $x \in X$와 임의의 x의 근방 U에 대하여 $\mathscr{B}$가 X의 한 기저이므로 적당한 $n \in \mathbb{N}$이 존재하여

$$x \in B_n \subset U$$

를 만족한다. 따라서 $a_n \in B_n$이므로 $a_n \in D \cap U$이다. 그러므로 $x \in \overline{D}$이다. □

정리 5.4.4

위상공간 $(X, \mathfrak{T})$를 제2가산공간이라 하면 임의의 기저는 가산기저를 포함한다.

증 명 $(X, \mathfrak{T})$를 제2가산공간이라 하자. X가 제2가산공간이므로 적당한 가산기저

$$\mathscr{C}=\{C_n \mid n \in \mathbb{N}\}$$

을 가진다. 한 족 $\mathscr{B}=\{B_\alpha \mid \alpha \in J\}$를 X의 임의의 기저라 할 때, 임의의 $n \in \mathbb{N}$과 임의의 $x \in C_n$에 대하여 $\mathscr{B}$는 X의 기저이므로 적당한 $\alpha \in J$가 존재하여

$$x \in B_\alpha \subset C_n$$

을 만족한다.

$$J_n=\{\alpha \in J \mid B_\alpha \subset C_n\}$$

이라 두면

$$C_n = \bigcup_{\alpha \in J_n} B_\alpha$$

가 된다. 따라서 $\mathscr{B}_n = \{B_\alpha \mid \alpha \in J_n\}$은 C_n의 개피복이 된다.

X가 제2가산공간이므로 부분공간 C_n도 제2가산공간이고 [정리 5.4.2]에 의하여 C_n은 Lindelöf 공간이 된다. 따라서 $\mathscr{B}_n$은 가산부분피복 $\mathscr{B}_n'$를 가진다.

$$\mathscr{A} = \bigcup_{n \in \mathbb{N}} \mathscr{B}_n'$$

라 두면 $\mathscr{A} \subset \mathscr{B}$이고 가산집합이며, 더욱이 X의 기저가 된다. 왜냐하면 임의의 개집합 U와 $x \in U$에 대하여 $\mathscr{C}$가 기저이므로 적당한 $n \in \mathbb{N}$이 존재하여

$$x \in C_n \subset U$$

이며, $\mathscr{B}_n'$가 C_n의 피복이므로 적당한 $B_\alpha \in \mathscr{B}_n'$가 존재하여

$$x \in B_\alpha \subset C_n$$

이 된다. 즉 적당한 $B_\alpha \in \mathscr{B}_n' \subset \mathscr{A}$가 존재하여

$$x \in B_\alpha \subset U$$

가 되므로 $\mathscr{A}$는 X의 기저이다. □

일반적으로 분해가능공간이 항상 제2가산공간이 되는 것은 아니다. 그 예를 들어 보면,

예제 5.4.5 실수 $\mathbb{R}$ 위에 하한위상 $\mathfrak{T}_\ell$이 주어졌을 때, $(\mathbb{R}, \mathfrak{T}_\ell)$은 분해가능 공간이다. 왜냐하면 $\overline{\mathbb{Q}} = \mathbb{R}$이기 때문이다. 그러나 $(\mathbb{R}, \mathfrak{T}_\ell)$은 제2가산공간이아니다. 왜냐하면 만약 $(\mathbb{R}, \mathfrak{T}_\ell)$이 제2가산공간이라 하면 기저 $\mathscr{B} = \{[a, b) \mid a, b$는 실수$\}$는 적당한 가산부분기저 $\mathscr{B}' = \{[a_n, b_n) \mid n \in \mathbb{N}\}$를 가진다. $A = \mathbb{R} - \{a_n \mid n \in \mathbb{N}\}$이라 하고 $a \in A$라 두면, $[a, a+1) \in \mathscr{B}$이므로 임의의 $x \in [a, a+1)$에 대하여 적당한 $k \in \mathbb{N}$가 존재하여

$$x \in [a_{n_k}, b_{n_k}) \subset [a, a+1)$$

이 되어야 한다. 따라서

$$[a, a+1) = \bigcup_k [a_{n_k}, b_{n_k})$$

이다. 따라서 적당한 n_k가 존재하여 $a = a_{n_k}$이어야 한다. 그러므로 이것은 $a \notin \{a_n \mid n \in \mathbb{N}\}$이라는 사실에 모순이다. □

정리 5.4.5

거리공간 (X, d)가 분해가능공간이면 X는 제2가산공간이다.

증 명 거리공간 (X, d)를 분해가능공간이라 가정하자. 따라서 X는 가산조밀부분집합 $D = \{x_1, x_2, \cdots, x_n, \cdots\}$를 가진다. 임의의 $n \in \mathbb{N}$에 대하여

$$\mathscr{B}_n = \{B_d(x_n, \varepsilon) \mid \varepsilon \text{는 양의 유리수}\}$$

라 두면 $\mathscr{B}_n$은 가산이고

$$\mathscr{B} = \bigcup_{n \in \mathbb{N}} \mathscr{B}_n$$

은 X의 가산기저가 된다. 왜냐하면 임의의 개집합 U와 임의의 원소 $x \in U$에 대하여 X가 거리공간이므로 적당한 $\delta > 0$가 존재하여

$$x \in B_d(x, \delta) \subset U$$

가 성립된다. 한편 D가 조밀부분집합이므로

$$D \cap B_d(x, \frac{\delta}{3}) \neq \varnothing$$

이다. $x_n \in D \cap B_d(x, \frac{\delta}{3})$과 $\frac{1}{3}\delta < \varepsilon < \frac{2}{3}\delta$인 유리수 ε를 취하자. 그러면 $B_d(x_n, \varepsilon) \subset B_d(x, \delta)$가 된다. 왜냐하면 임의의 $y \in B_d(x_n, \varepsilon)$에 대하여

$$d(x, y) \leq d(x, x_n) + d(x_n, y) < \frac{\delta}{3} + \varepsilon < \frac{\delta}{3} + \frac{2}{3}\delta = \delta$$

이다. 따라서 $y \in B_d(x, \delta)$. 한편 $d(x, x_n) < \frac{\delta}{3} < \varepsilon$이므로 $x \in B_d(x_n, \varepsilon)$이고 $B_d(x_n, \varepsilon) \subset B_d(x, \delta) \subset U$이므로 $x \in B_d(x_n, \varepsilon) \subset U$가 된다.
그러므로 $B_d(x_n, \varepsilon) \in \mathscr{B}$이므로 $\mathscr{B}$는 X의 기저가 된다. □

제1가산공간, 제2가산공간은 부분공간에서도 가산성이 그대로 유지된다. 그러나 분해가능공간에 대하서는 그렇지 않다.

예제 5.4.6 $(\mathbb{R}^2, \mathfrak{T})$를 하한위상공간 $(\mathbb{R}, \mathfrak{T}_\ell)$의 곱공간이라 하자. $D=\mathbb{Q}\times\mathbb{Q}$라 두면 D는 $(\mathbb{R}^2, \mathfrak{T})$에서 가산조밀부분집합이 되어서 $(\mathbb{R}^2, \mathfrak{T})$는 분해가능공간이다. 그러나 $\mathbb{R}^2$의 부분집합

$$L=\{(x, y)\mid x+y=0\}$$

에 대하여 $(L, \mathfrak{T}_L)$은 이산공간이 된다. 따라서 L은 분해가능공간이 될 수 없다.

연습 문제 5.4

1. 다음을 증명하여라.
   (1) 제2가산공간의 연속개함수에 의한 상은 제2가산공간이다.
   (2) 제2가산공간의 부분공간은 제2가산공간이다.
   (3) 분해가능공간의 연속함수에 의한 상은 분해가능공간이다.
   (4) 분해가능공간의 개부분공간은 분해가능공간이다.
   (5) 린델래프공간의 연속함수에 의한 상은 린델래프공간이다.
   (6) 린델래프공간의 폐부분공간은 린델래프공간이다.

2. (X, d)가 거리공간일 때 다음 명제들이 서로동치임을 보여라.
   (1) X는 제2가산공간이다.
   (2) X는 린델래프공간이다.
   (3) X는 분해가능공간이다.

§5.5 Urysohn의 보조정리

정의 5.5.1 **이진수**(dyadic number)는 분모가 2의 거듭제곱인 두 정수의 비로 나타낼 수 있는 수이다.

단위구간 $I=[0,1]$에서 모든 이진수는 $\frac{m}{2^n}$ 형태로 쓸 수 있다. 여기서 $n \in \mathbb{N} \cup \{0\}$, $m=0,1,\cdots,2^n$이다. 즉, I에서 모든 이진수의 집합 P는

$$P=\left\{\frac{m}{2^n} \mid n \in \mathbb{N} \cup \{0\},\ m \in \{0,1,\cdots,2^n\}\right\}$$

이다. $P \subset \mathbb{Q}$이므로 P는 가산집합이다. Urysohn의 보조정리의 증명은 귀납적방법의 증명이므로 $P-\{0\}=\left\{\frac{1}{2},\frac{1}{4},\frac{3}{4},\frac{1}{8},\frac{3}{8},\frac{5}{8},\frac{7}{8},\cdots\right\}$의 순서를 준다. 즉 각 $n \in \mathbb{N}$에 대하여 분모가 2^n인 P의 원소들 사이의 순서는 분자의 크기순서로 하고 $\frac{2^n-1}{2^n}$의 바로 위의 원소는 $\frac{1}{2^{n+1}}$으로 한다. P의 원소들을 $P=\{p_1,p_2,\cdots,p_n,\cdots\}$으로 나타낸다. 즉

$$p_1=\frac{1}{2}$$
$$p_2=\frac{1}{4}$$
$$p_3=\frac{3}{4}$$
$$p_4=\frac{1}{8}$$
$$\vdots$$

이다.

정리 5.5.1

이진수의 집합 P는 단위구간 I에서 조밀하다.

증 명 임의의 $a \in [0,1]$과 임의의 $\varepsilon > 0$에 대하여, $\lim_{n \to \infty} \frac{1}{2^n} = 0$ 이므로 적당한 자연수 m이 존재하여 $0 < \frac{1}{2^m} < \varepsilon$ 되게 할 수 있고,

$$[0,1] = [0, \frac{1}{2^m}] \cup [\frac{2}{2^m}, \frac{3}{2^m}] \cup \cdots \cup [\frac{2^m - 1}{2^m}, 1]$$

이므로 적당한 k가 존재하여 $a \in [\frac{k}{2^m}, \frac{k+1}{2^m}]$을 만족한다.

따라서, $[\frac{k}{2^m}, \frac{k+1}{2^m}] \subset (a-\varepsilon, a+\varepsilon)$을 만족한다.

그러므로 $(a-\varepsilon, a+\varepsilon) \cap P \neq \varnothing$ 이 성립하여 $a \in \overline{P}$을 만족한다. □

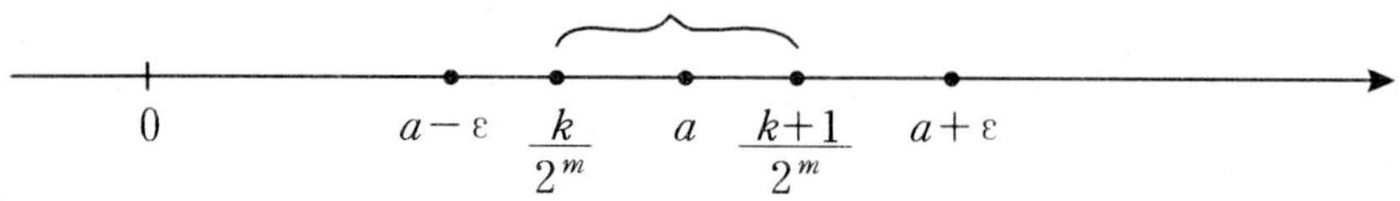

[그림 5.5.1]

정리 5.5.2

$(X, \mathfrak{T})$는 위상공간이고 D를 I의 조밀부분집합이라 하자. 각 $t \in D$에 대하여 X의 개집합 U_t가 존재하여;

(1) $t_1 < t_2$ 이면 $\overline{U_{t_1}} \subset U_{t_2}$

(2) $X = \bigcup_{t \in D} U_t$

라 가정하면 각 $x \in X$에 대하여 $f(x) = \inf\{t \in D \mid x \in U_t\}$로 정의되는 함수 $f: X \to I$는 연속이다.

증 명 $\mathscr{S} = \{[0,a) \mid 0 < a < 1\} \cup \{(a,1] \mid 0 < a < 1\}$를 I에서 부분기저라 하자. 각 $S \in \mathscr{S}$ 에 대하여 $f^{-1}(S) \in \mathfrak{T}$ 임을 보이면 충분하다.

$a \in (0,1)$를 임의로 택한다. 그러면 $f^{-1}([0,a)) = \{x \in X \mid f(x) < a\}$ 이므로

$$\begin{aligned} x \in f^{-1}([0, a)) &\Leftrightarrow f(x) < a \\ &\Leftrightarrow \exists t \in D,\ t < a,\ x \in U_t \\ &\Leftrightarrow x \in \bigcup\{U_t \mid t < a,\ t \in D\} \end{aligned}$$

이다. 즉

$$f^{-1}([0, a)) = \bigcup\{U_t \mid t \in D,\ t < a\}$$

이다. 따라서 $f^{-1}([0, a))$는 개집합들의 합집합이므로 개집합이다.

한편 $f^{-1}((0, 1])$이 개집합임을 보이기 위하여 $X - f^{-1}((a, 1])$이 X에서 폐집합임을 보이자.

$$X - f^{-1}((0, 1]) = \{x \in X \mid f(x) \leq a\}$$

이므로

$$\{x \in X \mid f(x) \leq a\} = \bigcap\{\overline{U_t} \mid t \in D,\ a < t\}$$

임을 보이면 충분하다. $y \in \{x \in X \mid f(x) \leq a\}$라 두면 임의의 $a < t$인 $t \in D$에 대하여 한편 $f(y) \leq a < t$이므로

$$\exists s < t,\ y \in U_s$$

를 만족한다. $\overline{U_s} \subset U_t$이므로 $y \in \overline{U_t}$이다. 따라서

$$\{x \in X \mid f(x) \leq a\} \subset \bigcap\{\overline{U_t} \mid t \in D,\ a < t\}$$

이다.

역으로 $y \in \bigcap\{\overline{U_t} \mid t \in D,\ a < t\}$이고 임의의 $\varepsilon > 0$에 대하여, D는 I에서 조밀하므로

$$\exists s_1 \in D,\ a < s_1 < a + \varepsilon$$

를 만족한다. 이제 $y \in \overline{U_{s_1}}$라 하자. 다시 D는 I에서 조밀하므로

$$\exists s_2 \in D,\ s_1 < s_2 < a + \varepsilon$$

를 만족한다. $\overline{U_{s_1}} \subset U_{s_2}$이므로 $y \in U_{s_2}$이다. 그러므로 함수 f의 정의에 의하여 $f(y) \leq s_2$이다. 따라서 $f(y) < a + \varepsilon$를 만족한다.

$\varepsilon > 0$가 임의의 양수이므로 $f(y) \leq a$이다.

결과적으로 $y \in \{f(x) \mid f(x) \leq a\}$을 만족한다. 따라서

$$X - f^{-1}((a, 1]) = \bigcap\{\overline{U_t} \mid t \in D,\ a < t\}$$

를 만족하여 증명은 끝난다. □

정리 5.5.3

(Urysohn의 보조정리) T_1 공간 $(X, \mathfrak{T})$가 정규공간일 필요충분조건은 X의 각 서로소인 폐집합 A, B에 대하여 연속함수 $f: X \to I$가 존재하여

$$f(x) = \begin{cases} 0, & x \in A \\ 1, & x \in B \end{cases}$$

를 만족한다.

증 명 $(\Rightarrow)$: $(X, \mathfrak{T})$를 정규공간이라 가정하고 A와 B는 서로소인 폐집합이라 하자. $P = \left\{ \frac{m}{2^n} \mid n \in \mathbb{N},\ m = 1, 2, \cdots, 2^n - 1 \right\}$는 $I - \{0\}$에서 이진수들의 순서진 집합이라 하자. $U = B^c$라 두면 U는 개집합이고 $A \subset U$이다. X가 정규공간이므로

$$\exists\, U_{\frac{1}{2}} \in \mathfrak{T},\ A \subset U_{\frac{1}{2}} \subset \overline{U_{\frac{1}{2}}} \subset U$$

를 만족한다. 또한 $U_{\frac{1}{2}}$이 개집합이고 $A \subset U_{\frac{1}{2}}$이므로

$$\exists\, U_{\frac{1}{4}} \in \mathfrak{T},\ A \subset U_{\frac{1}{4}} \subset \overline{U_{\frac{1}{4}}} \subset U_{\frac{1}{2}}$$

이다. 또한 $\overline{U_{\frac{1}{2}}} \subset U$이므로

$$\exists\, U_{\frac{3}{4}} \in \mathfrak{T},\ \overline{U_{\frac{1}{2}}} \subset U_{\frac{3}{4}} \subset \overline{U_{\frac{3}{4}}} \subset U$$

이다. 그러므로 우리는 다음을 갖는다.

$$A \subset U_{\frac{1}{4}} \subset \overline{U_{\frac{1}{4}}} \subset U_{\frac{1}{2}} \subset \overline{U_{\frac{1}{2}}} \subset U_{\frac{3}{4}} \subset \overline{U_{\frac{3}{4}}} \subset U$$

P에서 순서진 네 개의 원소 $\frac{1}{8}, \frac{3}{8}, \frac{5}{8}, \frac{7}{8}$에 대한 $U_{\frac{1}{8}}, U_{\frac{3}{8}}, U_{\frac{5}{8}}, U_{\frac{7}{8}}$은 다음의 포함관계를 갖는다.

$$A \subset U_{\frac{1}{8}} \subset \overline{U_{\frac{1}{8}}} \subset U_{\frac{1}{4}}\ \overline{U_{\frac{1}{4}}} \subset U_{\frac{3}{8}} \subset \overline{U_{\frac{3}{8}}} \subset U_{\frac{1}{2}} \subset \overline{U_{\frac{1}{2}}}$$

$$\subset U_{\frac{5}{8}} \overline{U_{\frac{5}{8}}} \subset U_{\frac{3}{4}} \subset \overline{U_{\frac{3}{4}}} \subset U_{\frac{7}{8}} \subset \overline{U_{\frac{7}{8}}} \subset U$$

수학적 귀납법을 이용하여, 각 $t \in P$에 대하여 U_t를 다음과 같이 대응시킬 수 있다. P에서의 보통순서에서 $t_1, t_2 \in P$이고 $t_1 < t_2$일 때,

$$A \subset U_{t_1} \subset \overline{U_{t_1}} \subset U_{t_2} \subset \overline{U_{t_2}} \subset U$$

특히, $U_1 = X$라 두면, $\{U_t \mid t \in P \cup \{1\}\}$은 X의 한 개피복이 된다. 우리는 $f(x) = \inf\{t \in P \cup \{1\} \mid x \in U_t\}$로 $f: X \to I$를 정의하자. [정리 5.5.2]에 의하여 f는 연속이다. $x \in A$이면 모든 $t \in P \cup \{1\}$에 대하여 $x \in U_t$이므로 $f(x) = 0$이고, $x \in B$이면 $x \in U_1$이지만 임의의 $t \in P$에 대하여 $x \notin U_t$이므로 $f(x) = 1$이다.

($\Leftarrow$): $(X, \mathfrak{T})$는 T_1공간이고 서로소인 폐집합 A, B에 대하여 연속함수 $f: X \to I$가 존재하여

$$f(x) = \begin{cases} 0, & x \in A \\ 1, & x \in B \end{cases}$$

를 만족한다고 하자.

$$U = f^{-1}([0, \frac{1}{2}))$$
$$V = f^{-1}((\frac{1}{2}, 1])$$

이라 두면 U와 V는 각각 A와 B를 포함하는 개집합이고 $U \cap V = \varnothing$이다. 따라서 $(X, \mathfrak{T})$는 정규공간이다.

Urysohn의 보조정리를 이용하여 정규공간의 특성인 확장정리를 얻을 수 있다.

정리 5.5.4

(Tietze의 확장정리) $(X, \mathfrak{T})$를 T_1공간이라 하자. $(X, \mathfrak{T})$가 정규공간일 필요충분조건은 A가 X의 폐집합이고 $f: A \to [-1, 1]$가 연속함수이면 연속함수 $F: X \to [-1, 1]$가 존재하여 $F|_A = f$이다.

증 명 $(\Rightarrow)$: $(X, \mathfrak{T})$가 정규공간, A는 X의 폐집합, $f: A \to [-1, 1]$는 연속함수라 하자.

$$C_1 = f^{-1}([-1, -\frac{1}{3}])$$
$$D_1 = f^{-1}([\frac{1}{3}, 1])$$

이라 하면 C_1와 D_1은 서로소인 폐집합이다. Urysohn의 보조정리에 의하여 연속함수 $f_1: X \to [-\frac{1}{3}, \frac{1}{3}]$가 존재하여

$$f_1(x) = \begin{cases} -\frac{1}{3}, & x \in C_1 \\ \frac{1}{3}, & x \in D_1 \end{cases}$$

를 만족한다. 각 $x \in A$에 대하여

$$|f(x) - f_1(x)| \le \frac{2}{3}$$

임을 알 수 있다. 각 $x \in A$에 대하여 함수 $g_1: A \to [-\frac{2}{3}, \frac{2}{3}]$를 $g_1(x) = f(x) - f_1(x)$로 정의하면 g_1은 연속이다. 다음으로

$$C_2 = g_1^{-1}([-\frac{2}{3}, -\frac{2}{9}])$$
$$D_2 = g_1^{-1}([\frac{2}{9}, \frac{2}{3}])$$

이라 두면 C_2와 D_2는 A의 서로소인 폐집합이다. A가 X의 폐집합이므로 C_2와 D_2는 X에서 폐집합이다. 따라서 Urysohn의 보조정리에 의하여 연속함수 $f_2: X \to [-\frac{2}{9}, \frac{2}{9}]$가 존재하여

$$f_2(x) = \begin{cases} -\frac{2}{9}, & x \in C_2 \\ \frac{2}{9}, & x \in D_2 \end{cases}$$

를 만족한다. 한편 각 $x \in A$에 대하여

$$|f(x) - (f_1(x) - f_2(x))| = |g_1(x) - f_2(x)| \le \frac{4}{9} = \left(\frac{2}{3}\right)^2$$

이 성립된다. 모든 $x \in A$ 에 대하여 $g_2 : A \to [-\frac{4}{9}, \frac{4}{9}]$ 을 $g_2(x) = g_1(x) - f_2(x)$ 로 정의하면 g_2 는 연속함수이다.

$$C_3 = g_2^{-1}([-\frac{4}{9}, -\frac{4}{27}])$$
$$D_3 = g_2^{-1}([\frac{4}{27}, \frac{4}{9}])$$

로 두면 C_3 와 D_3 는 X 의 서로소인 폐집합이다. Urysohn의 보조정리에 의하여 연속함수 $f_3 : X \to [-\frac{4}{27}, \frac{4}{27}]$ 가 존재하여

$$f_3(x) = \begin{cases} -\frac{4}{27}, & x \in C_3 \\ \frac{4}{27}, & x \in D_3 \end{cases}$$

를 만족한다. 귀납적 방법으로 계속하면 다음 성질을 만족하는 함수 $f_1, f_2, \cdots, f_n, \cdots$ 을 얻을 수 있다.

(1) 각 $n \in \mathbb{N}$ 에 대하여 $f_n : X \to [\frac{-(2^{n-1})}{3^n}, \frac{2^{n-1}}{3^n}]$ 이고

(2) 각 $x \in A$ 에 대하여 $|f(x) - \sum_{i=1}^{n} f_i(x)| \le \left(\frac{2}{3}\right)^n$ 이다.

급수 $\sum_{n=1}^{\infty} \frac{2^{n-1}}{3^n}$ 은 수렴하고 모든 $x \in A$ 에 대하여 $|f_n(x)| \le \frac{2^{n-1}}{3^n}$ 이므로 급수 $\sum_{n=1}^{\infty} f_n(x)$ 는 구간 $[-\sum_{n=1}^{\infty} \frac{2^{n-1}}{3^n}, \sum_{n=1}^{\infty} \frac{2^{n-1}}{3^n}] = [-1, 1]$ 의 한 수로 수렴한다. 따라서 $F : X \to [-1, 1]$ 를 $F(x) = \sum_{n=1}^{\infty} f_n(x)$ 로 정의한다. 각 $x \in A$ 에 대하여

$$|f(x) - \sum_{i=1}^{n} f_i(x)| \le \left(\frac{2}{3}\right)^n$$

이므로 $\lim_{n \to \infty} |f(x) - \sum_{i=1}^{n} f_i(x)| = |f(x) - F(x)| = 0$ 이다. 즉 $x \in A$ 에 대하여 $F(x) = f(x)$ 이다.

다음으로 함수 F 가 연속임을 증명하자. $x \in X$ 이고 $\varepsilon > 0$ 이라 하자. 자연수 N 이 존재하여

$$\sum_{n=N+1}^{\infty}\left(\frac{2}{3}\right)^n < \frac{\varepsilon}{2}$$

를 만족한다. 각 $i=1,2,\cdots,N$에 대하여 각 함수 f_i는 연속이다. 따라서 x의 근방 U_i가 존재하여 $f_i(U_i)\subset\left(f_i(x)-\frac{\varepsilon}{2N},\ f_i(x)+\frac{\varepsilon}{2N}\right)$ 를 만족한다. $U=\bigcap_{i=1}^{N}U_i$라 두면 U는 x의 근방이고

$$F(U)\subset(F(x)-\varepsilon, F(x)+\varepsilon)$$

을 만족한다. 왜냐하면 각 $y\in U$에 대하여

$$\begin{aligned}|F(x)-F(y)| &= \left|\sum_{i=1}^{\infty}f_i(x)-\sum_{i=1}^{\infty}f_i(y)\right| \\ &\le \sum_{i=1}^{N}|f_i(x)-f_i(y)|+\sum_{i=N+1}^{\infty}|f_i(x)-f_i(y)| \\ &< N\cdot\frac{\varepsilon}{2N}+\sum_{i=N+1}^{\infty}\left(\frac{2}{3}\right)^i<\frac{\varepsilon}{2}+\frac{\varepsilon}{2}=\varepsilon\end{aligned}$$

이다. 따라서 F는 연속이다.

($\Leftarrow$): C와 D를 X의 서로소인 폐집합이라 하자. $A=C\cup D$라 두면 A는 폐집합이고, 함수

$$f:A\to[-1,1],\quad f(x)=\begin{cases}-1, & x\in C\\ 1, & x\in D\end{cases}$$

는 연속이므로 가정에 의하여 f의 확장함수 $F:X\to[-1,1]$이 존재한다. 그러므로 Urysohn의 보조정리에 의하여 $(X,\mathfrak{T})$는 정규공간이다. □

정리 5.5.5

(Tietze의 확장정리) $(X,\mathfrak{T})$를 T_1공간이라 하자. $(X,\mathfrak{T})$가 정규공간일 필요충분조건은 A가 X의 폐집합이고 $f:A\to\mathbb{R}$가 연속함수라 하면, 연속함수 $F:X\to\mathbb{R}$가 존재하여 $F|_A=f$이다.

증 명 ($\Rightarrow$) A는 X의 폐집합이고 $f:A\to\mathbb{R}$를 연속함수라 가정하자. $h:\mathbb{R}\to(-1,1)$를 한 위상동형함수라 하면 $h\circ f:A\to[-1,1]$는 연속이다. 따

라서 [정리 5.5.4]에 의하여 확장함수 $G: X \to [-1,1]$를 가진다.

$$B = G^{-1}(\{1\})$$

이라 두면 $A \cap B = \varnothing$ 이다. 왜냐하면 임의의 $a \in A$ 에 대하여 $G(a) = h(f(a)) \in (-1,1)$ 이므로 $G(a) \neq 1$ 이다. 그러므로 $a \notin B$ 이다.
Urysohn의 보조정리에 의하여, 연속함수 $g: X \to [0,1]$가 존재하여

$$g(x) = \begin{cases} 0, & x \in B \\ 1, & x \in A \end{cases}$$

을 만족한다. 그러면 각 $x \in X$ 에 대하여 $g(x) \cdot G(x) \in (-1,1)$ 이다. 왜냐하면, $G(x) = 1$ 이면 $x \in B$ 이고, 따라서 $g(x) = 0$ 이다.
$g(x) = 1$ 이면 $g(x) \cdot G(x) = G(x) = h \circ f(x) \in (-1,1)$ 이다.
한편 $F: X \to \mathbb{R}$ 를 $F(x) = h^{-1}(g(x) \cdot G(x))$ 로 정의하면 F 는 연속이고 각 $a \in A$ 에 대하여

$$F(a) = h^{-1}(g(a) \cdot G(a)) = h^{-1}(1 \cdot G(a)) = h^{-1}(h \circ f)(a) = f(a)$$

이다. 따라서 F 는 f 의 확장함수이다.
($\Leftarrow$) C 와 D 를 서로소인 폐집합이라 하고 $A = C \cup D$ 라 하면

$$f: A \to [-1,1], \quad f(x) = \begin{cases} -1, & x \in C \\ 1, & x \in D \end{cases}$$

는 연속함수이다. 따라서 함수 $g: A \to \mathbb{R}$, $g(x) = f(x)$ 도 연속함수이다. 가정에 의하여 함수 $F: X \to \mathbb{R}$ 가 존재하여 $F|_A = g$ 이다.

$$U = F^{-1}(-\infty, 0)$$
$$V = F^{-1}(0, \infty)$$

라 두면 U 와 V 는 서로소인 개집합이고, $C \subset U$, $D \subset V$ 이다.
따라서 $(X, \mathfrak{T})$ 는 정규공간이다. □

제6장 연결성(Connectedness)

§6.1 연결공간

정의 6.1.1 $(X, \mathfrak{T})$를 위상공간이라 하자. 공집합이 아닌 X의 개집합의 한 쌍 U, V가 X의 **분리**(separation)라 함은 $U \cap V = \varnothing$이고 $X = U \cup V$가 성립할 때이다. 공간 X가 **비연결공간**(disconnected space)이라 함은 X의 한 분리 U, V가 존재할 때이다. 비연결공간이 아닌 X를 **연결공간**(connected space)이라 한다.

위상공간 $(X, \mathfrak{T})$의 한 부분집합 Y가, 부분공간 $(Y, \mathfrak{T}_Y)$으로서 연결공간 일 때 Y를 연결공간이라 한다.

정리 6.1.1

위상공간 $(X, \mathfrak{T})$가 연결공간일 필요충분조건은 $\{A \subset X \mid A$는 개집합이고 폐집합$\} = \{\varnothing, X\}$일 때이다.

증 명 ($\Rightarrow$) $(X, \mathfrak{T})$가 연결공간이라 하자. A를 개집합이고 폐집합으로서 $A \not\in \{\varnothing, X\}$라 가정하고 $B = X - A$ 라 두면 B는 공집합이 아닌 개집합이 되고, A와 B는 X의 한 분리가 된다. 이는 X가 연결공간이라는 사실과 모순이다.

($\Leftarrow$) $\{A \subset X \mid A$는 개집합이고 폐집합$\} = \{\varnothing, X\}$이라 하자. X를 비연결공간이라 가정하면 적당한 분리 U와 V가 존재한다. 분리의 정의에 의하여 $U \neq \varnothing \neq V$, $U \cap V = \varnothing$, $X = U \cup V$이므로 U는 개집합이고 폐집합이면서 $U \not\in \{\varnothing, X\}$이다. 따라서 이는 $\{A \mid A$는 개집합이고 폐집합이다$\} = \{\varnothing, X\}$

에 모순이다. □

예제 6.1.1 $X=\{a, b, c\}$라 하고 $\mathfrak{T}=\{\varnothing, X, \{a, b\}, \{c\}\}$라 하면 $(X, \mathfrak{T})$는 비연결공간이다. $U=\{a, b\}$, $V=\{c\}$라 두면 U, V는 X의 한 분리가 된다.

예제 6.1.2 한 집합 X를 두 개 이상의 원소를 포함하는 임의의 집합이라 하면 이산위상공간 $(X, \mathscr{D})$는 비연결공간이다.

예제 6.1.3 임의의 집합 X에서 비이산위상공간 $(X, \mathscr{I})$는 연결공간이다.

예제 6.1.4 $X=\{a, b, c\}$, $\mathfrak{T}=\{\varnothing, X, \{a\}, \{a, b\}\}$이면 $(X, \mathfrak{T})$는 연결공간이다.

정의 6.1.2 $(X, \mathfrak{T})$를 한 위상공간이라 하고 A와 B를 X의 부분집합이라 하자. A와 B가 X에서 **분리된다**(separate)라 함은 $\overline{A}\cap B=\varnothing=A\cap\overline{B}$일 때이다. 이때, A, B를 **분리된 집합들**이라고 한다. A와 B가 X에서 분리되고 $X=A\cup B$이면, A와 B는 X의 **분리를 이룬다**(form a separation)라고 말한다.

예제 6.1.5 위상공간 $(X, \mathfrak{T})$에서 $\varnothing$과 X는 X에서 분리된다.

예제 6.1.6 보통실수공간 $(\mathbb{R}, \mathscr{U})$에서 $A=(0,1)$, $B=(1,3)$이라 하면 $\overline{A}\cap B=[0, 1]\cap(1,3)=\varnothing$, $A\cap\overline{B}=(0, 1)\cap[1, 3]=\varnothing$이므로 집합 A와 B는 $\mathbb{R}$에서 분리된다.

정리 6.1.2

위상공간 $(X, \mathfrak{T})$가 비연결공간일 필요충분조건은 공집합이 아닌 두 집합 A, B가 X의 분리를 이룬다.

증 명 (⇒) $(X, \mathfrak{T})$를 비연결공간이라 하면 한 분리 U, V가 존재한다. U와 V는 공집합이 아닌 개집합으로서 $U \cap X = \varnothing$이고 $X = U \cup V$이므로, U, V는 폐집합이다. 따라서

$$\overline{U} \cap V = U \cap \overline{V} = U \cap V = \varnothing$$

이다. 그러므로 U와 V는 X의 분리를 이룬다.

(⇐) 공집합이 아닌 A, B가 X의 분리를 이룬다고 하자. 즉, $X = A \cup B$이고 $\overline{A} \cap B = A \cap \overline{B} = \varnothing$이다. 따라서 $X = \overline{A} \cup B$이고 $\overline{A} \cap B = \varnothing$이므로, $\overline{A} = B^c$이다. 또한 $B^c \subset A$ 이므로

$$\overline{A} = B^c \subset A$$

이다. 따라서 A는 폐집합이다. 마찬가지로 B도 폐집합이다. 따라서

$A \cap B \subseteq \overline{A} \cap B = A \cap \overline{B} = \varnothing$ 이다. 그러므로 A, B는 X의 한 분리가 된다. □

정리 6.1.3

$(X, \mathfrak{T})$를 위상공간이라하고 Y를 X의 한 부분집합이라 하자. Y가 비연결공간일 필요충분조건은 X에서 공집합이 아닌 분리된 집합 A, B가 존재하여 $Y = A \cup B$가 된다.

증 명 (⇒) Y가 비연결공간이라 하자. $(Y, \mathfrak{T}_Y)$가 비연결공간이므로 Y에서 분리된 집합 A, B가 존재하여 $Y = A \cup B$가 된다. 즉, $A \neq \varnothing \neq B$, $A \cap \overline{B}^Y = \varnothing$. $\overline{A}^Y \cap B = \varnothing$, $Y = A \cup B$이다. (여기서 $\overline{A}^Y$, $\overline{B}^Y$는 $(Y, \mathfrak{T}_Y)$에서 폐포를 나타낸다.) 한편

$$\overline{A}^Y = \overline{A} \cap Y, \quad \overline{B}^Y = \overline{B} \cap Y$$

이므로

$$\varnothing = A \cap \overline{B}^Y = A \cap (\overline{B} \cap Y) = \overline{B} \cap (A \cap Y) = \overline{B} \cap A$$

$$\varnothing = \overline{A}^Y \cap B = (\overline{A} \cap Y) \cap B = \overline{A} \cap (Y \cap B) = \overline{A} \cap B$$

가 된다. 따라서 A와 B는 X에서 분리된 집합들이다.

(⇐) Y가 X에서 공집합이 아닌 분리된 집합 A와 B의 합집합이라 하자. 즉

$$A \neq \varnothing \neq B,\ A \cap \overline{B} = \varnothing,\ \overline{A} \cap B = \varnothing,\ Y = A \cup B$$

이라 하자. $\overline{A}^{Y} = \overline{A} \cap Y$, $\overline{B}^{Y} = \overline{B} \cap Y$이므로

$$A \cap \overline{B}^{Y} = A \cap (\overline{B} \cap Y) = (A \cap Y) \cap \overline{B} = A \cap \overline{B} = \varnothing$$

$$\overline{A}^{Y} \cap B = (\overline{A} \cap Y) \cap B = \overline{A} \cap (Y \cap B) = \overline{A} \cap B = \varnothing$$

가 되어서 A와 B는 $(Y, \mathfrak{T}_Y)$에서 분리된 집합들이다. $A \neq \varnothing \neq B$이고 $Y = A \cup B$이므로 [정리 6.1.2]에 의하여 $(Y, \mathfrak{T}_Y)$는 비연결공간이다. □

예제 6.1.7 보통평면공간 $(\mathbb{R}^2, \mathcal{U})$에서

$$A = \{(0, y) \mid -1 \leq y \leq 1\}$$

$$B = \left\{(x, y) \mid y = \sin\frac{1}{x},\ 0 < x \leq 1\right\}$$

이라 두면

$$A \cap \overline{B} = A,\ \overline{A} \cap B = \varnothing$$

이다. 따라서 A와 B는 $(\mathbb{R}^2, \mathcal{U})$에서 분리된 집합들이 아니다. $Y = A \cup B$라 두면 Y가 연결공간이 됨을 알 수 있다.

예제 6.1.8 보통실수공간 $(\mathbb{R}, \mathcal{U})$는 연결공간이다. $(\mathbb{R}, \mathcal{U})$를 연결공간이 아니라 가정하자. U, V를 $\mathbb{R}$의 분리라 하면 U와 V는 개집합이고 또한 폐집합이다. 임의로 $a \in U$와 $b \in V$를 택하고 일관성을 잃지 않고 $a < b$라 가정하자. $W = U \cap [a, b]$라 하면 W는 $\mathbb{R}$에서 유계임으로 최소상계 c를 갖는다. W는 폐집합이므로 $c \in W$이다. 한편 $W \cap V = \varnothing$이므로 $c \notin V$이다. 그러므로 $c \neq b$이다. $c = \sup W$이므로 $(c, b] \subset V$이다. 따라서 $\overline{(c, b]} = [c, b] \subset \overline{V} = V$이다. 즉, $c \in V$이다. 그러므로 $c \in U \cap V$이고 이는 $U \cap V = \varnothing$에 모순이다. □

정리 6.1.4

연결공간의 연속함수에 의한 상은 또한 연결공간이다.

증 명 위상공간 $[X, \mathfrak{T})$를 연결공간, $(Y, \mathfrak{T}')$를 한 위상공간, $f: X \to Y$를 연속함수라 하자. $f(X)$를 Y의 부분공간으로 생각하여 연결공간임을 보이면 된다. 함수 f의 보역을 축소한 함수 $f: X \to f(X)$도 연속이다. 만약 $f(X)$가 연결공간이 아니라고 가정하면 $f(X)$에서 한 분리 U, V가 존재한다. 즉 U와 V는 서로소인 $f(X)$에서 개집합으로

$$f(X) = U \cup V$$

이다. $G = f^{-1}(U)$, $H = f^{-1}(V)$라 두면 G와 H는 X의 공집합이 아닌 개집합으로

(1) $G \cap H = \varnothing$

(2) $G \cup H = f^{-1}(U) \cup f^{-1}(V) = f^{-1}(U \cup V) = f^{-1}(f(X)) = X$

이다. 즉 G, H는 X의 한 분리가 된다. 이는 $(X, \mathfrak{T})$가 연결공간이라는 것에 모순이다. 그러므로 $f(X)$는 연결공간이다. □

$\{0,1\}$을 실직선 $(\mathbb{R}, \mathscr{U})$의 부분공간이라 생각하면 $\{0,1\}$은 이산공간이 된다.

정리 6.1.5

위상공간 $(X, \mathfrak{T})$이 연결공간일 필요충분조건은 임의의 연속함수 $f: X \to \{0,1\}$는 상수함수이다.

증 명 $(\Rightarrow)$ X가 연결공간이면 연속함수의 상 $f(X)$도 또한 연결공간이다. 그러나 $\{0,1\}$은 이산공간이므로 연결공간이 아니다. 그러므로 $f(X) \subsetneq \{0,1\}$이다. 즉 $f(X) = 0$ 또는 $f(X) = 1$이 되어야 하므로 f는 상수함수이다.

$(\Leftarrow)$ $(X, \mathfrak{T})$가 연결공간이 아니라고 가정하고, U, V를 X의 한 분리라고 하자. 함수 $f: X \to \{0,1\}$을

$$f(x) = \begin{cases} 0, & x \in U \\ 1, & x \in V \end{cases}$$

라고 정의하면 f는 연속함수로서, $f(X) = \{0,1\}$이 되어 상수함수가 아니다. 따라서 가정에 모순이다. 즉 $(X, \mathfrak{T})$는 연결공간이 되어야 한다. □

정리 6.1.6

$(X, \mathfrak{T})$는 위상공간이고 U와 V를 X의 한 분리라 하자. Y가 X의 연결 부분집합이면, $Y \subset U$ 또는 $Y \subset V$이다.

증 명 $U \in \mathfrak{T}$ 이고 $V \in \mathfrak{T}$ 이므로 $U \cap Y, V \cap Y \in \mathfrak{T}_Y$ 이다. 만약 $U \cap Y \neq \varnothing$ 이고 $V \cap Y \neq \varnothing$ 라면 $U \cap Y, V \cap Y$는 $(Y, \mathfrak{T}_Y)$의 한 분리가 된다. 따라서 $U \cap Y = \varnothing$ 이거나 $V \cap Y = \varnothing$ 이다. 그러므로 $Y \subset U^c = V$ 이거나 $Y \subset V^c = U$ 이다. □

정리 6.1.7

위상공간 $(X, \mathfrak{T})$에서 A와 B를 연결집합이라 하고 $A \cap B \neq \varnothing$ 이면 $A \cup B$는 연결집합이다.

증 명 A와 B를 연결집합이라 하고 $A \cap B \neq \varnothing$ 라 하자. $Y = A \cup B$ 라 하면 A와 B는 부분공간 Y에서도 연결집합이다. 만약 Y가 연결공간이 아니라고 하면 Y의 한 분리 G, H가 존재한다. 앞의 정리에 의하여 $A \subset G$ 이거나 $A \subset H$ 이다. 마찬가지로 $B \subset G$ 이거나 $B \subset H$ 이다.
$Y = A \cup B \subset G$ 이거나 $Y = A \cup B \subset H$ 가 될 수 없으므로

$$A \subset G,\ B \subset H \text{ 이거나 } A \subset H,\ B \subset G$$

가 될 수 밖에 없다. $A \subset G, B \subset H$ 라 하면

$$A \cap B \subset G \cap H \text{ 이고 } G \cap H = \varnothing$$

이다. 따라서 $A \cap B = \varnothing$ 이다. 그러므로 $A \cap B \neq \varnothing$ 이라는 가정에 모순이다. □

이를 일반화 하면

정리 6.1.8

$(X, \mathfrak{T})$를 위상공간이라 하고 족 $\{A_\alpha \mid \alpha \in J\}$를 X에서 한 연결집합들의 첨

수족이라 하자. 임의의 $\alpha, \beta \in J$에 대하여 $A_\alpha \cap A_\beta \neq \varnothing$ 이면 $\bigcup_{\alpha \in J} A_\alpha$는 X에서 연결집합이다.

증 명 $\{A_\alpha \mid \alpha \in J\}$를 X에서 한 연결집합들의 첨수족이라 하고 임의의 $\alpha, \beta \in J$에 대하여 $A_\alpha \cap A_\beta \neq \varnothing$ 이라 하자. $Y = \bigcup_{\alpha \in J} A_\alpha$ 라 두고 Y를 비연결공간이라 가정하면 Y의 한 분리 G, H가 존재한다. 각 $\alpha \in J$에 대하여 A_α는 Y에서도 연결집합이므로 $A_\alpha \subset G$ 이거나 $A_\alpha \subset H$ 이다. $A_\alpha \subset G$ 라 하자. 임의의 $\beta \in J$에 대하여, $A_\alpha \cap A_\beta \neq \varnothing$ 이므로 $A_\alpha \cup A_\beta$도 또한 연결집합이다. 그러므로 $A_\alpha \cup A_\beta \subset G$ 이어야 한다. 따라서 $A_\beta \subset G$ 이다. 그러므로 $Y = \bigcup_{\alpha \in J} A_\alpha \subset G$ 이 성립한다. 한편 $Y = G \cup H$ 이고 $G \cap H = \varnothing$ 이므로, $Y \subset G$ 이면 $H = \varnothing$ 이 되어야 한다. 이는 H는 공집합이 아니라는 사실에 모순이다. □

정리 6.1.9

위상공간 $(X, \mathfrak{T})$에서 부분집합 A가 연결집합이면 $A \subset B \subset \overline{A}$를 만족하는 집합 B도 X에서 연결집합이다.

증 명 집합 B가 X에서 연결집합이 아니라고 가정하고 G, H을 B에서 한 분리라 하자. $A \subset B$ 이고 A는 연결집합이므로 $A \subset H$ 이거나 $A \subset G$ 이다. 일반성을 잃지 않고 $A \subset G$ 라 가정할 수 있다. 따라서 $\overline{A} \subset \overline{G}$ 이고, 가정에서 $B \subset \overline{A}$ 이므로

$$B \cap H \subset \overline{A} \cap H \subset \overline{G} \cap H = \varnothing$$

이다. 따라서 $B \cap H = \varnothing$ 이고 이는 H가 B의 공집합이 아닌 부분집합이라는 사실과 모순이다. 그러므로 집합 B는 연결집합이다. □

정리 6.1.10

연결공간들의 임의의 곱공간은 연결공간이다.

증 명 먼저 연결공간 X, Y의 곱공간 $X\times Y$가 연결공간이 됨을 보이자. $X\times Y$에서 기본이 되는 한 원소 (a, b)를 택하자.

$$H_b = X\times\{b\}$$

$$V_a = \{a\}\times Y$$

는 각각 X, Y와 위상동형이므로 연결공간이다.

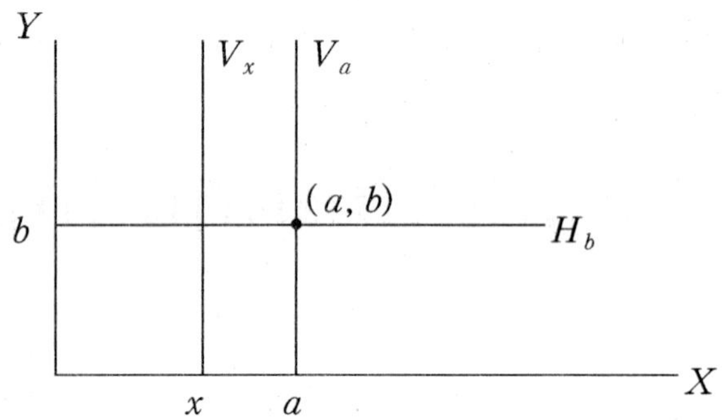

[그림 6.1.1]

한편, 임의의 $x\in X$에 대하여

$$T_x = H_b \cup V_x$$

라 두면, H_b와 V_x가 연결집합이고 $H_b\cap V_x \neq \varnothing$이므로 그 합집합인 T_x도 연결집합이다. 따라서

$$X\times Y = \bigcup_{x\in X} T_x$$

이고, 각 $x, y\in X$에 대하여 $T_x\cap T_y = H_b \neq \varnothing$이므로, [정리6.1.8]에 의하여 그 합집합인 $X\times Y$도 연결집합이다.

임의의 곱공간에 대하여 이 정리를 증명하여 보자. 먼저 $\{X_\alpha \mid \alpha\in J\}$를 연결공간들의 한 첨수족이라 하자. 그리고

$$X = \prod_{\alpha \in J} X_\alpha$$

라 두고 기본이 되는 한 원소 $b = (b_\alpha)_{\alpha \in J} \in X$ 를 택하자. 임의의 J 의 유한부분집합 $\{\alpha_1, \alpha_2, \cdots, \alpha_n\}$ 에 대하여

$$X(\alpha_1, \alpha_2, \cdots, \alpha_n) = \{(x_\alpha) \mid x_\alpha = b_\alpha,\ \alpha \notin \{\alpha_1, \alpha_2, \cdots, \alpha_n\}\}$$

라 두면 부분공간 $X(\alpha_1, \alpha_2, \cdots, \alpha_n)$은 $X_{\alpha_1} \times X_{\alpha_2} \times \cdots \times X_{\alpha_n}$과 위상동형이다. $X_{\alpha_1} \times X_{\alpha_2} \times \cdots \times X_{\alpha_n}$은 연결공간의 유한곱공간이므로 수학적 귀납법에 의하여 쉽게 연결공간이 됨을 알 수 있다. 그러므로 $X(\alpha_1, \alpha_2, \cdots, \alpha_n)$도 연결된다.

$$Y = \bigcup \{X(\alpha_1, \cdots, \alpha_n) \mid \{\alpha_1, \cdots, \alpha_n\}\text{은 } J\text{의 임의의 유한부분집합}\},$$

라 두면, $b \in \bigcap X(\alpha_1, \alpha_2, \cdots, \alpha_n)$이므로 Y는 연결된다.

마지막으로 Y가 X의 조밀부분집합임을 보이면 이 증명은 완성된다.

임의의 원소 $x = (x_\alpha) \in X$ 와 x 를 포함하는 기저의 원소를

$$U = \langle U_{\alpha_1}, U_{\alpha_2}, \cdots, U_{\alpha_n} \rangle$$

라 두자. 한 원소 $y = (y_\alpha)$를 다음과 같이 구성하면

$$y_\alpha = \begin{cases} x_\alpha, & \alpha \in \{\alpha_1, \alpha_2, \cdots, \alpha_n\} \\ b_\alpha, & \alpha \notin \{\alpha_1, \alpha_2, \cdots, \alpha_n\} \end{cases}$$

그러면 $y \in Y$ 이다. 왜냐하면 $y \in X(\alpha_1, \alpha_2, \cdots, \alpha_n)$이기 때문이다.

또한 $y \in U$ 이다. 왜냐하면 $\alpha \in \{\alpha_1, \alpha_2, \cdots, \alpha_n\}$ 에 대하여 $y_\alpha = x_\alpha \in U_\alpha$ 이고, $\alpha \notin \{\alpha_1, \alpha_2, \cdots, \alpha_n\}$ 에 대하여 $y_\alpha = b_\alpha \in X_\alpha$ 이기 때문이다.

그러므로 $U \cap Y \neq \varnothing$ 이다. 즉, $x \in \overline{Y}$ 이다. □

수직선 $(\mathbb{R}, \mathscr{U})$에서 연결집합을 살펴보자.

정리 6.1.11

A를 두 원소 이상을 갖는 $(\mathbb{R}, \mathscr{U})$의 한 부분공간이라 하자. A가 $(\mathbb{R}, \mathscr{U})$에서 연결집합이기 위한 필요충분조건은 A는 한 구간이다.

증 명 (⇒) A가 $(\mathbb{R}, \mathscr{U})$에서 연결집합이라 하자. 만약 A가 $(\mathbb{R}, \mathscr{U})$에서 구간이 아니라고 하면 적당한 a, b, c가 존재하여

$$a, b \in A,\ \ a < b,\ \ a < c < b,\ \ c \notin A$$

를 만족하여야 한다.

$$U = (-\infty,\ c) \cap A$$
$$V = (c,\ \infty) \cap A$$

라 두면 U, V는 A의 한 분리가 된다. 이는 A가 연결집합이라는 사실에 모순이다. 그러므로 A는 한 구간이 될 수 밖에 없다.

역으로 A를 한 구간이라고 하자. 만약 A가 연결집합이 아니라고 가정하면 한 A의 한 분리 G, H가 존재하여야 한다. 즉 A의 공집합이 아닌 서로소인 개집합 G, H가 존재하여 $A = G \cup H$이어야 한다. $a \in G,\ b \in H$를 택하고 $a < b$라 가정하자.

$$c = \text{lub}\{x \mid [a, x) \subset G\}$$

라 두면, $b \in H$이므로 $c \le b$이다. A가 구간이고 $a, b \in A,\ a < b$ 이므로 $c \in A$이다. 또한 G는 A에서 폐집합이므로 $c \in G$이다. 한편 G가 A에서 개집합이고 A가 구간이므로 적당한 $\varepsilon > 0$이 존재하여

$$a < c - \varepsilon < c + \varepsilon < b \text{이고 } (c - \varepsilon,\ c + \varepsilon) \subset G$$

되게 할 수 있다. 이는 c의 정의에 모순된다. 따라서 A는 연결집합이어야 한다. □

정리 6.1.12

중간값의 정리(Intermediate Value Theorem)

$(X, \mathfrak{T})$를 한 연결공간이라 하고 함수 $f : X \to \mathbb{R}$을 연속이라 하자.
임의의 $a, b \in X$에 대하여 $f(a) < f(b)$이고, 만약 $y \in (f(a), f(b))$라면 적당한 $x \in X$가 존재하여 $f(x) = y$ 를 만족한다.

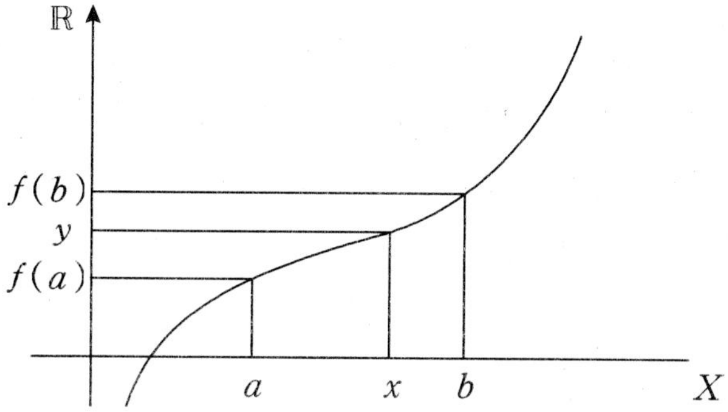

[그림 6.1.2]

증 명 결론을 부정하여 $y \in (f(a), f(b))$가 존재하여 $y \notin f(X)$를 만족한다고 하자.

$$G = (-\infty, y) \cap f(X)$$
$$H = (y, \infty) \cap f(X)$$

라 두면 G와 H는 $f(X)$에서 서로소인 개집합이고

$$f(a) \in (-\infty, y) \cap f(X) = G$$
$$f(b) = (y, \infty) \cap f(X) = H$$

이므로 G, H는 $f(X)$의 한 분리가 된다. 한편 X가 연결공간이고 f가 연속이므로 $f(X)$는 연결공간이어야 한다. 따라서 G, H가 $f(X)$의 분리라는 것은 $f(X)$가 연결공간이라는 사실에 모순이다. □

정리 6.1.13

고정점정리(Fixed Point Theorem)

폐구간 $I = [0, 1]$에 대하여 한 함수 $f : I \to I$이 연속함수이면 $f(a) = a$인 원소 $a \in I$가 존재한다. (이때, a를 f의 한 **고정점**(fixed point)이라 한다.)

증 명 한 함수 $f : I \to I$를 연속이라 하고 f의 그래프를 G_f라 하자. 즉

$$G_f = \{(x, f(x)) \mid x \in I\}$$

만약 $f(0)=0$ 이거나 $f(1)=1$ 이면 0 또는 1 이 고정점이므로 정리는 만족한다. 따라서 $f(0)>0$ 이고 $f(1)<1$ 이라 하자.

함수 $F: I \to \mathbb{R}^2$ 를 $F(x)=(x, f(x))$ 로 정의하면 성분함수들이 연속이므로 F 도 또한 연속이다. 또한 $f(I)=G_f$ 이고, I 가 연결공간이므로 G_f 도 $\mathbb{R}^2$ 에서 연결집합이다.

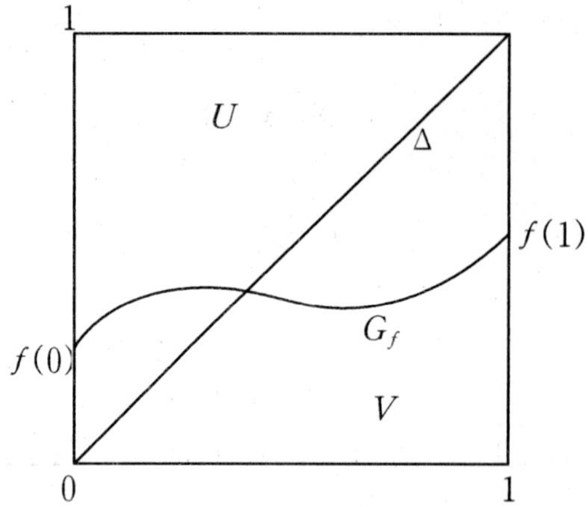

[그림 6.1.3]

$\Delta=\{(x, x) \mid x \in \mathbb{R}\}$ 이라 하면 $G_f \cap \Delta \neq \varnothing$ 이다. 만약 $G_f \cap \Delta = \varnothing$ 이면,

$$U=\{(x, y) \mid x<y\}$$
$$V=\{(x, y) \mid x>y\}$$

에 대하여

$$(U \cup V) \cap G_f = G_f$$

이다. 따라서

$$(U \cap G_f) \cup (V \cap G_f) = G_f$$

이다.

$$G = U \cap G_f$$
$$H = V \cap G_f$$

라 두면 G 와 H 는 G_f 에서 서로소인 개집합이고 $(0, f(0)) \in G$, $(1, f(1)) \in H$

이므로 $G \neq \varnothing \neq H$ 이다. 따라서 G, H는 G_f의 한 분리가 된다. 이는 G_f가 연결공간이라는 사실에 모순이다. 따라서 $G_f \cap \Delta \neq \varnothing$ 이다. $G_f \cap \Delta \neq \varnothing$ 이므로 적당한 원소 $a \in I$가 존재하여

$$(a, f(a)) \in G_f \text{이고} \quad (a, f(a)) \in \Delta$$

이다. 따라서 $(a, f(a)) \in \Delta$ 이므로 $a = f(a)$ 이다. □

정의 6.1.3 위상공간 $(X, \mathfrak{T})$가 **고정점성질**(fixed point property)을 갖는다 함은 임의의 연속함수에 대하여 $f(x) = x$ 인 $x \in X$가 존재하는 것이다.

예제 6.1.9 폐구간 $I = [0, 1]$은 고정점성질을 갖는다. ([정리 6.1.13] 참조)

정리 6.1.14

두 위상공간 $(X, \mathfrak{T})$, $(Y, \mathfrak{T}')$가 위상동형이고 한 공간 $(X, \mathfrak{T})$이 고정점성질을 가지면 $(Y, \mathfrak{T}')$도 고정점성질을 가진다.

증 명 함수 $h : X \to Y$를 위상동형함수라 하자. 임의의 연속 함수 $f : Y \to Y$에 대하여 함수

$$h^{-1} \circ f \circ h : X \to X$$

는 연속이다. $(X, \mathfrak{T})$가 고정점성질을 가지므로 적당한 원소 $a \in X$가 존재하여

$$(h^{-1} \circ f \circ h)(a) = a$$

를 만족한다. 양쪽에 함수 h를 취하면

$$h \circ (h^{-1} \circ f \circ h)(a) = h(a)$$

이다. 즉 $(f \circ h)(a) = f(h(a)) = h(a)$ 이다. 따라서 $h(a) = b$라 두면 $b \in Y$이고 $f(b) = b$가 되어서 Y는 고정점성질을 갖는다. □

정의 6.1.4 연결공간 $(X, \mathfrak{T})$의 한 점 p가 X의 **자른점**(cut point)이라 함은 $X - \{p\}$가 연결되지 않는다.

예제 6.1.10 $(\mathbb{R}, \mathscr{U})$에서 임의의 점 $t \in \mathbb{R}$는 자른점이다. 그러나 $(\mathbb{R}^2, \mathscr{U})$에서는 어떤 한 점도 자른점이 될 수 없다.

예제 6.1.11 다음 그림에서 점 p는 자른점이다.

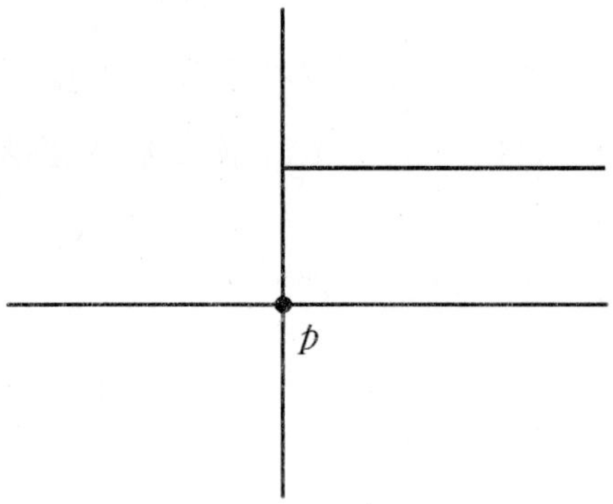

[그림 6.1.4]

정리 6.1.15

> 두 공간 $(X, \mathfrak{T})$, $(Y, \mathfrak{T}')$가 연결공간이고 위상동형함수 $f: X \to Y$에 대하여, 만약 한 점 p가 X의 자른점이면 $f(p)$는 Y의 자른점이다.

증 명 p를 X의 자른점이라 하면 $X - \{p\}$는 비연결공간이다.
U, V를 $X - \{p\}$의 한 분리라 하면 $f(U), f(V)$는 $Y - \{f(p)\}$의 한 분리가 됨을 쉽게 알 수 있다. 따라서 $f(p)$는 Y의 자른점이 된다. □

연습 문제 6.1

1. $\prod_{\alpha \in J} X_\alpha$ 가 연결공간이고 공집합이 아니면 각 X_α 도 연결공간임을 보여라.

2. $\{A_n \mid n \in \mathbb{N}\}$ 을 X 의 연결부분집합들의 첨수족이라 하고 각 $n \in \mathbb{N}$ 에 대하여 $A_n \cap A_{n+1} \neq \varnothing$ 이면 $\bigcup_{n \in \mathbb{N}} A_n$ 도 연결집합임을 보여라.

3. $\{A_\alpha \mid \alpha \in J\}$ 를 X 의 연결부분집합들의 첨수족이라 하고 A 를 X 의 한 연결부분집합으로서 모든 $\alpha \in J$ 에 대해서 $A \cap A_\alpha \neq \varnothing$ 이면 $A \cup (\bigcup_{\alpha \in J} A_\alpha)$ 도 연결이 됨을 보여라.

4. X 가 무한집합이고 $\mathfrak{T}$ 를 여유한위상이라 하면 $(X, \mathfrak{T})$ 는 연결공간임을 밝혀라.

5. 연결부분집합들은 모두가 단원집합인 공간을 우리는 **완전비연결공간**(totally disconnected space)이라 한다. X 가 유한집합으로서 Hausdorff 공간이면 X 가 완전비연결공간이 됨을 보여라.

6. $(X, \mathscr{D})$ 가 이산위상공간이면 X 가 완전비연결공간이다. 그러나 그 역이 성립할까?

7. 만약 $n > 1$ 이면 $\mathbb{R}^n$과 $\mathbb{R}$ 은 위상동형이 될 수 없다. 이를 밝혀라.

§6.2 길로연결공간

정의 6.2.1 위상공간 $(X, \mathfrak{T})$ 에서 길(path)이란 연속함수 $f : I \to X$ 를 의미한다. $a = f(0)$, $b = f(1)$ 라 할 때, f 를 a 에서 b 까지의 길(path from a to b)이라 말한다. 이때 $a = f(0)$ 를 f 의 **시작점**(initial point), $b = f(1)$ 을 **끝점**(terminal point)이라 하고 f 는 시작점 a 와 끝점 b 를 연결한다 라고 말한다.

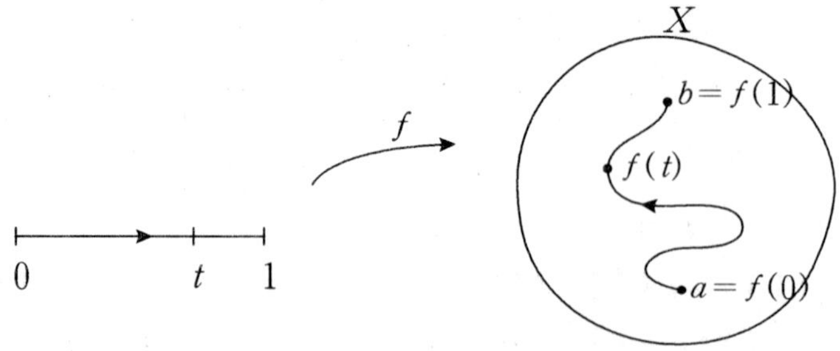

[그림 6.2.1]

예제 6.2.1 한 위상공간 $(X, \mathfrak{T})$ 에서 한 원소 $b \in X$ 에 대한 상수함수

$$C_b : I \to X, \quad C_b(x) = b, \quad {}^{\forall}x \in X$$

는 연속함수로서 X 위의 한 길이다. 이 길 C_b 를 **상수길**(constant path)이라 한다.

예제 6.2.2 한 함수 $f : I \to X$ 를 $f(0) = a$ 에서 $f(1) = b$ 까지의 길이라 하면

$$g : I \to X, \quad g(t) = f(1-t), \quad {}^{\forall}t \in I$$

는 연속함수로서 $g(0) = f(1) = b$ 에서 $g(1) = f(0) = a$ 까지의 길이다.
이때 g 를 f 의 **반대길**(reverse path)이라 한다.

정의 6.2.2 위상공간 $(X, \mathfrak{T})$ 를 **길로연결공간**(pathwise connected space, path connected space)이라 함은 임의의 원소 $a, b \in X$ 에 대하여 a 에서 b 까지의 한 길 $f : I \to X$ 이 존재하는 것이다.

X의 한 부분집합 Y가 **길로연결집합**(pathwise connected set)이란 부분공간 $(Y, \mathfrak{T}_Y)$가 길로연결공간 임을 의미한다.

연결성과 길로연결성 사이의 관계는 다음과 같다.

정리 6.2.1

길로연결공간은 연결공간이다.

증 명 위상공간 $(X, \mathfrak{T})$를 길로연결공간이라 하고 한 원소 $x_0 \in X$를 고정하자. X가 길로연결공간이므로 임의의 $x \in X$에 대하여 한 길 $f_x : I \to X$가 존재하여 $f(0) = x_0$, $f(1) = x$를 만족한다.

한편 I는 연결공간이고 f_x는 연속함수이므로 $f_x(I) \subset X$는 연결집합이다. $x \in f_x(I)$이고 $f_x(I) \subset X$이므로

$$X = \bigcup_{x \in X} f_x(I)$$

$$x_0 \in \bigcap_{x \in X} f_x(I) \ (\neq \varnothing)$$

를 만족하므로 [정리6.1.8]에 의하여 X는 연결공간이다. □

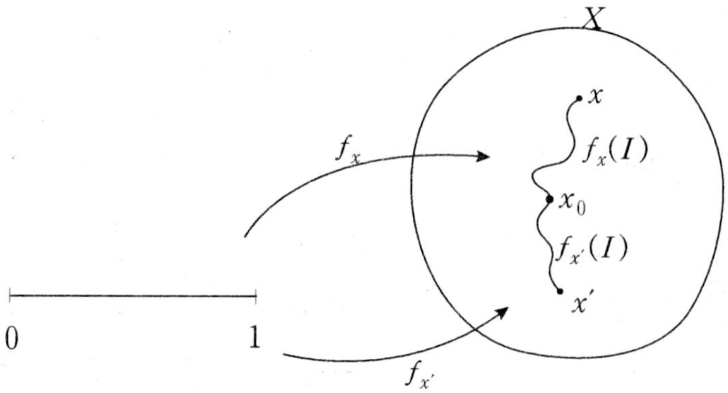

[그림 6.2.2]

예제 6.2.3 위상공간 $(\mathbb{R}^n, \mathscr{U})$에서 **단위공**(unit ball)을 다음과 같이 정의한다.

$$B^n = \{x \in \mathbb{R}^n \mid \|x\| \leq 1\}$$

여기서, $\| x \| = \| (x_1, x_2, \cdots, x_n) \| = (x_1{}^2 + x_2{}^2 + \cdots + x_n{}^2)^{\frac{1}{2}}$.

단위공 B^n은 길로연결집합이다. 임의의 $x, y \in B^n$에 대하여 직선길 $f: I \to \mathbb{R}^n$, $f(t) = (1-t)x + ty$, $^\forall t \in I$은 연속이고 $f(I) \subset B^n$이다. 왜냐하면, $x, y \in B^n$, $t \in I$

$$\| f(t) \| \le (1-t) \| x \| + t \| y \| \le (1-t) \cdot 1 + t \cdot 1 = 1$$

이기 때문이다. 마찬가지로 ε-개근방 $B_d(x, \varepsilon)$과 그의 폐포 $\overline{B_d}(x, \varepsilon)$도 길로연결집합이다.

정리 6.2.2

함수 $f: I \to X$를 a에서 b까지의 길, 함수 $g: I \to X$를 b에서 c까지의 길이라 하면, 다음과 같이 정의된 함수 $f * g: I \to X$,

$$(f * g)(t) = \begin{cases} f(2t), & 0 \le t \le \frac{1}{2} \\ g(2t-1), & \frac{1}{2} \le t \le 1 \end{cases}$$

는 a에서 c까지의 길이다.

증 명

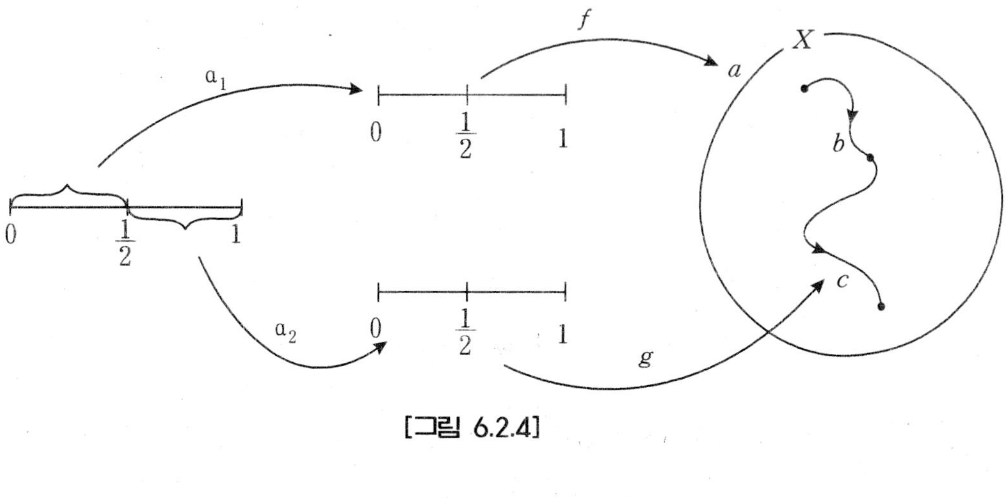

[그림 6.2.4]

위 [그림6.2.4]와 같이 두 함수 $\alpha_1:[0,\frac{1}{2}]\to[0,1]$, $\alpha_2:[\frac{1}{2},1]\to[0,1]$을 다음과 같이 정의하면

$$\alpha_1(t)=2t, \qquad \forall t\in[0,\frac{1}{2}]$$

$$\alpha_2(t)=2t-1, \quad \forall t\in[\frac{1}{2},1]$$

두 함수 α_1, α_2는 연속이다. 따라서 f, g이 연속이므로 합성함수 $f\circ\alpha_1$, $g\circ\alpha_2$도 연속이고

$$f\circ\alpha_1:[0,\frac{1}{2}]\to X,\ (f\circ\alpha_1)(t)=f(\alpha_1(t))=f(2t)$$

$$g\circ\alpha_2:[\frac{1}{2},1]\to X,\ (g\circ\alpha_2)(t)=g(\alpha_2(t))=g(2t-1)$$

이 된다. 한편 두 집합 $[0,\frac{1}{2}]$, $[\frac{1}{2},1]$은 $[0,1]$에서 폐집합들이고 공통부분의 원소 $\frac{1}{2}\in[0,\frac{1}{2}]\cap[\frac{1}{2},1]$에 대하여

$$(f\circ\alpha_1)(\frac{1}{2})=f(\alpha_1(\frac{1}{2}))=f(1)=b$$

$$(g\circ\alpha_2)(\frac{1}{2})=g(\alpha_2(\frac{1}{2}))=g(0)=b$$

이므로, 함수 $f*g:[0,1]\to X$,

$$(f*g)(t)=\begin{cases}(f\circ\alpha_1)(t)=f(2t), & t\in[0,\frac{1}{2}]\\ (g\circ\alpha_2)(t)=g(2t-1), & t\in[\frac{1}{2},1]\end{cases}$$

는 연속이고,

$$(f*g)(0)=(f\circ\alpha_1)(0)=f(\alpha_1(0))=f(0)=a$$

$$(f*g)(1)=(g\circ\alpha_2)(1)=g(\alpha_2(1))=g(1)=c$$

이므로 함수 $f*g$는 a에서 c까지의 길이다. □

예제 6.2.4 만약, $n>1$이면 구멍이 뚫린 유클리드 공간 $\mathbb{R}^n-\{0\}$(여기서, 0는 $\mathbb{R}^n$에서 원점을 나타낸다.)은 길로연결이다.

증 명

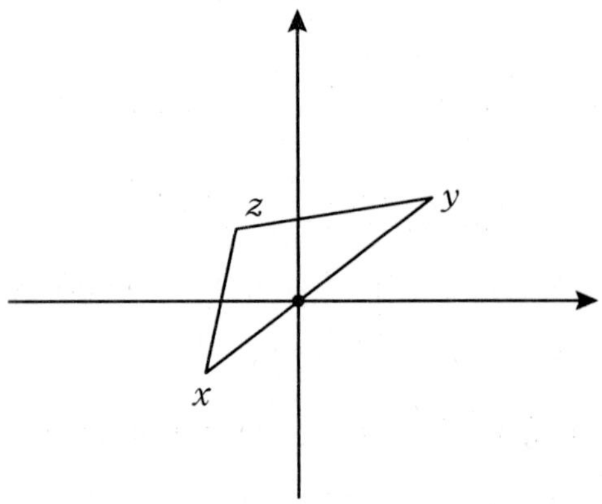

[그림 6.2.3]

임의의 $x, y \in \mathbb{R}^n - \{0\}$에 대하여, x에서 y까지의 직선길이 원점을 지나지 않으면 x, y를 그 직선길로 연결한다. 만약 x, y를 잇는 직선길이 원점을 지나면 직선길 위에 있지 않는 한 점 z를 택하고 x와 z를 지나는 직선길과 z와 y를 지나는 직선길의 꺾은 길을 얻을 수 있고, 이는 x와 y를 잇는 $\mathbb{R}^n - \{0\}$에서의 한 길이 된다.

위 예제를 일반화하여, A를 $\mathbb{R}^n$의 가산부분집합이라 할 때, 만약 $n > 1$이면 $\mathbb{R}^n - A$도 길로연결이다.

정리 6.2.3

길로연결공간의 연속함수에 의한 상은 또한 길로연결이다.

증 명 공간 $(X, \mathfrak{T})$를 길로연결공간, $f: X \to Y$를 연속함수라 하자. 임의의 두 점 $y, y' \in f(X)$에 대하여 적당한 원소 $x, x' \in X$가 존재하여 $f(x) = y$, $f(x') = y'$가 성립된다. X가 길로연결이므로 한 길 $g: I \to X$가 존재하여 $g(0) = x$, $g(1) = x'$가 성립된다. f와 g가 연속함수이므로 $f \circ g: I \to Y$도

또한 연속이고,

$$(f\circ g)(0)=f(g(0))=f(x)=y$$
$$(f\circ g)(1)=f(g(1))=f(x')=y'$$

를 만족하므로 $f\circ g$는 y와 y'를 잇는 한 길이 된다. 따라서 Y는 길로연결이다. □

예제 6.2.5 위상공간 $(\mathbb{R}^n, \mathscr{U})$에서 **단위구면**(unit sphere) S^{n-1}을 다음과 같이 정의하자.

$$S^{n-1}=\{x\in\mathbb{R}^n \mid \|x\|=1\}$$

만약 $n>1$이면 S^{n-1}은 길로연결이다. 왜냐하면,

함수 $g:\mathbb{R}^n-\{0\}\to S^{n-1}$, $g(x)=\dfrac{x}{\|x\|}$는 연속이고 위로함수이다.

한편, 길로연결공간의 연속함수의 상이 다시 길로연결공간이 됨[정리6.2.2]을 보임으로서 $g(\mathbb{R}^n-\{0\})=S^{n-1}$이 길로연결공간이 됨을 알 수 있다.

정리 6.2.4

족 $\{P_\alpha \mid \alpha\in J\}$를 X의 길로연결집합의 한 첨수족이라 하고,
만약 $\bigcap_{\alpha\in J}P_\alpha\neq\varnothing$이면, $\bigcup_{\alpha\in J}P_\alpha$은 길로연결이다.

증 명 임의의 두 원소 $a, b\in\bigcup_{\alpha\in J}P_\alpha$에 대하여, 적당한 $\alpha,\beta\in J$가 존재하여 $a\in P_\alpha$이고 $b\in P_\beta$를 만족한다. $\bigcap_{\alpha\in J}P_\alpha\neq\varnothing$이므로 한 점 $p\in\bigcup_{\alpha\in J}P_\alpha$를 취하면 $p\in P_\alpha$이고 $p\in P_\beta$이다. P_α, P_β는 X의 길로연결집합이므로 연속함수 $f, g:I\to X$가 존재하여

$$f(0)=a,\ f(1)=p,\ f(I)\subset P_\alpha$$
$$g(0)=p,\ g(1)=b,\ g(I)\subset P_\beta$$

를 만족한다. 따라서 $f*g:I\to X$는 연속이고

$$(f*g)(0)=f(0)=a$$
$$(f*g)(1)=g(1)=b$$

$$(f*g)(I)\subset P_\alpha\cup P_\beta\subset\bigcup_{\alpha\in J}P_\alpha$$

를 만족하므로 연속함수 $f*g$ 는 $\bigcup_{\alpha\in J}P_\alpha$ 에서 a 와 b 를 잇는 한 길이다. 따라서 $\bigcup_{\alpha\in J}P_\alpha$ 는 X 의 한 길로연결집합이다. □

일반적으로 연결집합이 길로연결집합은 아니다.

예제 6.2.6 집합 K 를 $\left\{\frac{1}{n}\mid n\in\mathbb{N}\right\}$ 이라 두고, $\mathbb{R}^2$ 의 부분집합 C 를 다음과 같이 정의하자.

$$C=([0,1]\times\{0\})\cup(K\times[0,1])\cup(\{0\}\times[0,1])$$

보통공간 $(\mathbb{R}^2, \mathscr{U})$ 의 부분공간 C 를 **빗공간**(comb space)이라고 부른다. ([그림 6.2.5] 참조)

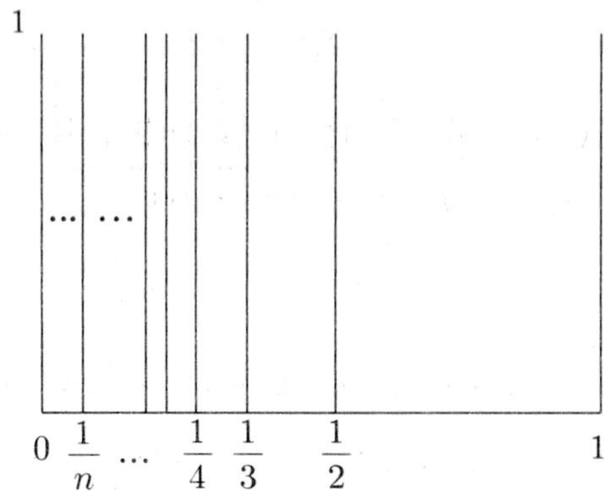

[그림 6.2.5]

빗 공간 C 에서 수직구간 $\{0\}\times(0,1)$ 을 제외한 공간

$$D=C-(\{0\}\times(0,1))$$

를 **빠진 빗공간**(deleted comb space)이라고 한다. ([그림 6.2.6] 참조)

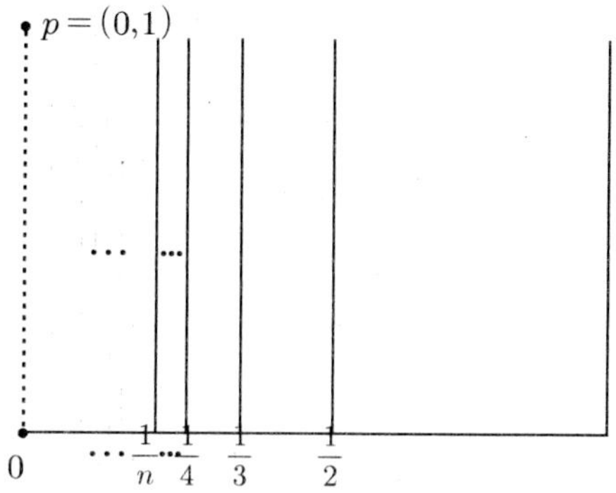

[그림 6.2.6]

빗공간 C는 확실히 길로연결이다. 빠진 빗공간 D는 길로연결합집합 $A=([0,1]\times\{0\})\cup(K\times[0,1])$와 A의 극한점 $p=(0,1)$의 합집합이다. 그러나 분리된 집합은 될 수 없다. 따라서 D는 연결공간이다. 그러나 여기서 우리는 D가 길로연결공간이 아님을 보이자.

$f:[0,1]\to D$ 를 점 $p=(0,1)$에서 시작하는 D의 한 길이라 가정하자. 여기서 우리가 $f^{-1}(p)$이 개집합이고 동시에 폐집합이 됨을 보이면, $[0,1]$이 연결집합이므로 $f^{-1}(p)=[0,1]$이 되어야 한다. 따라서 p에서 시작되는 어떤 길도 A의 점을 연결할 수 없게 된다. 따라서 빠진 빗공간 D는 길로연결이 아님을 보일 수 있게 된다.

단원집합 $\{p\}$는 D에서 폐집합이고 함수 f는 연속이므로, $f^{-1}(p)$는 분명히 폐집합이다. $f^{-1}(p)$가 개집합임을 보이기 위하여 $\mathbb{R}^2$에서 x-축과 만나지 않는 p의 근방 V를 택하자. ([그림6.2.7] 참조)

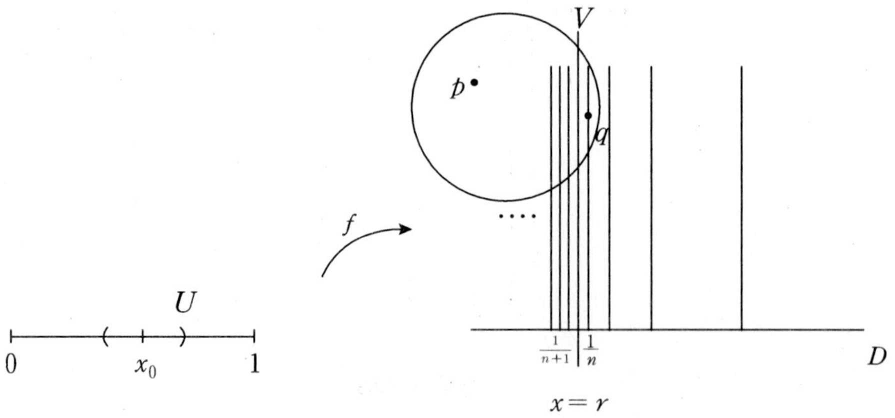

[그림 6.2.7]

임의의 한 원소 $x_0 \in f^{-1}(p)$에 대하여, f가 연속이므로 x_0를 포함하는 기저의 원소 U가 존재하여 $f(U) \subset V$를 만족한다.

$f^{-1}(p)$가 개집합임을 보이기 위하여 $U \subset f^{-1}(p)$ 임을 보이자.

U는 $[0,1]$에서 순서위상의 기저원소이므로 연결집합이다. 그러므로 $f(U)$는 연결집합이다. $U \subset f^{-1}(p)$임을 보이기 위하여 $f(U)=\{p\}$임을 증명하면 충분하다. D에서 V에 속하는 p와 다른 한 점 $q=(\frac{1}{n}, t_0)$를 택하자. 또한 $\frac{1}{n+1} < r < \frac{1}{n}$을 만족하는 $r>0$ 을 택하고 $\mathbb{R}^2$의 서로소인 개집합 $(-\infty, r)\times\mathbb{R}$과 $(r, \infty)\times\mathbb{R}$을 생각하자.

한편 $f(U) \subset D$이고 x-축과 만나지 않고 D와 선 $x=r$과의 공통부분은 x-축의 한점 $(r,0)$이므로 $f(U)$는 선 $x=r$과는 만나지 않는다. 따라서

$$f(U) \subset ((-\infty, r)\times\mathbb{R}) \cup ((r, \infty)\times\mathbb{R})$$

이고 $f(U)$가 연결집합이므로, $f(U) \subset (-\infty, r)\times\mathbb{R}$ 이 되어야 한다. 그러므로 $q \in (r, \infty)\times\mathbb{R}$는 $f(U)$의 원소가 될 수 없다. 따라서 $f(U)=\{p\}$이다.□

예제 6.2.7 보통공간 $(\mathbb{R}^2, \mathscr{U})$의 부분공간

$$S=\left\{(x, \sin\frac{1}{x}) \mid 0 < x \leq 1\right\}$$

은 연속함수 $f:(0,1]\to\mathbb{R}^2$, $f(x)=(x, \sin\frac{1}{x})$의 상이고, $(0,1]$이 연결집합이므로 연속함수의 상인 S도 연결집합이다. 따라서 S의 폐포 $\overline{S}$도 또한 연결집합이다. 이 부분공간 $\overline{S}$를 **위상수학자의 사인곡선**(topologist's sine curve)이라고 한다. ([그림6.2.8] 참조)

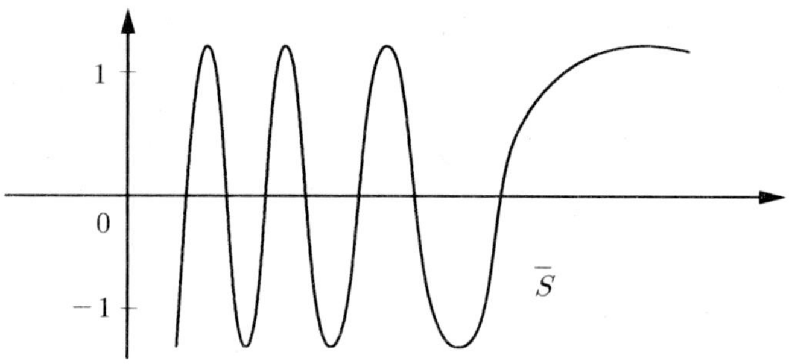

[그림 6.2.8]

위상수학자의 사인곡선 $\overline{S}$도 연결공간이나 길도연결공간은 아니다. 그 증명은 빠진 빗공간에 대한 방법과 동일하다. □

연습 문제 6.2

1. 여유한 위상을 갖는 무한집합은 연결공간임을 보여라.

2. 보통실수공간의 부분공간으로서 유리수집합은 연결공간이 아님을 보여라.

3. 임의의 두 연결공간들이 공통부분을 갖는다면 이들의 합집합도 연결임을 보여라.

§6.3 연결성분, 길로연결성분

정의 6.3.1 위상공간 $(X, \mathfrak{T})$에서 **동치관계** $\sim$를 다음과 같이 정의한다. 임의의 원소 $x, y \in X$에 대하여, $x \sim y$일 필요충분조건은 X의 한 연결부분집합 A가 있어서 $x, y \in A$가 성립하는 것이다. 이때 동치관계 $\sim$에 대한 X의 동치류를 X의 한 **연결성분**(connected component) 또는 **성분**(component)이라 한다.

위 관계 $\sim$이 동치관계가 되는 것은 자명하다. 추이율을 살펴보자. 임의의 세 원소 $x, y, z \in X$에 대하여, $x \sim y$이고 $y \sim z$라 가정하자. A와 B를 연결집합으로서 $x, y \in A$이고 $y, z \in B$라 하면, $y \in A \cap B$이므로 $A \cup B$는 또한 연결집합이고 $x, z \in A \cup B$이다. 따라서 $x \sim z$가 성립된다.

정리 6.3.1

한 집합족 $\{A_\alpha \mid \alpha \in J\}$를 위상공간 $(X, \mathfrak{T})$의 성분들의 첨수족이라 하자. 그러면 다음의 성질들이 만족된다.

(1) 임의의 $\alpha, \beta \in J$에 대하여, $\alpha \neq \beta$이면 $A_\alpha \cap A_\beta = \varnothing$이다.

(2) $\bigcup_{\alpha \in J} A_\alpha = X$이다.

(3) 임의의 연결집합 C에 대하여 $\exists_1 \alpha \in J,\ A_\alpha \cap C \neq \varnothing$이 성립된다.

(4) 각 성분 A_α는 연결집합이다.

(5) 각 성분은 극대연결집합이다.

증 명 X의 성분 A_α가 동치류가 되므로 동치류의 성질에 의하여 (1)과 (2)는 쉽게 증명된다.

(3): C를 연결집합이라 하고 $C \cap A_\alpha \neq \varnothing \neq C \cap A_\beta$라 가정하자.

$x_1 \in C \cap A_\alpha$, $x_2 \in C \cap A_\beta$이라 하면, 정의에 의하여 $x_1 \sim x_2$이고, 따라서

$A_\alpha = A_\beta$ 이 되어야 한다.

(4) : 임의의 $\alpha \in J$ 에 대하여 $x_0 \in A_\alpha$ 를 취하자. 임의의 $x \in A_\alpha$ 에 대하여, $x_0 \sim x_1$ 이므로 정의에 의하여 한 연결집합 C_x가 존재하여 $x_0, x_1 \in C_x$를 만족한다. (3)에 의하여 $C_x \subset A_\alpha$ 를 만족하도록,

$$A_\alpha = \bigcup_{x \in A_\alpha} C_x$$

가 성립한다. 각 C_x는 연결집합이고, $x_0 \in \bigcap C_x$이므로 그들의 합집합인 A_α 는 연결집합이다. □

성분의 정의에 의하여, 위상공간 $(X, \mathfrak{T})$ 의 성분들의 모임은 X 의 한 분할을 이루고, 임의의 원소 $x \in X$ 를 포함하는 성분은 x 를 포함하는 가장 큰 연결부분집합이다. 또한 위상공간이 연결공간이 될 필요충분조건은 그 공간이 꼭 하나의 성분을 가진다.

정리 6.3.2

위상공간 $(X, \mathfrak{T})$ 의 모든 성분은 X 에서 폐집합이다.

증 명 한 집합 C 를 위상공간 $(X, \mathfrak{T})$ 의 성분이라 하자. 그러면 C 는 연결집합이고 [정리6.1.9]에 의하여 $\overline{C}$ 도 연결집합이다. C 는 X 의 성분이므로 한 점 $x \in X$ 를 포함하는 가장 큰 연결집합이다. 따라서 $x \in \overline{C}$ 이므로 $\overline{C} \subset C$ 가 성립한다. 그러므로 C 는 X 에서 폐집합이다. □

정의 6.3.2 $(X, \mathfrak{T})$ 는 위상공간이고, X 위에서 한 동치관계 $\sim$ 를 다음과 같이 정의한다. 임의의 원소 $x, y \in X$ 에 대하여 $x \sim y$ 일 필요충분조건은 X 의 한 길 $f : [0, 1] \to X$ 가 존재하여 $f(0) = x$, $f(1) = y$ 를 만족한다. 동치관계 $\sim$ 에 관한 동치류를 X 의 한 **길성분**(path component)이라 한다.

위의 관계 $\sim$ 이 동치관계가 됨을 살펴보자.

(1) 반사율 : 임의의 $x \in X$ 에 대하여 상수길 $f:[0,1] \to X$, $f(t)=x$ 는 x 와 x 를 잇는 X 의 한 길이므로 $x \sim x$ 를 만족한다.

(2) 대칭율 : 임의의 $x, y \in X$ 에 대하여, $x \sim y$ 이면 한 길 $f:[0,1] \to X$ 가 존재하여 $f(0)=x$, $f(1)=y$ 를 만족한다. 한 길 $g:[0,1] \to X$ 를 f 의 반대길, $g(t)=f(1-t)$ $^{\forall}t \in [0,1]$ 로 정의하면, $g(0)=y$, $f(1)=x$ 를 성립한다. 따라서 $y \sim x$ 가 만족된다.

(3) 추이율 : $f:[0,1] \to X$ 를 x 로부터 y 로의 길, $g:[0,1] \to X$ 를 y 로부터 z 로의 길이라 가정하자. 한 길 $h:[0,1] \to X$ 를 f 와 g 에 의하여 생성된 $f*g$ 로 정의하면, 즉

$$h(t)=f*g(t)=\begin{cases} f(2t), & 0 \le t \le \frac{1}{2} \\ g(2t-1), & \frac{1}{2} \le t \le 1 \end{cases}$$

이 길 h 는 x 에서부터 z 로의 길이 된다. 따라서 $x \sim z$ 가 성립된다.

정리 6.3.3

한 집합족 $\{C_\alpha \mid \alpha \in J\}$ 를 위상공간 $(X, \mathfrak{T})$ 의 길성분들의 첨수족이라 하자. 그러면 다음의 성질들이 만족된다.

(1) 임의의 $\alpha, \beta \in J$ 에 대하여, $\alpha \neq \beta$ 이면 $C_\alpha \cap C_\beta = \varnothing$ 이다.

(2) $\bigcup_{\alpha \in J} C_\alpha = X$

(3) 임의의 길로연결집합 A 에 대하여

$$\exists_1 \alpha \in J, \ A \cap C_\alpha \neq \varnothing$$

이 성립된다.

(4) 각 길 성분 C_α 는 길로 연결집합이다.

예제 6.3.1 $(\mathbb{R}, \mathscr{U})$ 의 부분공간

$$Y=[-1,0) \cup (0,1]$$

의 연결성분은 두 집합 $[-1,0)$ 와 $(0,1]$ 이고 길 성분도 마찬가지이다.

예제 6.3.2 앞 절에서 언급한 빠진 빗공간(deleted comb space) D는 단 한 개의 연결성분과(왜냐하면 D는 연결공간이다.) 두 개의 길 성분으로 구성되어 있다.

예제 6.3.3 유리수 집합 $\mathbb{Q}$를 실수공간 $(\mathbb{R}, \mathscr{U})$의 부분공간으로 생각할 때, 임의의 점 $p \in \mathbb{Q}$에 대하여 $\{p\}$는 $\mathbb{Q}$에서 연결집합이다.
또한 단원 집합이 아닌 임의의 집합($\{p\} \subsetneq S$)는 $\mathbb{Q}$에서 비연결집합이다. 왜냐하면, $q \neq p$인 원소 q가 S에 포함되고 $p < q$라 가정하자. $p < t < q$인 무리수 t를 선택하고

$$U = (-\infty, t) \cap \mathbb{Q}$$
$$V = (t, \infty) \cap \mathbb{Q}$$

라 하면 U와 V는 $\mathbb{Q}$에서 서로소인 개집합이다. 따라서 $U \cap S$와 $V \cap S$는 S의 한 분리이다. 따라서 S는 비연결집합이다. 결론적으로 $\mathbb{Q}$에서의 성분들은 모든 단원집합이다. 또한 단원집합 $\{p\}$는 $\mathbb{Q}$에서 폐집합이고, 개집합은 아니다.

연습 문제 6.3

1. 한 위상공간 X상의 두 점을 x, y라 하자.

$$x \sim y \Leftrightarrow x\text{와 } y\text{를 연결하는 길이 존재한다.}$$

라 하면 관계 $\sim$은 X상의 한 동치관계임을 보여라.

2. 1.에서 정한 X상의 동치관계 $\sim$에 의한 X상의 동치류는 X의 길로연결성분임을 보여라.

3. X가 국소길로연결공간이기 위한 필요충분조건은 각 개집합의 길로연결성분이 개집합이 되는 것임을 증명하여라.

4. X의 길로연결성분은 일반적으로 폐집합이 아님을 보여라.

5. X가 국소길로연결공간일 때 길로연결성분은 개집합이면서 동시에 폐집합임을 증명하여라.

   Hint : X의 한 길로연결을 A라 하자. $p \in A$라 하면 길로연결 집합인 p의 근방 V가 존재하여 $p \in V \subset A$이다. $p \in \overline{A}$이면 $V \cap A \neq \varnothing$이므로 $p \in A$가 되어 $\overline{A} \subset A$이다.

6. 밀착공간(indiscrete space)은 길로연결공간임을 보여라.

   Hint : 밀착공간 X에서 임의의 두 점 $a, b \in X$를 취하여 $f : I \to X$

   $(f[[0,1)] = \{a\}, f(1) = b)$라 하면 f는 X상의 한 길이다.

7. X의 성분은 길로연결성분에 의하여 분할됨을 보여라.

§6.4 국소연결성

정의 6.4.1 위상공간 $(X, \mathfrak{T})$가 X의 한 점 p에서 **국소연결된다**(locally connected at p)라는 뜻은 p의 각 근방 U에 대하여 p의 연결근방(connected neighbourhood) V가 존재하여 $V \subset U$가 되는 것이다. X가 임의의 점 p에서 국소연결일 때, X를 **국소연결공간**(locally connected space)이라 한다.

X가 국소연결공간이라 함은 연결집합들로 구성된 기저가 존재하는 것을 의미한다.

예제 6.4.1 이산공간 $(X, \mathscr{D})$에서 임의의 점 p를 취하면 $\{p\}$는 연결 개집합이다. 따라서 $(X, \mathscr{D})$는 국소연결공간이다. 만일 X가 두 원소 이상을 포함하는 경우, $(X, \mathscr{D})$는 국소연결공간은 되지만 연결공간은 되지 않는다.

예제 6.4.2 위상수학자의 사인곡선 $\overline{S}$는 연결공간이지만 국소연결공간은 아니다. 왜냐하면 임의의 $p=(0, y)$ (단, $-1 \leq y \leq 1$)에서

$$U = B_d(p, \frac{1}{4}) \cap \overline{S}$$

는 $\overline{S}$에서 p의 근방이나 U에 포함되는 p의 연결개근방을 가지지는 않는다. 마찬가지로 **빗공간**(comb space)도 연결공간이지만 국소연결공간은 아니다. 유리수공간 $\mathbb{Q}$는 연결공간도 국소연결공간도 아니다.

정의 6.4.2 위상공간 $(X, \mathfrak{T})$가 X의 한 점 p에서 **국소길로 연결된다**.(locally path connected at p)라는 뜻은 p의 각 근방 U에 대하여 길로연결집합인 p의 근방 V가 존재하여 $V \subset U$가 되는 것이다. X의 각 점에서 국소길로연결될 때 X를 **국소길로연결공간**(locally path connected space)이라 한다.

예제 6.4.3 $\mathbb{R}^n$은 국소길로연결공간이다. 왜냐하면 기저의 각 개집합

$$V=(a_1, b_1)\times(a_2, b_2)\times\cdots\times(a_n, b_n)$$

이 길로연결이기 때문이다. 마찬가지로 $\mathbb{R}^w$도 길로연결공간이다.

예제 6.4.4 D를 빠진 빗공간이라 하고

$$Y=D\cup\left\{(0, \frac{1}{n}) \mid n\in\mathbb{N}\right\}$$

이라 하면, Y는 원점 $(0, 0)$에서 국소연결공간이나 국소길로연결공간은 아니다.

정리 6.4.1

한 위상공간 $(X, \mathfrak{T})$가 국소연결공간이기 위한 필요충분조건은 개집합의 각 성분들이 개집합이다.

증 명 $(\Rightarrow)$: $(X, \mathfrak{T})$를 국소연결공간이라 가정하자. 임의의 $U(\in\mathfrak{T})$에 대하여 C는 U의 성분이고 $p\in C$라 하자. X가 국소연결공간이므로 정의에 의하여 연결개근방 V가 존재하여 $V\subset U$를 만족한다. 여기서 $V\subset C$임을 보이기 위하여, $V\not\subset C$라 가정하면 $C\subsetneq V\cup C$이고 $V\cup C$가 연결집합이다. 이것은 C가 성분이라는 사실에 모순이다. 그러므로 $V\subset C$이다. 따라서 C는 개집합이다.

$(\Leftarrow)$: 각 개집합의 각 성분이 개집합이라 가정하자. 임의의 $p\in X$에 대하여 U를 p의 임의의 근방이고 V는 p를 포함하는 U의 성분이라 하자. 가정에서 V는 개집합이고 연결집합이다. 따라서 V는 연결근방이고 $V\subset U$이다. 그러므로 $(X, \mathfrak{T})$는 국소연결공간이다. □

[정리 6.4.1]에서 위상공간의 모든 성분은 폐집합이라 하였다. 따라서 위의 정리와 더불어, 모든 국소연결공간의 성분은 개집합이고 또한 폐집합이 됨을 알 수 있다.

정리 6.4.2

한 위상공간 $(X, \mathfrak{T})$가 국소길로연결공간이기 위한 필요충분고전은 개집합의 각길성분이 개집합이다.

증 명 $(\Rightarrow)$: 한 $(X, \mathfrak{T})$를 국소길로연결공간이라 하자. 임의의 $U\ (\in \mathfrak{T})$에 대하여 P는 U의 길성분이고 $p \in P$라 하면 p의 길로연결근방 V가 존재하여 $V \subset U$가 성립된다. $V \not\subset P$라 가정하면 $P \subsetneq V \cup P$이고 $V \cup P$는 길로연결집합이다. 이것은 P가 U의 길성분이라는 사실에 모순이다.

$(\Leftarrow)$: X의 각 개집합의 각 성분이 개집합이라 가정하자. 임의의 $p \in X$에 대하여 U는 p의 개근방이고 V는 p를 포함하는 U의 길성분이라 하자. 그러면 가정에서 V는 개집합이므로 V는 p의 길로연결근방이 된다. 따라서 $(X, \mathfrak{T})$는 국소길로연결공간이다. □

정리 6.4.3

위상공간 $(X, \mathfrak{T})$의 각 길성분은 X의 연결성분의 부분집합이다.

증 명 P를 X의 한 길성분이라 하고 $p \in P$라 하자. 또한 C는 X의 한 성분으로서 $p \in C$라 하자. P는 길로연결이므로 연결집합이다. 따라서 성분의 정의에 의하여 $P \subset C$를 만족한다. □

정리 6.4.4

위상공간 $(X, \mathfrak{T})$가 국소길로 연결공간이면 X의 연결성분과 길성분은 같다.

증 명 임의의 $p \in X$에 대하여, P는 p를 포함하는 X의 한 길성분이고 C를 p를 포함하는 X의 성분이라 하자. 그러면 [정리6.4.3]에 의하여 $P \subset C$를 만족한다. $P \subsetneq C$라 가정하면 X의 다른 길성분 Q가 존재하여 $P \neq Q$, $Q \cap C \neq \varnothing$를 만족한다.

한편, Q가 연결집합이 되므로 $Q \subset C$가 성립된다.

$$U = \cup\{Q \mid Q\text{는 } X\text{의 길 성분, } Q \neq P,\ Q \cap C \neq \varnothing\}$$

라 두면 X가 국소길로 연결공간이라는 사실로부터 모든 길성분은 개집합이고, 따라서 U와 P는 서로소인 개집합으로서 $U \cup P = C$이다. 이는 C가 연결집합이라는 사실에 모순이다. 그러므로 $C = P$가 성립된다. □

정리 6.4.5

위상공간 $(X, \mathfrak{T})$가 연결공간으로서 국소길로 연결이면, X는 길로 연결공간이 된다.

증 명 임의로 $x_0 \in X$를 취하고

$$A = \{x \in X \mid x_0\text{에서 } x\text{까지 한 길이 존재한다}\}$$

라 두면, $x_0 \in A$이므로 $A \neq \varnothing$이다. 여기서 A가 개집합임과 동시에 폐집합이 되는 것을 보이면 $A = X$가 성립하여 X가 길로연결공간이 된다.
임의의 원소 $b \in A$에 대하여, X가 b에서 국소연결공간이므로 임의의 원소 b의 근방 U에 대하여 b의 길로연결근방 V가 존재하여 $V \subset U$가 성립된다. 여기서 우리는 $V \subset A$임을 알 수 있다. 왜냐하면, 임의의 $c \in V$에 대하여, $b \in A$이므로 한 길 $f_1 : [0, 1] \to X$이 존재하여, $f(0) = x_0$, $f(1) = x_1$을 만족한다. 또한 V가 길로연결집합이고 $b, c \in V$이므로 한 길 f_2이 존재하여 $f_2(0) = b$, $f_2(1) = c$가 만족된다. 따라서 길 곱 $f_1 * f_2$는 x_0에서 c까지의 길이 된다. 따라서 $c \in A$가 성립하여, $V \subset A$이 만족된다. 그러므로 A는 개집합이다.
$b \in \overline{A}$라 하자. X가 국소길로연결공간이므로 길로연결근방 V이 존재하고, $b \in \overline{A}$이므로, $V \cap A \neq \varnothing$이다. $c \in V \cap A$라 하자. 그러면 $c \in A$이므로 한 길 f_1이 존재하여 $f_1(0) = x_0$, $f_1(1) = c$가 성립된다. 또한 V가 길로연결집합이고 $c, b \in V$이므로, 한길 f_2가 존재하여 $f_2(0) = c$, $f_2(1) = b$가 만족된다. 그러면 길 곱 $f_1 * f_2$는 x_0에서 b까지의 길이고, 따라서 $b \in A$이다. 그러므로 A는 폐집합이다. □

연습 문제 6.4

1. 국소연결공간의 개부분공간은 국소연결공간임을 보여라.

   Hint : X를 국소연결공간, $A \subset X$를 개부분공간이라 하면 A는 X에서 개집합이므로 임의의 $a \in A$에 대해서 X에서의 연결개집합 U_a가 존재해서 $a \in U_a \in A$이다. U_a는 A에서도 연결개집합이다.

2. 한 위상공간 X의 한 부분집합 A가 X에서 개폐연결부분공간이면 A는 X의 한 성분임을 보여라. (단, $A \neq \varnothing$)

3. $(0,1), [0,1), [0,1], S^1 = \{(x, y) \mid x^2 + y^2 = 1\}$에 보통위상을 주었을 때 서로 위상동형이 아니다. 이것을 보여라

   Hint : 8.2.11 보조정리를 활용하기 위하여 각 공간에서 한 점 혹은 두 점을 제거하여 비교한다.

4. 공집합이 아닌 적공간 $\prod_{\lambda \in \Lambda} X_\Lambda$가 국소연결공간이기 위한 필요충분조건은 각 좌표공간 X_λ가 국소연결공간이고 유한개를 제외한 나머지 좌표공간이 연결공간이 되는 것이다. 이것을 증명하여라.

제7장 컴팩트 공간

§7.1 컴팩트성(Compactness)

정의 7.1.1 한 위상공간 $(X, \mathfrak{T})$가 **컴팩트공간**(compact space)이라는 뜻은 X의 임의의 개피복 $\mathscr{C}=\{U_\alpha \mid \alpha \in J\}$가 유한부분피복 $\{U_{\alpha_1}, U_{\alpha_2}, \cdots, U_{\alpha_n}\}$을 포함하는 것을 의미한다.

예제 7.1.1 모든 유한공간, 공집합은 컴팩트이다.
이산공간 $(X, \mathscr{D})$가 컴팩트일 필요충분조건은 X가 유한집합이다.

예제 7.1.2 보통실수공간 $(\mathbb{R}, \mathscr{U})$는 컴팩트공간이 아니다.
왜냐하면 피복 $\mathscr{C}=\{(n, n+2) \mid n \in \mathbb{Z}\}$는 유한부분피복을 포함하지 않는다.

예제 7.1.3 보통실수공간 $(\mathbb{R}, \mathscr{U})$의 부분공간

$$X=\{0\} \cup \left\{\frac{1}{n} \mid n \in \mathbb{Z}^{+}\right\}$$

는 컴팩트이다. 임의의 개피복 $\mathscr{C}$에 대하여, $0 \in X$를 포함하는 원소 $U \in \mathscr{C}$를 택할 수 있고, U는 $\left\{\frac{1}{n} \mid n \in \mathbb{Z}^{+}\right\}$의 유한개의 원소를 제외하고 모두 포함한다. 따라서 U에 포함되지 않는 원소 하나하나에 그것을 포함하는 $\mathscr{C}$의 원소를 하나씩 택한 후 그 유한개의 원소에 U를 포함시키면 그것은 $\mathscr{C}$의 유한부분피복이 된다.

예제 7.1.4 보통실수공간 $(\mathbb{R}, \mathscr{U})$의 구간 $(0,1]$은 컴팩트가 아니다.
$(0,1]$의 개피복

$$\mathscr{C}=\left\{(\frac{1}{n},1] \mid n\in\mathbb{Z}^{+}\right\}$$

는 유한부분피복을 포함할 수 없다.

마찬가지로 개구간 $(0,1)$ 역시 컴팩트가 아니다. 또한 $(0,1)$과 위상동형인 임의의 개구간 (a,b), $\mathbb{R}$ 자신도 컴팩트가 아니다. 뒷부분에 자세히 언급하겠지만, 폐구간 $[a,b]$는 컴팩트이다.

정리 7.1.1

한 집합 Y를 위상공간 $(X,\mathfrak{T})$의 부분공간이라 하자. 그러면 부분공간 Y가 컴팩트공간일 필요충분조건은 임의의 X의 개집합들로 구성된 Y의 피복(covering of Y by sets open in X)이 Y를 덮는 유한부분집합을 포함하는 것이다.

증 명 $(\Rightarrow)$: 부분공간 $(Y,\mathfrak{T}_Y)$를 컴팩트라 가정하자. 그리고

$$\mathscr{A}=\{A_\alpha \mid A_\alpha\in\mathfrak{T},\ \alpha\in J\}$$

를 Y의 피복이라 하자. 즉, $Y\subset\bigcup_{\alpha\in J}A_\alpha$이다. 그러면

$$\mathscr{A}_Y=\{A_\alpha\cap Y \mid \alpha\in J\}$$

는 부분공간 $(Y,\mathfrak{T}_Y)$의 개피복이 된다. 따라서 Y가 컴팩트공간이라는 사실로부터 유한부분집합

$$\{A_{\alpha_1}\cap Y, A_{\alpha_2}\cap Y,\cdots,A_{\alpha_n}\cap Y\}$$

이 Y를 덮는다. 그러므로 $\{A_{\alpha_1},A_{\alpha_2},\cdots,A_{\alpha_n}\}$은 $\mathscr{A}$의 유한부분집합으로서 Y를 덮는다.

$(\Leftarrow)$: 주어진 조건이 만족한다고 가정하자. $\mathscr{A}'=\{A_\alpha' \mid \alpha\in J\}$를 부분공간 $(Y,\mathfrak{T}_Y)$의 개피복이라 하자. 즉,

(1) $A_\alpha'\in Y_{\mathfrak{T}}$, $\alpha\in J$

(2) $Y=\bigcup_{\alpha\in J}A_\alpha'$.

각 $\alpha\in J$에 대하여

$$A_\alpha'=A_\alpha\cap Y$$

를 만족하는 X의 개집합 A_α를 택할 수 있다. 그러면

$$\mathscr{A}=\{A_\alpha \mid \alpha \in J\}$$

를 X의 개집합들로 구성된 Y의 한 피복이 된다. 가정에 의하여 적당한 $\mathscr{A}$의 유한부분집합 $\{A_{\alpha_1}, A_{\alpha_2}, \cdots, A_{\alpha_n}\}$이 존재하여 Y를 덮는다.

따라서 $\{A_{\alpha_1}', A_{\alpha_2}', \cdots, A_{\alpha_n}'\}$는 공간 Y에서 $\mathscr{A}'$의 유한부분피복이 된다.

그러므로 Y는 컴팩트공간이다. □

정리 7.1.2

Hausdorff 공간의 컴팩트 부분집합은 폐집합이다.

증 명 Y를 Hausdorff 공간 $(X, \mathfrak{T})$의 컴팩트 부분집합이라 하자. Y가 폐집합임을 증명하기 위하여 $X-Y$가 개집합 임을 보이기로 한다. 한 원소 $x_0 \in X-Y$를 택하자. 임의의 원소 $y \in Y$에 대하여, $x_0 \neq y$이고 X가 Hausdorff 공간이므로 서로소인 x_0의 근방 U_y와 y의 근방 V_y가 존재한다. 그러면

$$\mathscr{V}=\{V_y \mid y \in Y\}$$

는 Y의 피복으로서 $\mathscr{V} \subset \mathfrak{T}$를 만족한다. Y가 컴팩트이므로 $\mathscr{V}$의 유한부분집합 $\{V_{y_1}, V_{y_2}, \cdots, V_{y_n}\}$이 존재하여 $Y \subset \bigcup_{i=1}^{n} V_{y_i}$를 만족한다. 여기서

$$V=\bigcup_{i=1}^{n} V_{y_i}$$

라면 V는 개집합으로서 $Y \subset V$이고, 한편

$$U=\bigcap_{i=1}^{n} U_{y_i}$$

는 x_0의 개근방이고 $U \cap V=\varnothing$을 만족한다. 왜냐하면 임의의 원소 $z \in V$를 택하면 적당한 i에 대하여 $z \in V_{y_i}$가 성립되고, $V_{y_i} \cap U_{y_i}=\varnothing$이므로 $x \notin U_{y_i}$이다. 따라서 $x \notin U$이다. 결과적으로 U는 x_0의 개근방으로서 $U \cap Y=\varnothing$이 성립된다. 그러므로 $X-Y$는 개집합이다. □

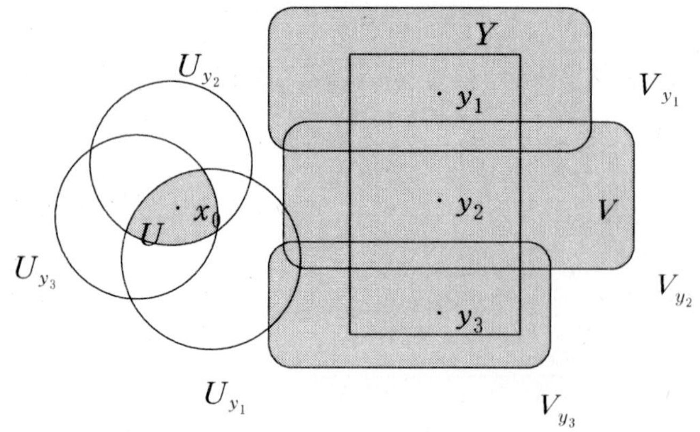

〈그림 7.1.1〉

정 리 7.1.3

컴팩트공간의 한 폐집합은 컴팩트이다.

증 명 Y를 한 컴팩트공간 $(X, \mathfrak{T})$의 폐집합이라 하자. $\mathscr{C}=\{U_\alpha \in \mathfrak{T} \mid \alpha \in J\}$를 Y의 한 개피복이라 하면,

$$\mathscr{B}=\mathscr{C}\cup\{X-Y\}$$

는 X의 한 개피복이 된다. X의 컴팩트성에 의하여 $\mathscr{B}$의 유한 부분피복 $\{B_{\alpha_1}, B_{\alpha_2}, \cdots, B_{\alpha_n}\}$을 포함한다. 만약 $X-Y \not\in \{B_{\alpha_1}, B_{\alpha_2}, \cdots, B_{\alpha_n}\}$이면 그 자신 $\{B_{\alpha_1}, B_{\alpha_2}, \cdots, B_{\alpha_n}\}$이 C의 유한부분집합으로서 Y를 덮고, $X-Y\in\{B_{\alpha_1}, B_{\alpha_2}, \cdots, B_{\alpha_n}\}$이면 $\{B_{\alpha_1}, B_{\alpha_2}, \cdots, B_{\alpha_n}\}-\{X-Y\}$이 C의 유한부분집합으로서 Y를 덮게 된다. 따라서 Y는 컴팩트이다. □

정 리 7.1.4

한 공간 $(X, \mathfrak{T})$를 Hausdorff 공간이라 하고 A와 B를 X의 서로소인 컴팩트 부분집합이라 하면 서로소인 개집합 U와 V가 존재하여 $A\subset U$이고 $B\subset U$를 만족한다.

증 명 임의의 $p \in B$에 대하여 $p \not\in A$이므로 [정리7.1.2]의 증명과정과 같은 방법으로 개집합 U_p, V_p를 적당히 취하여

$$A \subset U_p,\ \ p \in V_p,\ \ U_p \cap V_p = \varnothing$$

되게 할 수 있다.

$$\mathscr{B} = \{ V_p \mid p \in B \}$$

라 두면 $\mathscr{B}$는 B의 개피복이고, B가 컴팩트이므로 유한부분피복

$\mathscr{B}' = \{ V_{p_1}, V_{p_2}, \cdots, V_{p_n} \}$이 존재한다.

$$U = \bigcap_{i=1}^{n} U_{p_i},\ \ V = \bigcup_{i=1}^{n} V_{p_i}$$

라 두면 U와 V는 개집합이고

$$A \subset U,\ B \subset V \text{이고 } U \cap V = \varnothing$$

이 성립한다. □

위 [정리7.1.4]에 의하면, 컴팩트인 Hausdorff 공간은 정규공간이 된다. 왜냐하면 X에서 서로소인 폐집합 A, B를 취하면 X가 컴팩트이므로 A, B는 또한 컴팩트가 되고 위 정리에 의하여 서로소인 개집합 U와 V가 존재하여 $A \subset U$이고 $B \subset V$가 성립한다. 따라서 X는 정규공간이다.

Hausderff 공간 X의 컴팩트부분집합 Y에 대하여 $x_0 \not\in Y$이면, 서로소인 x_0의 근방 U와 Y를 포함하는 개집합 V가 존재한다.

예제 7.1.5 보통실수공간 $(\mathbb{R}, \mathscr{U})$의 유계폐구간 $[a, b]$는 컴팩트이다.

$\mathscr{C} = \{ U_\alpha \mid \alpha \in J \}$를 $[a, b]$의 임의의 한 개피복이라 하자. 한 집합

$$A = \{ x \in [a, b] \mid [a, x] \text{는 유한개의 } U_\alpha \text{들로 덮혀진다} \}$$

이라 두면 $A \subset [a, b]$이고 $a \in A$이므로 $A \neq \varnothing$이다. 따라서

$$\exists\ c \in [a, b],\ \ c = \sup A$$

또한 우리는 c 가 A 의 원소임을 쉽게 보일수 있다.
끝으로 우리는 $c=b$ 임을 보이자.
만약 $c<b$ 이라 가정하면 $\mathscr{C}$ 가 $[a, b]$의 개피복이므로

$$\exists\, \alpha \in J,\ c \in U_\alpha$$

를 만족한다. U_α 가 $(\mathbb{R}, \mathscr{U})$에서 개집합이므로

$$\exists\, \varepsilon > 0,\ (c-\varepsilon, c+\varepsilon) \subset U_\alpha \text{이고 } c+\varepsilon < b$$

를 만족한다. $c=\sup A$ 이고 $c-\frac{\varepsilon}{2}<c$ 이므로 $[a, c-\frac{\varepsilon}{2}]$은 유한개의 적당한 $U_{\alpha_1}, U_{\alpha_2}, \cdots, U_{\alpha_n}$ 으로 덮히고 $U_{\alpha_1}, U_{\alpha_2}, \cdots, U_{\alpha_n}, U_\alpha$ 는 $[a, c+\frac{\varepsilon}{2}]$을 덮게 된다. 따라서 집합 A 의 정의에 의하여 $c+\frac{\varepsilon}{2} \in A$ 가 되고 이것은 $c=\sup A$ 라는 사실에 모순이다. 따라서 $c=b$ 이다.

예제 7.1.6 $[a, b]$의 폐집합은 컴팩트이다. (a, b), $(a, b]$는 컴팩트가 아니다. 왜냐하면 그들은 Hausdorff 공간 $[a, b]$의 폐집합이 아니기 때문이다.

정리 7.1.5

컴팩트공간의 연속함수에 의한 상은 컴팩트이다.

증 명 한 공간 $(X, \mathfrak{T})$를 컴팩트공간이라 두고 $f:(X, \mathfrak{T}) \to (Y, \mathfrak{T}')$를 연속함수라 두자. 그리고 $\mathscr{A}=\{V_\alpha \in \mathfrak{T}' \mid \alpha \in J\}$를 $f(X)$의 한 개피복이라 하자. 그러면 f 의 연속성에 의하여

$$\mathscr{B}=\{f^{-1}(V_\alpha) \mid \alpha \in \mathfrak{T}\}$$

는 X의 한 개피복이 된다. X가 컴팩트공간이므로 유한개의 $\mathscr{B}$의 원소

$$f^{-1}(V_{\alpha_1}),\ f^{-1}(V_{\alpha_2}),\ \cdots,\ f^{-1}(V_{\alpha_n})$$

이 존재하여 X를 덮게 된다. 따라서 $\{V_{\alpha_1}, V_{\alpha_2}, \cdots, V_{\alpha_n}\}$은 $f(X)$를 덮는 $\mathscr{A}$ 의 유한부분피복이 된다. 그러므로 $f(X)$는 컴팩트이다. □

정리 7.1.6

$f:X \to Y$를 한 전단사인 연속함수라 하자. 만약 X가 컴팩트공간이고 Y가 Hausdorff공간이면 f는 위상동형사상이 된다.

증 명 f가 폐함수임을 증명하면 충분하다. 만약 A를 X에서 폐집합이라 하면 X가 컴팩트이므로 A는 컴팩트가 된다. $f:X \to Y$가 연속이므로 [정리 7.1.5]에 의하여 $f(A)$ 또한 컴팩트이고, Y가 Hausdorff이므로 $f(A)$는 폐집합이 되어야 한다. □

예제 7.1.7 함수 $f:[0,1] \to \mathbb{R}^2$가 단사이고 연속일 때, $[0,1]$이 컴팩트이고 $\mathbb{R}^2$는 Hausdorff 공간이므로 두 공간 $[0,1]$과 $f([0,1])$은 위상동형이다.

$$g:[0,1) \to \mathbb{R}^2, \quad g(x) = (\cos 2\pi x,\ \sin 2\pi x)$$

라 하면 g는 단사이고 연속이다. 그러나 $[0,1)$이 컴팩트가 아니므로 $g:[0,1) \to g([0,1))$를 위상동형사상이라 할 수 없다. 실제로 위상동형이 아니다. 왜냐하면 $U = [0, \frac{1}{4})$라 하면 U는 $[0,1)$에서 개집합이다. 그러나 g의 상 $g([0, \frac{1}{4}))$은 아래 [그림7.1.2]에서와 같이 S^1에서 개집합이 아니다. 즉, g는 개함수가 아니다.

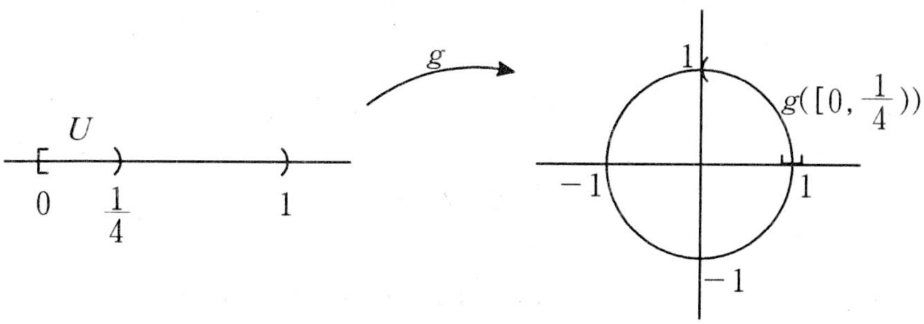

[그림 7.1.2]

정리 7.1.7

컴팩트공간들의 유한 곱공간은 컴팩트이다.

증 명 여기서 우리는 두 개의 컴팩트공간의 곱이 컴팩트임을 증명하기로 한다. 수학적 귀납법을 이용하면 본 증명이 쉽게 보여지기 때문이다.

제1단계 : X를 임의의 한 위상공간, Y를 한 컴팩트공간이라 하자. $x_0 \in X$, N이 곱공간 $X \times Y$의 개집합으로서 얇은 조각(slice) $\{x_0\} \times Y$를 포함할 때

$$\exists\, W : X \text{에서 } x_0 \text{로의 근방}, \quad W \times Y \subset N$$

을 만족한다.

위의 집합 $W \times Y$를 $\{x_0\} \times Y$의 **관**(Tube)이라 한다. 또한 얇은 조각 $\{x_0\} \times Y$를 간단히 $x_0 \times Y$로 나타낸다.

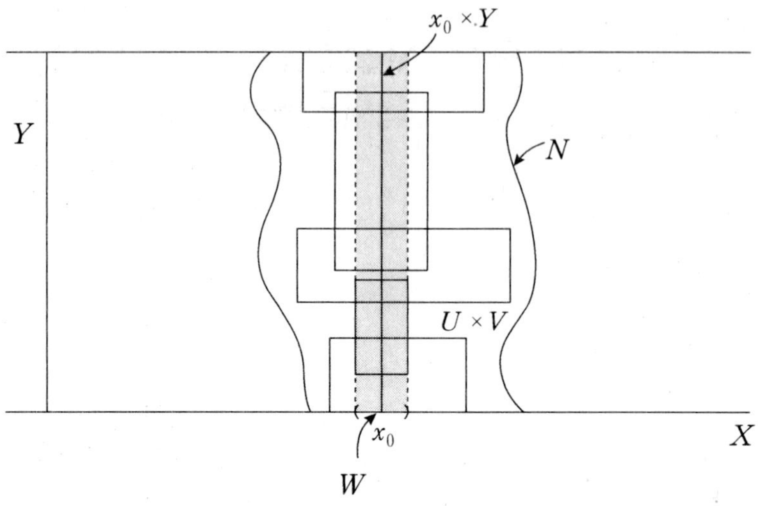

[그림 7.1.3]

$X \times Y$에서 N은 $x_0 \times Y$를 포함하는 개집합이므로 $X \times Y$에서 N에 포함되는 기저의 원소 $U \times V$들에 의하여 $x_0 \times Y$를 덮는 한 개피복을 선택할 수 있다. 한편 $x_0 \times Y$는 Y와 위상동형이고 Y는 컴팩트이므로, $x_0 \times Y$도 또한 컴팩트이

다. 따라서 유한개의 기저의 원소

$$U_1 \times V_1,\ U_2 \times V_2,\ \cdots,\ U_n \times V_n$$

에 의하여 $x_0 \times Y$를 덮을 수 있다. 한편

$$W = U_1 \cap U_2 \cap \cdots \cap U_n$$

이라 두면, W는 X에서 x_0의 한 근방이 된다. 더욱이 유한개의 $U_1 \times V_1$, $U_2 \times V_2, \cdots, U_n \times V_n$이 관 $W \times Y$를 덮는다. 즉

$$W \times Y \subset \bigcup_{i=1}^{n} (U_i \times V_i)$$

왜냐하면, 임의의 $(x, y) \in W \times Y$에 대하여, 같은 점 $y \in Y$에 대하여 $(x_0, y) \in x_0 \times Y$이고, $\{U_i \times V_i \mid i = 1, 2, \cdots, n\}$이 $x_0 \times Y$의 피복이므로

$$\exists\ i,\ (x_0, y) \in U_i \times V_i$$

를 만족한다. 한편 $W = \bigcap_{i=1}^{n} U_i$이고 $x \in W$이므로, $x \in U_i$이다.

따라서 $(x, y) \in U_i \times V_i$이다. 즉 $W \subset \bigcup_{i=1}^{n} (U_i \times V_i)$ 이다.

모든 $U_i \times V_i$가 N에 포함되므로

$$W \times Y \subset \bigcup_{i=1}^{n} (U_i \times V_i) \subset N$$

을 만족하여 제 1단계의 사실은 증명되었다.

제2단계 : X와 Y를 컴팩트공간이라 하고 $\mathscr{A}$를 $X \times Y$의 임의의 개피복이라 하자. $x_0 \in X$에 대하여 얇은 조각 $x_0 \times Y$는 컴팩트이므로 유한개의 $\mathscr{A}$의 원소 $A_1, A_2, \cdots, A_n$이 존재하여 $x_0 \times Y$를 덮는다. 한편,

$$N = \bigcup_{i=1}^{n} A_i$$

라 두면 N은 $x_0 \times Y$를 포함하는 개집합이 된다. 따라서 제1단계에 의하여,

$$\exists\ W: X\text{에서 개집합},\ x_0 \times Y \subset W \times Y \subset N$$

을 만족한다. 즉 $\{A_i \mid i = 1, 2, \cdots, n\}$이 $W \times Y$의 유한개피복이 된다.

그래서, 각 $x \in X$에 대하여, $\mathscr{A}$의 유한개의 원소에 의하여 그 관 $W \times Y$이

덮혀질 수 있는 x의 한 근방 W를 택할 수 있고, 이 근방을 W_x라 하자. 그러면 $\mathscr{B}=\{W_x \mid x\in X\}$는 X의 한 개피복이 되고, X이 컴팩트이므로 유한 부분피복 $\{W_1, W_2, \cdots, W_n\}$이 존재한다. 따라서

$$\bigcup_{i=1}^{n}(W_i\times Y)=X\times Y$$

이고, 각 $W_i\times Y$이 유한개의 $\mathscr{A}$의 원소에 의하여 덮히므로 $X\times Y$도 또한 유한개의 $\mathscr{A}$의 원소에 의하여 덮혀진다. 그러므로 $X\times Y$는 컴팩트이다. □

위 제1단계의 성질을 우리는 **관 보조정리**(the tube lemma)라고 부른다.

예제 7.1.8 관보조정리(the tube lemma)에서 Y가 컴팩트공간임이 필요하다. 예를 들면, $Y=\{(0, y) \mid y\in\mathbb{R}\}\subset\mathbb{R}^2$

$$N=\left\{(x, y) \mid |x| < \frac{1}{(y^2+1)}\right\}$$

그러면 N은 얇은 조각 $0\times\mathbb{R}$을 포함하는 $\mathbb{R}^2$의 개집합이다. 그러나 N은 $0\times\mathbb{R}$에 대한 어떤 관(tube)도 포함 할 수 없다. ([그림7.1.4]참조)

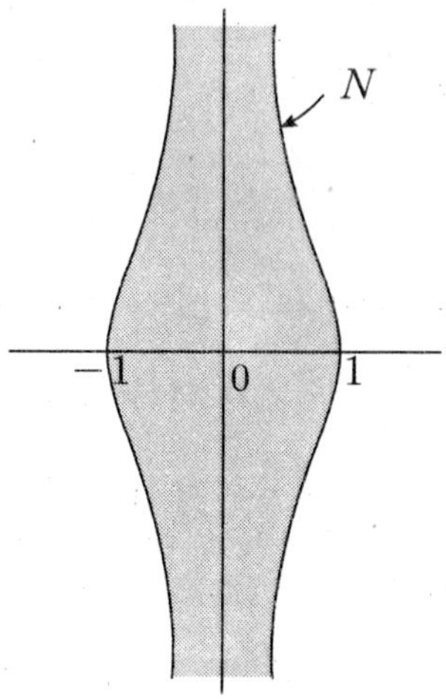

[그림 7.1.4]

정의 7.1.2 한 집합 X의 부분집합들의 한 집합족 $\mathscr{C}$ 가 **유한교집합 조건**(finite intersection condition)을 만족한다 라는 뜻은 $\mathscr{C}$ 의 임의의 유한부분 집합족

$$\{C_1, C_2, \cdots, C_n\} \subset \mathscr{C}$$

에 대하여, $\bigcap_{i=1}^{n} C_i \neq \varnothing$ 을 만족하는 것이다.

정리 7.1.8

$(X, \mathfrak{T})$를 한 위상공간이라 하자. 그러면 X이 컴팩트공간일 필요충분조건은 임의의 유한 교집합 조건을 만족하는 X의 폐집합들의 부분 집합족 $\mathscr{C}$ 에 대하여,

$$\bigcap \mathscr{C} \neq \varnothing$$

을 만족하는 것이다.

증 명 $\mathscr{A}$ 를 X의 부분집합들의 한 집합족이라 하고, $\mathscr{C} = \{X - A \mid A \in \mathscr{A}\}$ 라 하면, 다음 사실들이 성립된다.

(1) $\mathscr{A}$ 가 개집합들의 한 집합족일 필요충분조건은 $\mathscr{C}$ 가 폐집합들의 집합족이 되는 것이다.

(2) $\mathscr{A}$ 가 X를 덮을 필요충분조건은 $\mathscr{C}$ 의 모든 원소들의 교집합이 공집합이 되는 것이다.

(3) $\mathscr{A}$ 의 유한부분집합족 $\{A_1, A_2, \cdots, A_n\}$이 X를 덮을 필요충분조건은 $\mathscr{C}$ 의 대응되는 원소 $C_i = X - A_i$들의 교집합이 공집합이 되는 것이다.

위의 세 가지 성질은 DeMorgan의 법칙에 쉽게 증명된다.

따라서, X의 임의의 개피복 $\mathscr{A}$ 가 유한부분피복을 포함한다.

⇔ 임의의 개집합의 집합족 $\mathscr{A}$ 에 대하여, $\mathscr{A}$ 의 어떤 유한부분집합도 X를 덮을 수 없으면 $\mathscr{A}$ 도 X를 덮을 수 없다.

⇔ $\mathscr{C} = \{X - A \mid A \in a\}$에 대하여,

임의의 폐집합의 집합족 $\mathscr{C}$ 에 대하여, 임의의 $\mathscr{C}$ 의 부분집합의 교집합이 공집합이 아니면, $\mathscr{C}$ 의 모든 원소의 교집합도 공집합이 아니다. □

따름정리 7.1.1

위상공간 $(X, \mathfrak{T})$가 컴팩트일 필요충분조건은 임의의 X의 부분집합들의 집합족 $\mathscr{A}$ 에 대하여, $\mathscr{A}$ 가 유한교집합 조건을 만족하면,

$$\bigcap_{A \in a} \overline{A} \neq \varnothing.$$

이 되는 것이다.

연습 문제 7.1

1. 여유한위상(cofinite topology)을 갖는 위상공간 X는 컴팩트임을 증명하여라.

   Hint : $\mathscr{C} = \{G_\lambda \mid \lambda \in \Lambda\}$을 X의 개피복이라 하면 한 $G_{\lambda_0}(\neq \emptyset) \in \mathscr{C}$ 는 $G^{C_{\lambda_0}}$가 유한집합이다. 이 유한집합은 유한개의 $G_\lambda \in \mathscr{C}$ 로서 피복된다.

2. $(a_n)_{n \in \Lambda}$ 을 위상공간 X에서 수렴점열이라 하고 수렴점을 a라 하면 $A = \{a, a_1, \cdots, a_n, \cdots\}$은 컴팩트집합임을 보여라.

   Hint : $C = \{G_\lambda \mid \lambda \in \Lambda\}$을 A의 개피복이라 하면 $a \in G_\lambda \in \mathscr{C}$ 인 G_λ는

   $$\exists\, n_0 \ s.t.\ \forall\, n \geq n_0,\ a_n \in G_\lambda$$

   이다.

3. 컴팩트 T_2 위상은 극대 컴팩트위상임을 증명하여라.

   Hint : $(X, \mathfrak{T})$를 컴팩트, T_2위상공간이라 하자. $\mathfrak{T} \subset \mathfrak{T}'$이고 위상공간 $(X, \mathfrak{T}')$가 컴팩트일 경우 항등사상 $i : (X, \mathfrak{T}') \to (X, \mathfrak{T})$는 연속이고 $(X, \mathfrak{T}')$와 $(X, \mathfrak{T})$는 위상동형이다. $\therefore \mathfrak{T} = \mathfrak{T}'$.

4. X가 T_2 , Y 가 T_2컴팩트일 때 $f : X \to Y$가 연속이기 위한 필요충분조건은 $G(f) = \{(x, f(x)) \mid x \in X\}$가 $X \times Y$ 에서 폐집합이 되는 것임을 보여라.

§7.2 실직선에서의 컴팩트 집합

정리 7.2.1

X를 최소상계성질(least upper bound property)을 가지는 단순순서 집합이라하면, 순서위상공간 $(X, \mathcal{T})$에서 각 폐구간은 컴팩트이다.

증 명 주어진 두 점 $a<b$에 대하여, 집합족 $\mathscr{A}$를 X의 부분공간 $[a, b]$의 개집합들로 구성된 $[a, b]$의 한 피복이라 하고 $\mathscr{A}$의 유한부분피복이 존재함을 밝혀보자.

제1단계 : 먼저 다음의 사실을 증명하자.

$x \in [a, b]$이고 $x \neq b$이면 $y \in [a, b]$이고 $y > x$인 한 원소가 존재하여, 구간 $[x, y]$가 기껏해야 $\mathscr{A}$의 두 원소에 의하여 덮혀진다. 왜냐하면, 만약 점 x가 X에서 직후자를 가질 경우; y를 그 직후자라 두면 $[x, y] = \{x, y\}$가 되어 $[x, y]$는 기껏해야 $\mathscr{A}$의 두 원소에 의하여 덮혀질 수 있다.

다음으로 점 x가 X에서 직후자를 가지지 않을 경우; $\mathscr{A}$에서 x를 포함하는 한 원소 A를 택하자. $x \neq b$이고 A가 개집합이므로, 적당한 원소 $c \in [a, b]$가 존재하여 $[x, c) \subset A$를 만족한다. 한 원소 $y \in (x, c)$를 택하면, $[x, y]$는 $\mathscr{A}$의 한 원소 A에 의하여 덮혀진다.

제2단계 : 집합 C를 다음과 같이 구성하자.

$C = \{y \in [a, b] \mid a < y,\ [a, y]$는 유한개의 $\mathscr{A}$의 원소에 의하여 덮혀질 수 있다$\}$

제1단계를 적용하여 $x = a$라 하면 C에 속하는 한 원소 y가 적어도 하나는 존재하게 된다. 즉 $C \neq \varnothing$ 이다.

한 점 c를 집합 C의 최소상계라 하면, $a < c \leq b$ 이다.

제3단계 : 최소상계 c가 C의 원소임을 증명해 보자. 즉 구간 $[a, c]$가 $\mathscr{A}$ 의 유한개의 원소에 의하여 덮혀질 수 있다는 것을 보이자. 원소 c를 포함하는 $\mathscr{A}$ 의 한 원소 A를 택하자. A가 개집합이므로 적당한 한 구간 $(d, c]$가 존재하여 $(d, c] \subset A$를 만족하게 된다.

[그림 7.2.1]

만약 $c \notin C$라면, $\exists\ z \in (d, c)$, $z \in C$가 만족된다. 왜냐하면, 만약 그런 원소 z가 존재하지 않는다면 원소 $d\,(< c)$가 C의 상계가 되어서 $c = \sup C$라는 사실에 모순이기 때문이다. $z \in C$이므로 $[a, z]$는 $\mathscr{A}$ 의 유한개 (n 개라 하자) 에 의하여 덮혀진다. 한편 $[z, c]$가 한 원소 $A \in \mathscr{A}$ 에 의하여 덮혀지고 $[a, c] = [a, z] \cup [z, c]$이므로 $[a, c]$는 $n+1$개의 $\mathscr{A}$ 의 원소에 의하여 덮혀진다. 그러므로 $c \in C$ 이어야 한다.

제4단계 : 마지막으로 $c = b$임을 증명하면 우리의 정리는 증명된다. $c < b$라고 가정하자. 제1단계를 적용하여, $x = c$라 두면 적당한 원소 $y \in [a, b]$, $y > c$가 존재하여 $[c, y]$는 $\mathscr{A}$ 의 기껏해야 두 원소에 의하여 덮혀진다. 제3단계에서 $c \in C$를 밝혔으므로 $[a, c]$가 $\mathscr{A}$ 의 유한개의 원소에 의하여 덮혀지고, $[a, y] = [a, c] \cup [c, y]$이므로 $[a, y]$도 유한개의 $\mathscr{A}$ 의 원소에 의하여 덮혀져야 한다. 따라서 $y \in C$ 이다. 이는 $c = \sup C$라는 사실에 모순이다. 따라서 $c = b$ 이다. □

따름정리 7.2.2

보통실수공간 $(\mathbb{R}, \mathscr{U})$에서 모든 폐구간 $[a, b]$는 컴팩트이다.

증 명 보통실수공간 $(\mathbb{R}, \mathscr{U})$는 최소상계성질을 갖는 순서위상공간이기 때문에 [정리 7.2.1]에 의하여 모든 폐구간 $[a, b]$는 컴팩트이다. □

정리 7.2.3

공간 $\mathbb{R}^n$에서, 한 부분집합 $A \subset \mathbb{R}^n$이 컴팩트일 필요충분조건은 보통거리 d 또는 제곱거리 ρ에서 A는 폐집합이고 유계집합이다.

증 명 보통거리 d와 제곱거리 ρ 사이에는

$$\rho(x, y) \leq d(x, y) \leq \sqrt{n}\,\rho(x, y)$$

가 성립하므로 A가 d에서 유계일 필요충분조건은 A가 ρ에서 유계가 된다. 따라서 이 정리는 제곱거리 ρ에 대하여 증명할 것이다.

(⇒): $A \subset \mathbb{R}^n$를 컴팩트라 가정하자. $\mathbb{R}^n$이 Hausdorff 이므로 A는 폐집합이다.

$$\mathscr{A} = \{B_\rho(0, m) \mid m \in \mathbb{Z}^+\}$$

라면 $\mathscr{A}$는 $\mathbb{R}^n$의 개피복이다. 따라서 $\mathscr{A}$는 A를 덮으며, A가 컴팩트이므로 유한개의 $\mathscr{A}$의 원소에 의해서 A가 덮혀진다. 따라서, 적당한 $M \in \mathbb{Z}^+$에 대하여 $A \subset B_\rho(0, M)$을 만족한다. 그러므로 임의의 두 원소 $x, y \in A$에 대하여 $\rho(x, y) \leq 2M$이다. 따라서 A는 유계이다.

(⇐): $A \subset \mathbb{R}^n$가 $(\mathbb{R}^n, \rho)$에서 폐집합이고 유계라하자. 임의의 두 원소 $x, y \in A$에 대하여 $\rho(x, y) \leq N$이라고 가정하자. (단, $N > 0$) 한 원소 $x_0 \in A$를 택하고 $\rho(x_0, 0) = b$라 하면, 삼각부등식에 의하여, 임의의 $x \in A$에 대하여

$$\rho(x, 0) \leq N + b$$

를 만족한다. 만약 $p=N+b$ 라 두면 $A\subset[-p,p]^n$을 만족한다. 단, $[-p,p]^n$이 컴팩트이므로 폐부분집합 A도 컴팩트가 된다. □

예제 7.2.1 공간 $\mathbb{R}^n$에서 단위 원 S^{n-1}과 폐 단위구 B^n은 폐집합으로서 유계이다. 따라서 S^{n-1}, B^n은 컴팩트이다. 그러나 집합 $A=\left\{(x, \frac{1}{x}) \mid 0<x\le 1\right\}$는 폐집합이나 유계가 아니므로 컴팩트가 될 수 없다. 또한

$$S=\left\{(x, \sin\frac{1}{x}) \mid 0<x\le 1\right\}$$

는 유계이나 폐집합이 아니다. 따라서 S는 컴팩트가 될 수 없다.

정리 7.2.4

(최대, 최소값의 정리)

한 집합 Y를 순서위상이 주어진 순서집합이라 하고, 함수 $f: X\to Y$ 를 연속이라 하자. 만약 X가 컴팩트라면, 적당한 원소 $c, d\in X$가 존재하여, 임의의 $x\in X$에 대하여 $f(c)\le f(x)\le f(d)$를 만족한다.

증 명 함수 $f: X\to Y$를 연속, 공간 X를 컴팩트라 가정하자. $f(X)=A$라 두고 A가 최대원소 M과 최소원소 m을 가짐을 보이면 충분하다. 만약 A가 최대원소를 가지지 않는다면, 집합족

$$\mathscr{A}=\{(-\infty, a) \mid a\in A\}$$

가 A를 덮게 된다. 왜냐하면 임의의 원소 $x\in A$에 대하여 x의 최대원소가 아니므로, 적당한 원소 $y\in A$가 존재하여 $x<y$이 만족된다. 따라서 $x\in(-\infty, y)$이고 $(-\infty, y)\in\mathscr{A}$가 된다. 한편 A가 컴팩트이므로 유한부분집합

$$\{(-\infty, a_1), (-\infty, a_2), \cdots, (-\infty, a_n)\}$$

이 존재하여 A를 덮는다.

$$a_i=\max\{a_1, a_2, \cdots, a_n\}$$

이라 하면, $a_i \notin (-\infty, a_j)$, $j = 1, 2, \cdots, n$ 이므로 $a_i \notin \bigcup_{i=1}^{n} (-\infty, a_j)$ 이다. 이는 $\{(-\infty, a_1), (-\infty, a_2), \cdots, (-\infty, a_n)\}$ 이 A 를 덮는다는 사실에 모순이다. 따라서 A 는 최대치를 가져야 한다.
최소치에 대해서는 같은 방법으로 증명할 수 있다. □

정리 7.2.5

집합 X 를 공집합이 아닌 컴팩트 Hausdorff 공간이라 하자. X 의 모든 원소들이 극한점이면 X 는 비가산이다.

증 명 제1단계 : 임의의 공집합이 아닌 개집합 $U \subset X$ 와 임의의 $x \in X$ 에 대하여, U 에 포함되는 개집합으로서 $x \notin \overline{V}$ 인 공집합이 아닌 V 가 존재한다.

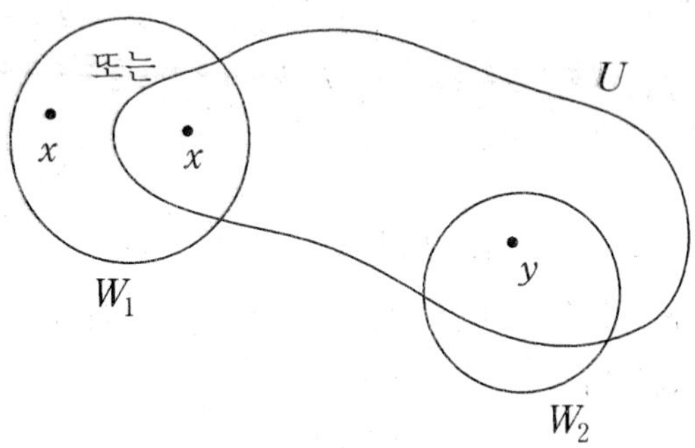

[그림 7.2.2]

개집합 U 에 포함되던지, 포함되지 않던지 관계없는 한 원소 $x \in X$ 를 임의로 선택하자. $x \in U$ 이던지 $x \notin U$ 이던지 U 에서 x 와 다른 한 원소 $y \in U$ 를 택할 수 있다. 왜냐하면, $x \notin U$ 일 경우는 $U \neq \varnothing$ 이므로 U 에서 한 원소 $y \in U$ 를 택하면 $x \neq y$ 이 될 것이다. 만약 $x \in U$ 이면, x 가 X 의 극한점이므로 $(U - \{x\}) \cap X \neq \varnothing$ 이 성립한다. 따라서 $y \in (U - \{x\}) \cap X$ 를 취하면 $y \in U$ 이고 $x \neq y$ 이다. X 가 Hausdorff 공간이므로 서로소인 x 의 근방 W_1

과 y의 근방 W_2가 존재한다. ([그림 7.2.2] 참조) 여기서 $V = U \cap W_2$라 놓으면 V는 개집합으로서 $V \subset U$이고 $x \notin \overline{V}$이다.

제2단계 : X가 비가산임을 증명하기 위하여 임의함수 $f: \mathbb{Z}^+ \to X$가 전사함수일 수 없음을 보이자.

임의의 함수 $f: \mathbb{Z}^+ \to X$ 에 대하여, $f(n) = x_n$이라 두자. 제1단계를 적용하기 위하여 $U = X$라 두고 $x = x_1$이라 두면 $x_1 \notin \overline{V_1}$을 만족하는 U에 포함되는 개집합 V_1이 존재한다. 이를 계속 반복적용하면, 임의의 $n \in \mathbb{Z}^+$에 대하여 $x_n \notin \overline{V_n}$을 만족하는 V_{n-1}에 포함되는 개집합 V_n 을 택할 수 있다. 따라서

$$\overline{V_1} \supset \overline{V_2} \supset \cdots \supset \overline{V_n} \supset \cdots$$

은 폐집합들로 구성된 축소점열로 볼 수 있다. 또한 $\{\overline{V_n} \mid n \in \mathbb{Z}^+\}$은 유한교집합 성질을 가지므로 X가 컴팩트라는 사실로부터

$$\bigcap \overline{V_n} \neq \emptyset$$

을 만족한다. 만약 $x \in \bigcap \overline{V_n}$이라 두면 모든 $n \in \mathbb{Z}^+$에 대하여 $x \in \overline{V_n}$이므로 $x \neq x_n$이 성립된다. 그러므로 $x \notin f(\mathbb{Z}^+)$이다. □

따름정리 7.2.6

$\mathbb{R}$ 에서 모든 폐구간은 비가산이다. 또한 $\mathbb{R}$ 자신도 비가산이다.

§7.3 가산컴팩트성, 점열컴팩트성, 극한점컴팩트성

정리 7.3.1

한 위상공간 $(X, \mathfrak{T})$를 T_1공간이라 하면, X위의 한 점 p가 부분집합 A의 극한점이기 위한 필요충분조건은 임의의 p의 근방 U에 대하여 $(U-\{p\})\cap A$가 무한집합이 된다.

증 명 (⇐) : 극한점의 정의로부터 명백하다.

(⇒) : 점 p가 A의 극한점이라 하자. 만약 p의 적당한 근방 U가 존재하여 $(U-\{p\})\cap A$가 유한집합이라 가정하자. $F=(U-\{p\})\cap A$라 두면 F는 T_1공간에서 유한집합이므로 폐집합이고 $p\not\in F$이다. 따라서 F^c는 p의 근방이고 $U\cap F^c=V$라 두면 V 역시 p의 근방이다. 한편 이는 $(V-\{p\})\cap A=\varnothing$이 되므로 p가 A의 극한점이라는 사실에 모순이다. 그러므로 어떤 p의 근방 U에 대하여도 $(U-\{p\})\cap A$는 무한집합이 되어야 한다. □

정의 7.3.1 한 위상공간 $(X, \mathfrak{T})$가 **극한점 컴팩트**(limit point compact)이라 함은 X의 임의의 무한부분집합이 극한점을 가지는 것이다.

정리 7.2.3

컴팩트공간은 극한점 컴팩트이다. 그러나 그 역은 성립하지 않는다.

증 명 X를 컴팩트공간이라 하자. 우리는 대우법칙을 이용하여 다음의 성질을 증명하겠다. X의 부분집합 A가 극한점을 가지지 않으면 A가 유한이다. 그래서 A가 극한점을 가지지 않는다고 가정하자. 그러면 $\overline{A}=A\cup A'$에서

$A' = \varnothing$ 이므로 $A = \overline{A}$ 이다. 즉, A 는 폐집합이다. 따라서 A 는 컴팩트공간의 폐부분집합이므로 컴팩트이다. 각 원소 $a \in A$ 에 대하여, $a \notin A'$ 이므로

$$\exists\, U_a\,;\ a\text{의 개근방},\ (U_a - \{a\}) \cap A = \varnothing$$

를 만족한다.

$$\mathscr{A} = \{U_a \mid a \in A\}$$

라 두면 $\mathscr{A}$ 는 A 의 한 개피복이고, A 가 컴팩트이므로 유한개의 $\mathscr{A}$의 원소 $U_{a_1}, U_{a_2}, \cdots, U_{a_n}$에 의하여 덮혀진다. 한편 각 $i = 1, 2, \cdots, n$ 에 대하여 $U_{a_i} \cap A$ 는 단원집합이다. 따라서 A 는 n 개의 원소로 구성된 집합이다. □

정의 7.3.2 한 위상공간 $(X, \mathfrak{T})$가 **가산컴팩트**(countably compact)라 함은 X의 임의의 가산개피복이 유한부분피복을 포함하는 것이다.

정리 7.3.3

컴팩트공간은 가산컴팩트공간이다.

증 명 X를 컴팩트공간이라 하고 $\mathscr{A} = \{U_1, U_2, \cdots U_n, \cdots\}$를 X의 가산개피복이라 하면, $\mathscr{A}$는 당연히 X의 한 개피복이다. X가 컴팩트공간이므로 유한부분개피복 $\{U_{i_1}, U_{i_2}, \cdots, U_{i_n}\}$이 존재한다. 따라서 X는 가산컴팩트공간이다. □

정리 7.3.4

한 위상공간 X가 가산컴팩트공간이기 위한 필요충분조건은 X의 임의의 무한집합 A에 대하여 다음 조건을 만족하는 한 원소 $a \in X$가 존재한다; a의 임의의 근방 U에 대하여, $(U - \{a\}) \cap A$가 무한집합이다.

증 명 $(\Rightarrow)$: X를 가산컴팩트라 하고 결론을 부정해 보자. A를 한 무한집합

으로서 다음 조건을 만족한다. : 임의의 원소 $a \in X$에 대하여 적당한 a의 근방 U가 존재하여 $(U-\{a\}) \cap A$ 이 유한집합이다. A의 한 가산무한부분집합 S를 택하면 임의의 $p \in X$에 대하여 p의 근방 G_p가 존재하여 $G_p \cap S(\subset G_p \cap A)$는 유한집합이다.

S의 임의의 유한부분집합 F에 대하여 ($F=\varnothing$일 경우도 포함한다.)

$$G_F = \bigcup \{ G_p \mid G_p \cap S = F \}$$

라 하자. 그러면

$$\mathscr{C} = \{ G_F \mid F\text{는 } S\text{의 유한부분집합} \}$$

는 X의 가산개피복이 된다. 왜냐하면 S의 유한부분집합 F는 가산개 존재하고, 임의의 $p \in X$ 에 대하여 $G_p \cap S$가 유한부분집합 F인 p의 한 근방 G_p가 존재한다. 따라서

$$p \in G_p \subset G_F \in \mathscr{C}$$

이므로 $\mathscr{C}$는 X의 한 개피복이다.

X가 가산컴팩트이므로 $\mathscr{C}$의 유한부분피복 $\{G_{F_1}, G_{F_2}, \cdots, G_{F_n}\}$이 존재한다.

G_{F_i} 의 정의에 의하여

$$S = S \cap X = S \cap \left(\bigcup_{i=1}^{n} G_{F_i} \right) = (S \cap G_{F_1}) \cup \cdots \cup (S \cap G_{F_n}) = F_1 \cup F_2 \cup \cdots \cup F_n$$

이다. 따라서 S는 유한부분집합이다. 이는 S가 무한집합이라는 사실에 모순이다. 따라서 결론이 성립된다.

(⇐) : 결론을 부정하여 X를 가산컴팩트공간이 아니라고 하자. 따라서 유한부분개피복을 포함하지 않는 가산개피복 $\mathscr{C} = \{G_1, G_2, \cdots, G_n, \cdots\}$이 존재한다.

임의의 $n \in \mathbb{Z}^+$에 대하여 $G_1 \cup G_2 \cup \cdots \cup G_n \neq X$ 이므로

$$x_n \in X - (G_1 \cup \cdots \cup G_n) \quad (n = 1, 2, \cdots)$$

인 원소 x_n을 택할 수 있다.

$$A = \{x_1, x_2, \cdots, x_n, \cdots\}$$

이라 놓으면, 임의의 $p \in X$에 대하여 적당한 $G_n \in \mathscr{C}$가 존재하여 $p \in G_n$이고

$$G_n \cap A \subset \{x_1, x_2, \cdots, x_n\}$$

이므로 $G_n \cap A$ 는 유한집합이다. 이는 가정에 모순이다. □

따름정리 7.3.5

한 위상공간 X가 T_1 공간일 경우, X가 가산컴팩트일 필요충분조건은 X가 극한점 컴팩트가 되는 것이다.

정의 7.3.3 한 위상공간 X가 **점열컴팩트**(sequentially compact)라 함은 X의 임의의 점열이 수렴하는 부분점열을 가지는 것이다.

정리 7.3.6

점열컴팩트이면 가산컴팩트이다.

증 명 공간 X를 점열컴팩트라 하고 결론을 부정하여, X가 가산컴팩트는 아니라 하자. 따라서 X는 유한부분피복을 가지지 않는 가산개피복 $\mathscr{C} = \{G_1, G_2, \cdots, G_n, \cdots\}$을 가진다. 따라서 임의의 $n \in \mathbb{Z}^+$에 대하여 $G_1 \cup G_2 \cup \cdots \cup G_n \not\supseteq X$ 이므로

$$x_n \in X - (G_1 \cup G_2 \cup \cdots \cup G_n)$$

을 택할 수 있다.

$$a = (x_1, x_2, \cdots, x_n, \cdots)$$

를 점열이라 하면 a는 수렴하는 부분점열을 가지지 않는다. 왜냐하면 임의의 점 $p \in X$에 대하여, $\mathscr{C}$가 개피복이므로 $p \in G_n$을 만족하는 적당한 원소 $G_n \in \mathscr{C}$이 존재하고, 점열 a의 구성에 의하여 $m > n$인 $m \in \mathbb{Z}^+$에 대하여 $x_m \not\in G_n$이므로 어떠한 부분점열도 p에 수렴하지 않는다. 이는 X가 점열컴팩트라는 사실에 모순이다. 그러므로 X는 가산컴팩트가 되어야 한다. □

위 정리의 역은 성립하지 않는다. X가 가산공간인 경우는 그 역도 성립한다.

정리 7.3.7

한 위상공간 X가 제1가산공간이고 가산컴팩트이면 X는 점열컴팩트가 된다.

증 명 공간 X에서 한 점열 $x=(x_i)$를 취하자.

$$S=\{x_i \mid i\in \mathbb{N}\}$$

이라 두고, 먼저 집합 S가 유한집합이면 적당한 $x_k\in S$가 존재하여 (x_i)의 한 부분점열 $(x_{i_1}, x_{i_2}, \cdots, x_{i_n}, \cdots)$로서 $x_{i_n}=x_k$ $(n=1,2,\cdots)$를 만족하는 것이 있다. 따라서 부분점열 (x_{i_n})은 $x_{i_n}\to x_k$를 만족한다.

만일 S가 무한집합이면, [정리 7.3.4]에 의하여 적당한 한 원소 $p\in X$가 존재하여, 임의의 p의 근방 U에 대하여 $(U-\{p\})\cap S$는 무한집합이다. 공간 X이 제1가산공간이므로, $p\in X$에서 축소가산국소기저

$$\mathscr{B}_p=\{G_1, G_2, \cdots, G_n, \cdots\} \text{ (단, } G_1\supset G_2\supset\cdots)$$

가 존재한다. 임의의 n에 대하여 G_n이 p의 근방이므로 $G_n\cap S$는 무한집합이다. 따라서

$$x_{i_n}\in G_n\cap S \text{ (단 } n<m \text{ 이면 } i_n<i_m)$$

인 x_{i_n}을 택할 수 있다. 그러므로 $(x_{i_n})=(x_{i_1}, x_{i_2}, \cdots, x_{i_n}, \cdots)$은 (x_i)의 부분점열로서

$$x_{i_n}\to p$$

를 만족한다. 따라서 X는 점열컴팩트공간이다. □

거리공간에서 컴팩트공간, 가산컴팩트공간, 극한점 컴팩트공간, 점열컴팩트공간은 같은 공간이다.

정의 7.3.4 한 거리공간 (X, d)의 부분집합 A가 **완전유계집합**(totally bounded set)이라 함은 임의의 $\varepsilon>0$에 대하여 적당한 X의 유한부분집합 $F=\{x_1, x_2, \cdots, x_n\}$가 존재하여 $A\subset \bigcup_{i=1}^{n} B_d(x_i, \varepsilon)$을 만족할 때이다.

예제 7.3.1 보통실수공간 $(\mathbb{R}, d)$의 부분집합 $[0,1]$은 완전유계이다. 왜냐하면, 임의의 $\varepsilon > 0$에 대하여, $0 < \frac{1}{n} < \varepsilon$을 만족하는 $n \in \mathbb{N}$을 취할 수 있고, $F = \left\{0, \frac{1}{n}, \cdots, \frac{n-1}{n}, 1\right\}$는 유한부분집합으로서

$$[0,1] \subset \bigcup_{k=0}^{n} B_d\left(\frac{k}{n}, \varepsilon\right)$$

을 만족한다. 따라서 $[0,1]$은 완전유계집합이다.

유계집합으로서 완전유계집합이 아닌 경우가 있다.

예제 7.3.2 Hilbert 공간 $(\mathbb{R}^\infty, d)$의 한 부분집합 A를

$$e_1 = (1, 0, 0, 0, \cdots)$$
$$e_2 = (0, 1, 0, 0, \cdots)$$
$$e_3 = (0, 0, 1, 0, \cdots)$$
$$\vdots$$

의 집합이라고 하자. 여기서 $i \neq j$이면 $d(e_i, e_j) = \sqrt{2}$이다.

따라서, $d(A) = \sup\{d(e_i, e_j) \mid i, j = 1, 2, \cdots\} = \sqrt{2}$이므로 A는 유계집합이다.

그러나 $\varepsilon = \frac{1}{2}$로 취하면, 임의의 $p \in \mathbb{R}^\infty$에 대하여 $B_d(p, \varepsilon) \cap A$은 $\varnothing$이거나 단원집합이 된다.

왜냐하면, 만약 $e_i, e_j \in B_d(p, \varepsilon)$ (단, $i \neq j$)이면

$$d(e_i, e_j) \leq d(e_i, p) + d(p, e_j) < \frac{1}{2} + \frac{1}{2} = 1$$

이다. 이것은 $1 < \sqrt{2} = d(e_i, e_j)$라는 사실에 모순이다.

따라서 $\mathbb{R}^\infty$의 임의의 유한부분집합 $F = \{p_1, p_2, \cdots, p_n\}$에 대하여

$$A \subsetneq \bigcup_{p \in F} B_d(p, \varepsilon)$$

이다. 그러므로 A는 완전유계집합이 아니다.

정리 7.3.8

완전유계집합은 유계집합이다.

증 명 (X, d)의 한 부분집합 A를 완전유계집합이라 하자. $\varepsilon = 1$ 이라 두면 한 유한집합 $F = \{x_1, x_2, \cdots, x_n\}$가 존재하여

$$A \subset \bigcup_{x \in F} B_d(x, \varepsilon)$$

을 만족한다. 임의의 $a, b \in A$ 에 대하여, $A \subset \bigcup_{x \in F} B_d(x, \varepsilon)$ 이므로 $a \in B_d(x_i, \varepsilon)$, $b \in B_d(x_j, \varepsilon)$인 적당한 i, j가 존재한다. 한편

$$\delta = \max\{d(x_k, x_l) \mid 1 \leq k, l \leq n\}$$

이라 두면

$$d(a, b) \leq d(a, x_i) + d(x_i, x_j) + d(x_j, b) < 2\varepsilon + \delta = 2 + \delta$$

이다. 따라서

$$d(A) = \sup\{d(a, b) \mid a, b \in A\} \leq 2 + \delta < \infty$$

이다. 그러므로 A는 유계집합이다. □

정리 7.3.9

위상공간 (X, d)를 한 거리공간이라 하자. 한 부분집합 A가 X의 점열컴팩트 부분집합이면 A는 완전유계집합이다.

증 명 $A(\subset X)$를 점열컴팩트 부분집합이라 하고, 결론을 부정하여 A를 완전유계집합이 아니라 하자. 따라서 한 $\varepsilon > 0$이 존재하여, 어떤 유한집합 $F \subset X$에 대해서

$$A \not\subset \bigcup_{p \in F} B_d(p, \varepsilon)$$

이 성립한다. 여기서 한 점 $a_1 \in A$에 대하여 $F = \{a_1\}$이라 두면

$$A \not\subset B_d(a_1, \varepsilon)$$

이 만족된다. 따라서

$$a_2 \in A - B_d(a_1, \varepsilon)$$

인 a_2를 취할 수 있다. $F = \{a_1, a_2\}$인 경우에도 $A \subsetneq B_d(a_1, \varepsilon) \cup B_d(a_2, \varepsilon)$ 이므로

$$a_3 \in A - (B_d(a_1, \varepsilon) \cup B_d(a_2, \varepsilon))$$

인 a_3를 취할 수 있다. 같은 방법을 반복하여

$$a_n \in A - \left(\bigcup_{i=1}^{n-1} B_d(a_i, \varepsilon) \right) \ (n \in \mathbb{N})$$

을 만족하는 a_n을 취하고, 이들로 구성되는 한 점열 $a = (a_n)$에 대하여 어떤 $i, j \in \mathbb{N}$에 대하여 $i < j$일 경우에 $a_j \notin B_d(a_i, \varepsilon)$이므로

$$d(a_i, a_j) \geq \varepsilon$$

이 성립된다. 따라서 점열 a의 어떤 부분점열도 수렴할 수 없게 된다. 따라서 이것은 A가 점열컴팩트라는 사실에 모순이다. 그러므로 A는 완전유계가 되어야 한다. □

정의 7.3.5 한 공간 (X, d)를 거리공간이라 하고 A를 X의 한 부분집합이라 하자. $\mathscr{A} = \{U_\alpha \mid \alpha \in J\}$를 A의 한 피복이라 하고, 한 실수 $\varepsilon > 0$에 대하여, ε을 A의 피복 $\mathscr{A}$에 대한 **르베그수**(Lebesgue number)라 함은, 임의의 A의 부분집합 B이 $\delta(B) < \varepsilon$이면 적당한 원소 $U_\alpha \in \mathrm{A}$가 존재하여 $B \subset U_\alpha$을 만족할 때이다.

정리 7.3.10

(X, d)를 한 거리공간으로서 점열컴팩트 공간이라 하자. $\mathscr{A} = \{U_\alpha \mid \alpha \in J\}$를 한 개피복이라 하면 $\mathscr{A}$는 한 르베그수를 갖는다.

증 명 결론을 부정하여 개피복 $\mathscr{A}$가 르베그수를 갖지 않는다고 하자. 따라서 각 $n \in \mathbb{N}$에 대하여 적당한 집합 $B_n \subset X$가 존재하여, $\delta(B_n) < \dfrac{1}{n}$이나 어떤 $U_\alpha \in \mathscr{A}$에 대해서도 $B_n \not\subseteq U_\alpha$이다. 각 자연수 n에 대하여 $b_n \in B_n$인 원소

b_n을 취하자. 이들로 구성된 한 점열 $b=(b_n)$에 대하여, X가 점열컴팩트이므로 수렴하는 부분점열 (b_{n_k})를 갖는다. 그 수렴점을 $p\in X$라 하자. $\mathscr{A}$가 X의 피복이므로 적당한 $U_\alpha\in\mathscr{A}$가 존재하여 $p\in U_\alpha$를 만족한다. X가 거리위상이고 U_α가 개집합이므로, 적당한 양수 $\varepsilon>0$이 존재하여

$$p\in B_d(p,\varepsilon)\subset U_\alpha$$

를 만족한다. $b_{n_k}\to p$이므로 적당한 자연수 n_k가 존재하여

$$b_{n_k}\in B_d(p,\frac{\varepsilon}{2}) \quad b_{n_k}\in B_{n_k} \quad \delta(B_{n_k})<\frac{1}{n_k}<\frac{\varepsilon}{2}$$

되게 할 수 있다. 왜냐하면 n_k를 충분히 크게 잡을 수 있기 때문이다. 임의의 $x\in B_{n_k}$에 대하여

$$d(x,p)\le d(x,b_{n_k})+d(b_{n_k},p)<\frac{\varepsilon}{2}+\frac{\varepsilon}{2}=\varepsilon$$

이므로 $x\in B_\alpha(p,\varepsilon)$이다. 즉 $B_{n_k}\subset B_d(p,\varepsilon)$이다. 따라서 $B_{n_k}\subset B_d(p,\varepsilon)\subset U_\alpha$를 만족한다. 이는 B_n의 구성에 의하여 모순이다. 그러므로 $\mathscr{A}$는 르베그수를 갖는다. □

정리 7.3.11

거리공간 (X,d)에 대하여 다음 명제들은 동치이다.

(1) X는 컴팩트 공간이다.

(2) X는 가산컴팩트 공간이다.

(3) X는 점열컴팩트 공간이다.

(4) X는 극한점 컴팩트 공간이다.

증 명 거리공간은 제1가산공간이므로 (2), (3), (4)가 동치임은 앞에서 언급하였다. 여기서는 (3)⇒(1) 임을 보이면 충분하다.

X를 점열컴팩트라 하고 $\mathscr{A}=\{U_\alpha\mid \alpha\in J\}$를 X의 한 개피복이라 하자. [정리 7.3.10]에 의하여 개피복 $\mathscr{A}$는 한 르베그수 $\varepsilon>0$를 갖는다. [정리 7.3.9]에 의하여

X는 완전유계이므로 적당한 유한집합 $F=\{x_1, x_2, \cdots, x_n\}\subset X$가 존재하여

$$X=\bigcup_{x_i\in F} B_d(x_i, \frac{\varepsilon}{3})$$

를 만족할 것이다. 한편 $\delta(B_d(x_i, \frac{\varepsilon}{3}))<\varepsilon$ $(x_i\in F)$이므로 르베그수의 정의로부터 적당 $U_{\alpha_i}\in\mathscr{A}$가 존재하여

$$B_d(x_i, \frac{\varepsilon}{3})\subset U_{\alpha_i} \quad (i=1, 2, \cdots, n)$$

를 만족한다. 따라서

$$X=\bigcup_{x_i\in F} B_d(x_i, \frac{\varepsilon}{3})\subset \bigcup_{i=1}^{n} U_{\alpha_i}$$

이다. 즉 $\{U_{\alpha_1}, U_{\alpha_2}, \cdots, U_{\alpha_n}\}$이 $\mathscr{A}$의 유한부분피복이다. 그러므로 X는 컴팩트 공간이다. □

정 리 7.3.12

균등연속성 정리(Uniform continuity theorem)

(X, d)를 컴팩트 거리공간, (Y, ρ)를 거리공간이라 하고 $f: X\to Y$를 연속함수라 하자. 그러면 함수 f는 균등연속함수이다. 즉 임의의 $\varepsilon>0$에 대하여 적당한 $\delta>0$이 존재하여, 어떤 두 원소 $x_1, x_2\in X$에 대하여

$$d(x_1, x_2)<\delta \;\Rightarrow\; \rho(f(x_1), f(x_2))<\varepsilon$$

을 만족한다.

증 명 주어진 $\varepsilon>0$에 대하여 $\mathscr{C}=\left\{B_\rho(y, \frac{\varepsilon}{2}) \mid y\in Y\right\}$라 두면 $\mathscr{C}$는 Y의 한 개피복이 된다.

$$\mathscr{A}=\left\{f^{-1}(B_\rho(y, \frac{\varepsilon}{2})) \mid y\in Y\right\}$$

라 두면 $\mathscr{A}$는 X의 한 개피복이다. X가 컴팩트이므로 $\mathscr{A}$의 한 르베그수 $\delta>0$가 존재한다. 그러면 임의의 두 원소 $x_1, x_2\in X$에 대하여 $d(x_1, x_2)<\delta$이

면, $\delta(\{x_1, x_2\}) < \delta$ 이다. 따라서 적당한 원소 $f^{-1}(B_\rho(y, \frac{\varepsilon}{2})) \in \mathscr{A}$ 가 존재하여

$$\{x_1, x_2\} \subset f^{-1}(B_\rho(y, \frac{\varepsilon}{2}))$$

을 만족한다. 따라서 $f(x_1), f(x_2) \in B_\rho(y, \frac{\varepsilon}{2})$ 이고, 결과적으로

$$p(f(x_1), f(x_2)) < \varepsilon$$

을 만족한다. □

연습 문제 7.3

1. 가산컴팩트인 린델래프공간은 컴팩트공간임을 보여라.

   Hint : 임의의 개피복은 린델래프공간에서 가산피복을 갖게 되고 가산 컴팩트 공간이므로 유한피복을 갖는다.

2. 가산컴팩트공간의 연속사상에 의한 상은 또한 가산컴팩트 임을 보여라.

3. 가산컴팩트공간의 폐부분집합은 가산컴팩트이다. 증명하여라.

   Hint : X를 가산컴팩트라 하고 $F \subset X$를 폐집합이라 하자. F의 가산 개피복을 $\mathscr{C} = \{G_1, \cdots, G_n, \cdots\}$이라 하면 $\mathscr{C} \cup \{F^c\}$는 X의 가산개피복이다. 가정에 의하여 $\{G_{k_1}, \cdots, G_{k_n}, F^c\} \subset \mathscr{C} \cup \{F^c\}$가 존재해서 X의 유한개피복이다. 따라서 $F \subset G_{k_1} \cup \cdots \cup G_{k_n}$이다.

4. X가 제 1 가산공간이고 $A \subset X$가 가산컴팩트이면 A는 X에서 폐집합임을 보여라.

   Hint : $x \in \overline{A} \subset X$라 하자. X가 제 1 가산공간이므로 적당한 $x_n \in A$ ($n = 1, 2, \cdots$)가 존재하여 $x_n \to x$이다. 집합 $\{x_n \mid n = 1, 2, \cdots\}$가 유한집합이면 적당한 n_0가 존재해서 $x = x_{n_0} \in A$이다. 집합 $\{x_n \mid n = 1, 2, \cdots\}$가 무한집합이면 ω-집적점인 x는 $x \in A$이다. $\therefore \overline{A} \subset A$.

5. X를 가산컴팩트라 하고 $f : X \to \mathbb{R}$를 연속함수라 하면 f는 유계함수(bounded function)임을 밝혀라.

   Hint : $\mathscr{C} = \{f^{-1}[(-n, n)] \mid n \in \mathbb{N}\}$는 X의 가산개피복이다. 가정에서 X를 가산컴팩트라 하였으므로 f는 유계함수이다.

§7.4 국소컴팩트성, 컴팩트화 공간

정의 7.4.1 한 위상공간 $(X, \mathcal{T})$를 점 x에서 **국소컴팩트**(locally compact at x) 라 함은 x의 한 근방을 포함하는 x의 컴팩트부분집합 C가 존재할 때를 의미한다. X의 모든 점에서 국소컴팩트일 때 X를 국소컴팩트라 한다.

컴팩트공간은 자동적으로 국소컴팩트공간이 된다.

예제 7.4.1 보통 실수공간 $\mathbb{R}$은 국소컴팩트이다. 임의의 $x \in \mathbb{R}$에 대하여 x를 포함하는 한 폐구간 $[x-1, x+1]$은 컴팩트이고 x의 근방 $(x-1, x+1)$을 포함한다. 그러나 부분공간 $\mathbb{Q}$는 국소컴팩트가 아니다. 왜냐하면 임의의 근방 $V=(a, b)\cap\mathbb{Q}$을 포함하는 $\mathbb{Q}$의 어떤 부분집합도 컴팩트가 될 수 없기 때문이다.

예제 7.4.2 이산공간 $(X, \mathscr{D})$는 국소컴팩트 공간이다. 임의의 점 x에 대하여 $C=\{x\}$는 컴팩트로서 x의 근방 $V=\{x\}$를 포함하고 있다.

정리 7.4.1

위상공간 X가 Hausdorff 공간이면, X가 국소컴팩트공간일 필요충분조건은 X의 각 점 $x \in X$에 대하여, 적당한 근방 V가 존재하여 $\overline{V}$가 컴팩트이다. (이러한 V를 상대적컴팩트 개집합(relatively compact open set)이라 한다.)

증 명 $(\Rightarrow)$: X를 국소컴팩트라 가정하고 $x \in X$에 대하여 부분집합 C를 컴팩트로서 x의 한 근방 V를 포함한다고 하자. X가 Hausdorff이므로 C는 V를 포함하는 폐집합이다. 따라서 $\overline{V} \subset C$이고, C가 컴팩트이므로 $\overline{V}$는 컴팩트이다.

(⇐) : 임의의 $x \in X$ 에 대하여 $\overline{V}$가 컴팩트인 한 근방을 V라 하면 정의에 의하여 $\overline{V}$는 한 근방 V를 포함하는 컴팩트이므로 X는 국소컴팩트 공간이다. □

예제 7.4.3 Hausdorff 공간 $\mathbb{R}^n$은 국소컴팩트이다. 임의의 원소 $x \in \mathbb{R}^n$는 기저의 한 원소 $V=(a_1, b_1)\times(a_2, b_2)\times\cdots\times(a_n, b_n)$에 포함되고 V는 컴팩트 부분집합 $\overline{V}=[a_1, b_1]\times[a_2, b_2]\times\cdots\times[a_n, b_n]$ 에 포함된다.

그러나 $\mathbb{R}^w$는 국소컴팩트가 아니다. 왜냐하면 어떤 기저의 원소
$B=(a_1, b_1)\times(a_2, b_2)\times\cdots\times(a_n, b_n)\times\mathbb{R}\times\mathbb{R}\times\cdots$ 도 컴팩트인 폐포를 가지지 않는다. $\overline{B}=[a_1, b_1]\times[a_2, b_2]\times\cdots\times[a_n, b_n]\times\mathbb{R}\times\cdots$ 이고 $\overline{B}$는 컴팩트가 될 수 없다.

정리 7.4.2

함수 $f: X \to Y$가 전사, 연속, 개함수이면, X가 국소컴팩트 일 때 Y도 국소컴팩트가 된다.

증 명 임의의 원소 $y \in Y$에 대하여, f가 전사이므로 한 원소 $x \in X$가 존재하여 $f(x)=y$가 성립된다. X가 국소컴팩트이므로 한 컴팩트집합 C가 존재하여 x의 한 근방 V를 포함한다. f가 연속이므로 $f(C)$가 컴팩트이고 또한 f가 개함수이므로 $f(V)$가 y의 근방이 되고 $f(V)\subset f(C)$가 성립한다. 그러므로 Y는 y에서 국소컴팩트가 된다. □

정리 7.4.3

위상공간 X가 Hausdorff 일 때 다음 사실들은 서로 동치이다.

(1) X가 국소컴팩트이다.

(2) 각 $x \in X$와 x의 각 근방 U에 대하여 적당한 x의 근방 V가 존재하여 $\overline{V}$가 컴팩트이고 $x \in V \subset \overline{V} \subset U$를 만족한다.

(3) 각 컴팩트 C와 개집합 $U \supset C$에 대하여 적당한 개집합 V가 존재하여 $\overline{V}$

가 컴팩트이고 $C\subset V\subset \overline{V}\subset U$를 만족한다.

(4) X는 폐포가 컴팩트인 개집합으로 구성된 한 기저를 가진다.

증 명 (1)⇒(2) : X를 국소컴팩트라 가정하자. 각 $x\in X$에 대하여 x의 적당한 근방 W가 존재하여 $\overline{W}$가 컴팩트가 된다. $\overline{W}$가 컴팩트이므로 정칙공간이 되고 $U\cap\overline{W}$가 $\overline{W}$에서 x의 근방이 되므로 $\overline{W}$에서 x의 근방 G가 존재하여 $x\in G\subset \overline{G}^{W}\subset U\cap\overline{W}$가 만족된다. 한편 G가 $\overline{W}$에서 개집합이므로 X에서 적당한 개집합 E가 존재하여 $G=E\cap\overline{W}$를 만족한다. 따라서 $V=E\cap W$라 두면 V는 x의 근방이고,

$$\overline{V}\subset \overline{E\cap W}\subset \overline{E\cap \overline{W}}\subset \overline{G}= \overline{G}^{W}\subset U\cap\overline{W}\subset U$$

를 만족하므로 (2)가 성립된다.

(2)⇒(3) : 각 $x\in C$에 대하여 x의 근방 V_x가 존재하여 $\overline{V_x}$가 컴팩트이고 $\overline{V_x}\subset U$를 만족한다. $\mathrm{A}=\{V_x\mid x\in C\}$는 C의 한 개피복이고 C가 컴팩트이므로 유한부분피복 $\{V_{x_1}, V_{x_2}, \cdots, V_{x_n}\}$이 존재한다. 따라서

$$V=\bigcup_{i=1}^{n} V_{x_i}$$

라 두면 V는 C를 포함하고, $\overline{V}=\bigcup_{i=1}^{n}\overline{V_{x_i}}\subset U$을 만족하며 유한개의 컴팩트들의 합집합이므로 또한 컴팩트집합이다.

(3)⇒(4) : $\mathscr{B}$를 폐포가 컴팩트인 모든 개집합들의 집합족이라 두면 $\mathscr{B}$는 X의 한 기저가 된다. 왜냐하면, 임의의 $x\in X$와 x의 근방 U에 대하여, $\{x\}$가 컴팩트이므로 (3)에 따라 적당한 개집합 V가 존재하여 $\overline{V}$가 컴팩트이고 $\{x\}\subset V\subset\overline{V}\subset U$를 만족한다. 따라서 $V\in\mathscr{B}$이고 $x\in V\subset U$이므로 $\mathscr{B}$는 X의 한 기저가 된다.

(4)⇒(1) : 각 $x\in X$에 대하여 $\mathscr{B}=\{V\mid V$는 개집합이고 $\overline{V}$는 컴팩트이다.$\}$가 기저이므로 적당한 $V\in\mathscr{B}$가 존재하여

$$x\in V\subset X$$

가 만족된다. 또한 $\overline{V}$가 컴팩트이므로 X는 x에서 국소컴팩트이다. 그러므로 X는 국소컴팩트이다. □

정리 7.4.4

위상공간 X가 Hausdorff 이고 국소컴팩트이면 X는 정칙공간이 된다.

증 명 임의의 한 점 $x \in X$와 x의 임의의 근방 U를 취하면 [정리 7.4.3]의 (2)에 의하여 상대적컴팩트 개집합 V가 존재하여

$$x \in V \subset \overline{V} \subset U$$

를 만족하므로 X는 정칙공간이 된다. □

정의 7.4.2 한 위상공간 X와 컴팩트공간 Y에 대하여 $f: X \to Y$를 한 함수라 할 때, 만약 $X \approx f(X) \subset Y$이고 $\overline{f(X)} = Y$를 만족하면 (Y, f)를 X의 **컴팩트화**(compactification of X)라 한다.

예제 7.4.4 위상공간 Y가 컴팩트이고 X가 Y의 한 조밀부분집합일 때 (Y, i)는 X의 한 컴팩트화이다.

정리 7.4.5

$(X, \mathfrak{T})$는 한 국소컴팩트, Hausdorff 공간으로서 컴팩트는 아니라고 하자. p는 X에 속하지 않는 한 대상 $Y = X \cup \{p\}$이고

$$\mathscr{U} = \{U \in \wp(Y) \mid U \in \mathfrak{T} \text{ 또는 } Y - U \text{는 } X \text{의 컴팩트부분집합}\}$$

이라 하자. 그러면 $\mathscr{U}$는 Y에서 위상이고 $(Y, \mathscr{U})$는 컴팩트 Hausdorff 공간 (Y, i)는 $(X, \mathfrak{T})$의 한 컴팩트화이다. 이때, $(Y, \mathscr{U})$를 X의 **한 점 컴팩트화**(one point compactification)라고 한다.

증 명 먼저 $\mathscr{U}$가 Y의 한 위상임을 보이자.

(1) $\varnothing \in \mathfrak{T} \subset \mathscr{U}$이므로 $\varnothing \in \mathscr{U}$이다.

$\varnothing$는 X의 컴팩트집합이므로 $Y - \varnothing = Y \in \mathscr{U}$이다.

(2) $\mathscr{U}_o \subset \mathscr{U}$라 하자.

(i) $\mathscr{U}_o = \{G_\alpha \mid \alpha \in J\} \subset \mathfrak{T}$인 경우,

$\mathfrak{T}$가 X위의 위상이므로 $\bigcup \mathscr{U}_o = \bigcup_{\alpha \in J} G_\alpha \in \mathfrak{T}$이고

$\mathfrak{T} \subset \mathscr{U}$이므로 $\bigcup_{\alpha \in J} G_\alpha \in \mathscr{U}$를 만족한다.

(ii) $\mathscr{U}_o = \{Y - F_\gamma \mid \gamma \in \Gamma,\ F_\gamma$는 X에서 컴팩트부분집합$\}$인 경우,

$\bigcup \mathscr{U}_o = \bigcup_{\gamma \in \Gamma} (Y - F_\gamma) = Y - \bigcap_{\gamma \in \Gamma} F_\gamma$이고 F_γ이 X에서 컴팩트이므로

$\bigcap_{\gamma \in \Gamma} F_\gamma$도 X에서 컴팩트이다. 따라서 $\bigcup_{\gamma \in \Gamma} (Y - F_\gamma) \in \mathscr{U}$이다.

(iii) $\mathscr{U}_o = \{G_\alpha \mid \alpha \in J,\ G_\alpha \in \mathfrak{T}\} \cup \{Y - F_\gamma \mid \gamma \in \Gamma,\ F_\gamma$: 컴팩트부분집합$\}$인 경우

$\bigcup \mathscr{U}_o = \bigcup_{\alpha \in J} G_\alpha \cup \bigcup_{\gamma \in \Gamma} (Y - F_\gamma) = \bigcup_{\alpha \in J} G_\alpha \cup (Y - \bigcap_{\gamma \in \Gamma} F_\gamma)$이다.

$G = \bigcup_{\alpha \in J} G_\alpha$, $F = \bigcap_{\gamma \in \Gamma} F_\gamma$라 두면 $G \in \mathfrak{T}$이고 F는 X에서 컴팩트부분집합이고

$$\bigcup \mathscr{U}_o = G \cup (Y - F) = Y - (F - G)$$

이다. 따라서 $F - G = F \cap G^c$는 F에서 폐집합이므로 역시 컴팩트이다.
따라서 $Y - (F - G) \in \mathscr{U}$이 성립된다.

(3) $U_1,\ U_2 \in \mathscr{U}$라 할 때,

(i) $U_1,\ U_2 \in \mathfrak{T}$인 경우 $U_1 \cap U_2 \in \mathfrak{T}$이므로 $U_1 \cap U_2 \in \mathscr{U}$를 만족한다.

(ii) $U_1 = Y - F_1,\ U_2 = Y - F_2$인 경우, 여기서 F_1과 F_2는 X의 컴팩트부분집합이다.

$$U_1 \cap U_2 = (Y - F_1) \cap (Y - F_2) = Y - (F_1 \cup F_2)$$

이고, $F_1 \cup F_2$는 컴팩트집합들의 유한합집합이므로 역시 컴팩트이다.

따라서 $U_1 \cap U_2 = Y - (F_1 \cup F_2) \in \mathscr{U}$이 성립된다.

(iii) $U_1 \in \mathfrak{I}$, $U_2 = Y - F$ 인 경우, (여기서 F는 X의 컴팩트부분집합)

$$U_1 \cap U_2 = U_1 \cap (Y-F) = U_1 \cap (X-F) \in \mathfrak{I} \subset \mathscr{U} \text{ 이다.}$$

(1), (2), (3)에 의하여 $(Y, \mathscr{U})$는 한 위상공간이 된다.

다음으로 $(Y, \mathscr{U})$가 컴팩트공간임을 보이자.

$\mathscr{A} = \{U_\alpha \mid \alpha \in J\}$를 Y의 한 개피복이라 하자. $p \in Y$이므로 p를 포함하는 한 원소 $U_\alpha \in \mathscr{A}$가 존재한다. p를 포함하는 근방은 $Y-F$의 형태일 것이고, F가 컴팩트이므로 X에서 폐집합이다. 따라서

$$(Y-F)-\{p\} = (Y-\{p\})-F = X-F \in \mathfrak{I}$$

를 만족한다. 따라서 임의의 $\alpha \in J$에 대하여 $U_\alpha - \{p\} = V_\alpha$라 두면 $\mathscr{A}' = \{V_\alpha \mid \alpha \in J\}$는 X의 한 개피복이 된다. 따라서 p를 포함하는 한 원소 $U_\alpha = Y-F$에서 $\mathscr{A}'$는 또한 F의 한 개피복이 된다. F가 X에서 컴팩트이므로 유한부분피복 $\{V_{\alpha_1}, V_{\alpha_2}, \cdots, V_{\alpha_n}\}$이 존재한다. 따라서

$$Y = F \cup (Y-F) \subset \bigcup_{i=1}^{n} V_{\alpha_i} \cup U_\alpha$$

이고, 따라서 $\mathscr{A}$의 한 부분집합족

$$\{U_{\alpha_1}, U_{\alpha_2}, \cdots, U_{\alpha_n}, U_\alpha\}$$

는 $\mathscr{A}$의 한 유한개피복이 된다. 그러므로 $\{Y, \mathscr{U}\}$는 컴팩트이다.

다음으로 $\overline{X} = Y$, 즉 X가 Y의 조밀부분집합임을 보이자.

$\mathscr{U}_x = \{U \cap X \mid U \in \mathscr{U}\} = \mathfrak{I}$이므로 $(X, \mathfrak{I})$는 $(Y, \mathscr{U})$의 부분공간이다. $p \in \overline{X}$임을 보이기 위하여, $U = Y-F$ (단, F는 X의 한 컴팩트부분집합)를 p의 임의의 한 근방이라 하자. X가 컴팩트공간이 아니므로 $F \subsetneq X$이고, $x \in X-F$라 두면 $x \in (Y-F) \cap X$이다. 즉 $U \cap X \neq \varnothing$이므로 $p \in \overline{X}$이다.

다음으로 $(Y, \mathscr{U})$가 Hausdorff 공간임을 증명하자. x와 y를 Y의 서로 다른 두 원소라 두자. 만약 $x, y \in X$라면 X가 Hausdorff 이므로 서로소인 x, y의 두 근방 U와 V가 존재할 것이다. 한편 $x \in X$이고 $y = p$라면 X가 국소컴팩트이므로 상대적컴팩트 근방 U가 존재할 것이다. 따라서 U와 $Y-\overline{U}$가 서로

소인 x와 y의 근방이다. 그러므로 $(Y, \mathscr{U})$는 Hausdorff 공간이다.

포함함수 $i: X \to Y$는 X와 $i(X) = X$를 위상동형이 되게 하므로 (Y, i)는 X의 한 컴팩트화이다. □

예제 7.4.5 수직선 $(\mathbb{R}, \mathscr{U})$에 무한원점 $p = \infty$를 추가하여 $\mathbb{R}^* = \mathbb{R} \cup \{\infty\}$라 하고 $\mathscr{U}^* = \mathscr{U} \cup \{\mathbb{R}^* - F \mid F$는 $\mathbb{R}$에서 컴팩트집합$\}$이라 하면 $(\mathbb{R}^*, \mathscr{U}^*)$는 $(\mathbb{R}, \mathscr{U})$의 한 점 컴팩트화공간이다.

예제 7.4.6 수직선 $(\mathbb{R}, \mathscr{U})$와 원점에서 접하는 한 원을 S^1이라 하고 [그림 7.4.1]와 같은 함수 $f: \mathbb{R} \to S^1$을 생각하자.

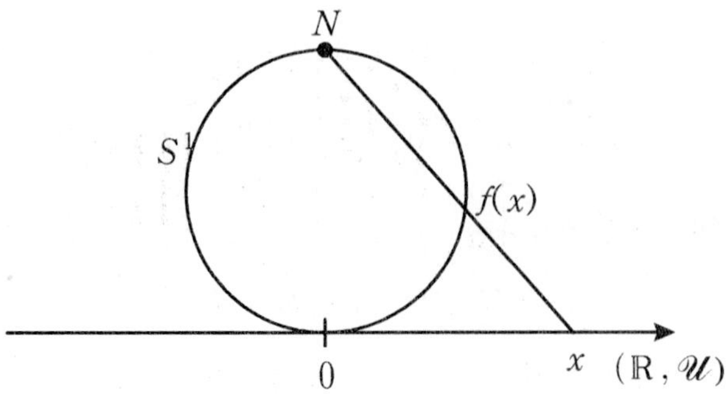

[그림7.4.1]

여기서

(1) $\mathbb{R}$과 $S^1 - \{N\}$은 f에 의해서 위상동형이다.

(2) $f(\mathbb{R}) = S^1 - \{N\}$은 S^1의 조밀부분집합이다.

(3) S^1은 컴팩트집합이다.

따라서 (S^1, f)는 $(\mathbb{R}, \mathscr{U})$의 한 점 컴팩트화이다.

예제 7.4.7 평면 $(\mathbb{R}^2, \mathscr{U})$와 원점 O에서 접하는 구면 S^2를 생각하자. 평면

$(\mathbb{R}^2, \mathscr{U})$는 국소컴팩트이지만 컴팩트는 아니다. 그러나 구면 S^2는 $\mathbb{R}^3$공간에서 유계폐집합이므로 컴팩트공간이다. 함수 $f: \mathbb{R}^2 \to S^2$를 다음 [그림 7.4.2]과 같이 정의하자.

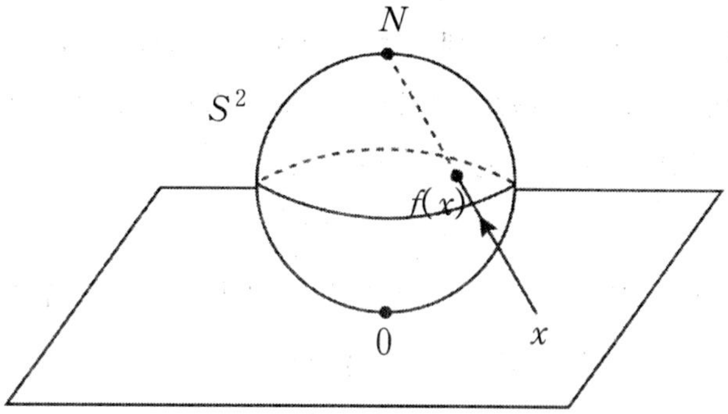

[그림 7.4.2]

즉, 구면의 북극점(north pole) N과 평면 위의 한 점 x를 직선으로 연결하였을 때, 이 직선과 구면과 만나는 점을 $f(x)$로 정의한다.
여기서

(1) $\mathbb{R}^2$와 $f(\mathbb{R}^2) = S^2 - \{N\}$은 위상동형이다.

(2) $f(\mathbb{R}^2) = S^2 - \{N\}$은 S^2의 조밀부분집합이다.

따라서 (S^2, f)는 $(\mathbb{R}^2, \mathscr{U})$의 한 점 컴팩트화이다.

정리 7.4.6

국소컴팩트 Hausdorff 공간은 완전정칙공간이다.

증 명 X를 Hausdorff, 국소컴팩트공간이라 하면 한 점 컴팩트화공간 X^*는 컴팩트, Hausdorff 공간이다. 따라서 X^*는 정규공간(Normal space)이다. X는 X^*의 부분공간이고, X^*는 완전정칙공간이다. 따라서 X는 역시 완전정책공간이다. □

정리 7.4.7

한 위상공간 X를 국소컴팩트 Hausdorff 공간, (Y, f)를 X의 한 Hausdorff 컴팩트화라 하면, $X \approx f(X)$는 Y에서 개집합이다.

증 명 임의의 $y \in f(X)$에 대하여 $f(X)$는 Hausdorff 국소컴팩트이므로 $f(X)$에서 y의 상대적 컴팩트 근방 W가 존재한다. $f(X)$는 Y의 부분공간이므로 Y에서 적당한 개집합 G가 존재하여

$$W = G \cap f(X)$$

가 성립한다. 한편 $\overline{W}^{f(X)}$는 $f(X)$에서 컴팩트이므로 Y에서도 컴팩트이고 Y가 Hausdorff 공간이므로 $\overline{W}^{f(X)}$는 Y에서 폐집합이다. 따라서 $\overline{W}^{f(X)} = \overline{W}$가 만족된다. 또한 $f(X)$가 Y에서 조밀하므로

$$y \in G \subset \overline{G} = \overline{G \cap f(X)} = \overline{W} = \overline{W}^{f(X)} \subset f(X)$$

가 성립한다. 따라서 $f(X)$는 Y에서 개집합이다. □

연습 문제 7.4

1. 컴팩트정칙공간(또는 컴팩트 T_2공간)는 국소컴팩트공간임을 보여라.

   Hint : X를 컴팩트정칙공간이라 하자. 한 점 $x \in X$의 임의의 근방을 U라 하면 적당한 개집합 G가 존재해서 $x \in G \subset \overline{G} \subset U$되게 할 수 있다. $\overline{G}$는 컴팩트이다.

2. 국소컴팩트공간의 임의의 개집합은 국소컴팩트공간임을 보여라.

   Hint : X를 국소컴팩트공간, $G \subset X$를 개집합이라 하자. 한 점 $x \in G$의 G에서의 한 개근방을 H라 하면 H는 X에서 x의 개근방이다. x의 컴팩트근방 W가 X에 존재해서 $x \in W \subset H \subset G$ 이다.

3. 한 위상공간 X를 T_2공간이라 하자. D가 X에서 조밀국소컴팩트부분공간이면 D가 X에서 개집합임을 보여라.

   Hint : $x \in D$라 하자. D에서의 x의 컴팩트근방 W가 존재해서 $x \in W \subset D$이다. X상에 개집합 G가 존재해서 $x \in G \cap D \subset W \subset D$이다.
   $x \in \overline{G \cap D}^X \subset W = \overline{W}^X \subset D$이다. $\overline{G \cap D}^X = \overline{G}^X$이므로
   $x \in G \subset \overline{G}^X \subset D$이다.

4. A를 컴팩트공간 X의 부분공간이라 하자. $\overline{A}$가 A의 한 컴팩트화임을 보여라.

   Hint : $\overline{A}$는 X에서 한 컴팩트집합이다. $i : A \to \overline{A}$를 포함사상이라 하면 $(\overline{A},\ i)$는 A의 한 컴팩트화이다.

5. $[-1,\ 1]$을 $(\mathbb{R},\ \mathcal{U})$의 한 부분공간이라 하자. $[-1,\ 1]$가 $(\mathbb{R},\ U)$의 한 T_2 컴팩트화임을 보여라.

   Hint : $f : \mathbb{R} \to [-1,\ 1]$ $(f(x) = \arctan\frac{\pi}{2}x)$이라 하면 $([-1,\ 1],\ f)$는 $\mathbb{R}$의 T_2컴팩트화이다. $\mathbb{R}$의 두 점 컴팩트화(two point compacitification)라 한다.

제3부

제8장 함수공간

§8.1 함수공간

두 집합 X, Y에 대하여

$$Y^X = \{ f \mid f: X \to Y \text{ 는 함수} \}$$

라 하자. 집합 Y^X에 한 위상 $\mathfrak{T}$가 주어질 때 공간 $(Y^X, \mathfrak{T})$를 한 **함수 공간** (function space)이라 한다.

정의 8.1.1 두 집합 X, Y에 대하여

$$e: Y^X \times X \to Y, \ e(f, x) = f(x) \ (f \in Y^X, \ x \in X)$$

로 정의된 함수 e를 **부치함수**(evaluation map)라 한다.
임의의 $x \in X$에 대하여,

$$e_x: Y^X \to Y, \ e_x(f) = f(x)$$

로 정의 하자. 또한 $Y_x = Y$라 두었을 때
곱집합 $\prod_{x \in X} Y_x = \{f \mid f: X \to \bigcup_{x \in X} Y_x, \ f(x) \in Y_x, \ x \in X\}$

$$= \{f \mid f: X \to Y\}$$
$$= Y^X$$

가 성립한다. 따라서 $\prod_{x \in X} Y_x = Y^X$이다. 따라서
사영함수 $p_x: \prod_{x \in X} Y_x \to Y_x, \ p_x(f) = f(x)$는 위에서 언급한 함수 e_x와 일치한다.

예제 8.1.1 $I = [0, 1]$에서 $\mathbb{R}^I = \{f \mid f: I \to \mathbb{R}\}$이고

$$f: I \to \mathbb{R}, \ f(x) = x^3$$
$$g: I \to \mathbb{R}, \ g(x) = \sin x$$

이면 $f, g \in \mathbb{R}^I$이고

$$e_{\frac{1}{2}}(f) = f(\frac{1}{2}) = \frac{1}{8}$$

$$e_0(g) = g(0) = \sin 0 = 0$$

이다.

함수들의 집합 Y^X에 한 위상 $\mathfrak{T}$를 도입해 보자.

정의 8.1.2 X를 한 집합이라 하고, $(Y, \mathfrak{T})$를 한 위상공간이라 할 때

$$\mathrm{S} = \{e_x^{-1}(V) \mid V \in \mathfrak{T},\ x \in X\}$$

를 부분기저로 하는 Y^X 위의 위상을 **점개위상**(point open topology)라 한다.
임의의 $x \in X$, $V \in \mathfrak{T}$에 대하여

$$\begin{aligned} e_x^{-1}(V) &= \{f \in Y^X \mid e_x(f) \in V\} \\ &= \{f \in Y^X \mid f(x) \in V\} \end{aligned}$$

이다. 이때 $e_x^{-1}(V) = (x, V)$로 나타내기도 한다. 이를 일반화하여, $A \subset X$, $V \in \mathfrak{T}$일 때,

$$(A, V) = \{f \in Y^X \mid f(A) \subset V\}$$

로 나타낸다.

Y^X 위의 점개위상은 함수 $e_x\,(x \in X)$가 연속이 되는 Y^X 위의 최소의 위상임을 알 수 있다. 또한 Y^X를 곱집합 $\prod_{x \in X} Y_x$로 생각했을 때 e_x는 사영함수 p_x와 일치하므로 점개위상은 사영함수 p_x를 연속되게하는 최소의 위상이므로 곱위상과 일치함을 알 수 있다.

예제 8.1.2 함수집합 $\mathbb{R}^I$에서, $x = \frac{1}{2}$, $V = (0, 1) \in \mathscr{U}$이라 두면

$$\begin{aligned} e_x^{-1}(V) &= e_{\frac{1}{2}}^{-1}((0, 1)) \\ &= \{f \in \mathbb{R}^I \mid f(x) \in V\} \end{aligned}$$

$$= \left\{ f \in \mathbb{R}^I \mid f(\tfrac{1}{2}) \in (0,1) \right\}$$
$$= (\tfrac{1}{2}, (0,1))$$

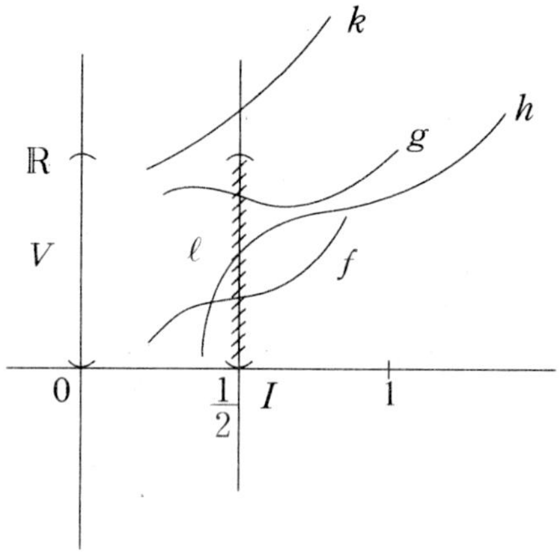

[그림 8.1.1]

위 [그림 8.1.1]에서 $f, g, h \in e_x^{-1}(V)$ 이나

$$k \notin e_x^{-1}(V)$$

이다. 즉 $\mathbb{R}^I$ 위의 모든 함수들 중에서 함수의 그래프가 선분 $\ell = \left\{\frac{1}{2}\right\} \times (0,1)$ 과 만나는 모든 함수들의 집합이 부분기저 $e_{\frac{1}{2}}^{-1}((0,1)) = (\frac{1}{2}, (0,1))$ 이 된다.

X 를 한 집합이라 하고, Y 를 한 위상공간이라 하자. 각 $n \in \mathbb{N}$ 에 대하여 $f_n \in Y^X$, $g \in Y^X$ 이라 할 때,

정의 8.1.3 함점열 (f_n) 이 g 에 **점별수렴**(pointwise convergence)한다라고 함은 임의의 $x \in X$ 에 대하여 Y 에서의 점열 $(f_n(x))$ 이 $g(x)$ 에 수렴할 때를 의미한다.

점개위상과 점별수렴은 다음과 같은 관계를 갖는다.

정리 8.1.1

점개위상을 갖는 함수공간 Y^X에서 함점열 (f_n)이 $g \in Y^X$에 수렴하기 위한 필요충분조건은 (f_n)이 g에 점별수렴하는 것이다.

증 명 $(\Rightarrow)$: $(Y^X, \mathfrak{T})$를 점개위상을 갖는 위상공간이라 하고 함점열 (f_n)이 함수 g에 수렴한다고 가정하자.

임의의 $x \in X$에 대하여, 각 $e_x : Y^X \to Y$는 연속함수이다. 따라서 $f_n \to g$이므로 $e_x(f_n) \to e_x(g)$가 성립된다. 그러므로

$$e_x(f_n) \to e_x(g) \Leftrightarrow f_n(x) \to g(x)$$

가 만족하여 (f_n)은 g에 점별수렴한다.

$(\Leftarrow)$ (f_n)가 g에 점별수렴 한다고 가정하자. $f_n \to g$를 보이기 위하여, g를 포함하는 임의의 부분기저의 원소를 $e_x^{-1}(V) = (x, V)$라 두면 V는 Y에서 개집합이고 $g(x) \in V$를 만족한다. $f_n(x) \to g(x)$이고 V가 $g(x)$의 근방이므로, 적당한 자연수 N이 존재하여 $n \geq N$인 모든 n에 대하여 $f_n(x) \in V$를 만족한다.

$$f_n(x) \in V \Leftrightarrow e_x(f_n) \in V \Leftrightarrow f_n \in e_x^{-1}(V) = (x, V)$$

이므로

$$n \geq N \Rightarrow f_n \in e_x^{-1}(V) = (x, V)$$

가 성립한다. 따라서 $f_n \to g$가 된다. □

위의 내용에 의하여 Y^X위의 점개위상을 **점별수렴위상**(topology of pointwise convergence)라고 부른다.

예제 8.1.3 함수공간 $\mathbb{R}^{[-1,1]}$에서 함점열 (f_n)을 다음과 같이 정의하자.

$$f_n(x) = \begin{cases} |x-1|^n, & 0 \leq x \leq 1 \\ (x+1)^n, & -1 \leq x \leq 0 \end{cases}$$

함점열 (f_n)은

$$g(x)=\begin{cases} 0, & -1\le x<1,\ 단\ x\ne 0 \\ 1, & x=0 \end{cases}$$

인 $g\in\mathbb{R}^{[-1,1]}$에 점별수렴 한다. 여기서 각 f_n은 연속이지만 수렴함수 g는 연속이 아님을 알 수 있다.

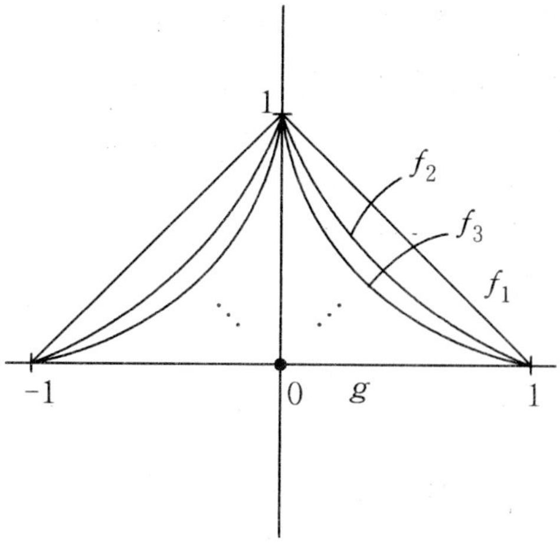

[그림 8.1.2]

정의 8.1.4 한 집합 X와 거리공간 (Y, d)에 대하여 함수공간 Y^X를 생각하자. 함점열 (f_n)이 $g\in Y^X$에 **일양수렴**(uniform convergence)한다라 함은 임의의 $\varepsilon>0$에 대하여 적당한 자연수 N이 존재하여 $n\ge N$인 모든 자연수 n과 임의의 $x\in X$에 대하여

$$d(f_n(x), g(x))<\varepsilon$$

일 때를 의미한다.

정의로부터 일양수렴이면 점별수렴이다.

위상공간 X, Y에 대하여 기호 $C(X, Y)$를 다음과 같이 정의한다.

$$C(X, Y)=\{f\in Y^X \mid f: X\to Y 는\ 연속함수\}$$

정리 8.1.2

X를 위상공간, (Y, d)를 거리공간이라 하자. $C(X, Y)$에서의 함점열 (f_n)이 $g \in Y^X$에 일양수렴 하면 $g \in C(X, Y)$이다.

증 명 $C(X, Y)$에서의 함점열 (f_n)이 $g \in Y^X$에 일양수렴한다고 가정 하자. 함수 g가 임의의 점 $p \in X$에서 연속임을 보이자.
함점열 (f_n)이 g에 일양수렴하므로 임의의 $\varepsilon > 0$에 대하여 적당한 자연수 N이 존재하여 임의의 $x \in X$에 대하여

$$d(f_N(x), g(x)) < \frac{\varepsilon}{3}$$

을 만족한다. 한편

$$\begin{aligned} d(g(x), g(p)) &\leq d(g(x), f_N(x)) + d(f_N(x), f_N(p)) + d(f_N(p), g(p)) \\ &< \frac{\varepsilon}{3} + d(f_N(x), f_N(p)) + \frac{\varepsilon}{3} \\ &= d(f_N(x), f_N(p)) + \frac{2}{3}\varepsilon \end{aligned}$$

이고 $f_N : X \to Y$이 연속이므로 적당한 p의 근방 U가 존재하여 임의의 $x \in U$에 대하여

$$d(f_N(x), f_N(p)) < \frac{1}{3}\varepsilon$$

이 성립한다.
따라서 p의 근방 U가 존재하고 임의의 $x \in U$에 대하여

$$d(g(x), g(p)) < d(f_N(x), f_N(p)) + \frac{2}{3}\varepsilon < \frac{1}{3}\varepsilon + \frac{2}{3}\varepsilon = \varepsilon$$

가 성립하여 g는 $p \in X$에서 연속이다. □

예제 8.1.4 $f_n \in \mathbb{R}^{[-1, 1]}$ $(n = 1, 2, \cdots)$

$$f_n(x) = \begin{cases} |x-1|^n, & 0 \leq x \leq 1 \\ (x+1)^n, & -1 \leq x \leq 0 \end{cases}$$

$$g(x)=\begin{cases} 0, & x \neq 0 \\ 1, & x=0 \end{cases}$$

이면 각 $n \in \mathbb{N}$ 에 대하여, $f_n \in C([-1, 1], \mathbb{R})$ 이다. 그러나 수렴함수 g 는 $C([-1, 1], \mathbb{R})$ 에 속하지 않는다. 따라서 함점열 (f_n) 는 g 에 점별수렴하지만 일양수렴하지는 않는다.

X 를 집합, (Y, d) 를 거리공간이라 하자.

$$B(X, Y)=\{f \in Y^X \mid f \text{는 유계함수}\}$$

라 하면, 임의의 $f, g \in B(X, Y)$ 에 대하여

$$\rho : B(X, Y) \times B(X, Y) \to \mathbb{R}$$

$$\rho(f, g) = \sup\{d(f(x), g(x)) \mid x \in X\}$$

라고 정의 하면 ρ 는 $B(X, Y)$ 에서 한 거리함수가 된다.

정리 8.1.3

X 를 한 집합 (Y, d) 를 한 거리공간이라 하자. $B(X, Y)$ 에서 함점열 (f_n) 과 한 함수 $g \in B(X, Y)$ 에 대하여, 거리공간 $(B(X, Y), \rho)$ 에서 $f_n \to g$ 일 필요충분조건은 (f_n) 이 g 에 일양수렴하는 것이다.

증 명 $(\Rightarrow)$: 거리공간 $(B(X, Y), \rho)$ 에서 $f_n \to g$ 을 가정하자. 정의에 의하여, 임의의 $\varepsilon > 0$ 에 대하여 적당한 자연수 N 이 존재하고 $n \geq N$ 인 모든 자연수 n 에 대하여

$$\rho(f_n, g) < \varepsilon$$

을 만족한다. 따라서 임의의 $x \in X$ 에 대하여

$$d(f_n(x), g(x)) \leq \sup\{d(f_n(x), g(x)) \mid x \in X\} = \rho(f_n, g) < \varepsilon$$

이 성립한다. 따라서 (f_n) 은 g 에 일양수렴한다.

$(\Leftarrow)$: (f_n) 이 g 에 일양수렴한다라고 하자.

임의의 $\varepsilon > 0$ 에 대하여 적당한 자연수 N 이 존재하고 $n \geq N$ 인 모든 자연수 n 과 임의의 $x \in X$ 에 대하여

$$d(f_n(x), g(x)) < \frac{\varepsilon}{2}$$

을 만족한다. 따라서 $n \geq N$인 모든 자연수 n에 대하여

$$\sup\{d(f_n(x), g(x)) \mid x \in X\} = \rho(f_n, g) \leq \frac{\varepsilon}{2} < \varepsilon$$

이 성립된다. 따라서 $(B(X, Y), \rho)$에서 (f_n)이 g에 수렴한다. □

거리공간 $(B(X, Y), \rho)$에서 위상 $\mathfrak{T}_\rho$를 **일양수렴위상**(topology of uniform convergence)라고 부른다.

단위구간 $I = [0, 1]$과 보통실수공간 $(\mathbb{R}, d)$에 대하여, 임의의 원소 $f \in C(I, \mathbb{R})$에 대한 노름을

$$\|f\| = \sup\{|f(x)| \mid x \in I\}$$

으로 정의하면 $\mathbb{R}$ 위의 벡터공간 $C(I, \mathbb{R})$은 **노름공간**(normed space)이 된다. 앞으로 $C(I, \mathbb{R})$은 간단히 $C(I)$로 나타낸다.

정리 8.1.4

벡터공간 $C(I)$는 완비노름벡터공간(complete normed vector space)이다.

증 명 (i) 먼저 $C(I)$가 벡터공간임을 보이자.
임의의 $f, g \in C(I)$와 임의의 $r \in \mathbb{R}$에 대하여

$$(f+g)(x) = f(x) + g(x) \quad (x \in I)$$
$$(rf)(x) = rf(x) \quad (x \in I)$$

로 연산 $f+g$와 rf를 정의하면 $f+g \in C(I)$, $rf \in C(I)$로서 잘 정의되고 이 두 연산에 관하여 $C(I)$는 벡터공간이 된다.

(ii) $(C(I), \|\cdot\|)$가 노름공간이 되는 것은 자명하다.

(iii) $C(I)$는 거리공간이다.

임의의 $f, g \in C(I)$에 대하여

$$\rho(f, g) = \|f - g\|$$

로 정의하면 $C(I)$는 거리함수 ρ에 의하여 거리공간이 된다.

(iv) 거리공간 $(C(I), \rho)$는 완비공간이다.

함점열 (f_n)을 $C(I)$에서 코시점열이라 하자. 코시점열의 정의에 의하여, 임의의 $\varepsilon > 0$에 대하여, 적당한 자연수 N이 존재하여 $m, n \geq N$인 모든 자연수 m, n에 대하여

$$\rho(f_m, f_n) = \|f_m - f_n\| < \frac{1}{3}\varepsilon$$

이 성립된다. 따라서 임의의 $x \in X$에 대하여

$$d(f_m(x), f_n(x)) = |f_m(x) - f_n(x)| \leq \sup\{|f_m(x) - f_n(x)| \mid x \in [0,1]\}$$
$$= \|f_m - f_n\| < \frac{1}{3}\varepsilon$$

이 성립된다. 그러므로 각 $x \in [0, 1]$에 대하여 실점열 $(f_n(x))$는 $(\mathbb{R}, d)$에서 코시점열이다. 보통실수공간 $(\mathbb{R}, d)$는 완비거리공간이므로 $(f_n(x))$는 $\mathbb{R}$의 한 원소로 수렴한다. 따라서 우리는 한 함수 g를 다음과 같이 정의 할 수 있다.

$$g : I \to \mathbb{R}, \quad g(x) = \lim_{n \to \infty} f_n(x) \quad (x \in I)$$

한편 (f_n)은 g에 일양수렴한다. 왜냐하면, 임의의 $x \in I$에 대하여 $\lim_{n \to \infty} f_n(x) = g(x)$이므로 $N_x \geq N$인 자연수 N_x가 존재하여

$$|f_{N_x}(x) - g(x)| < \frac{1}{3}\varepsilon$$

이 성립된다. 따라서 $m \geq N$인 모든 자연수 m에 대하여

$$|f_m(x) - g(x)| \leq |f_m(x) - f_{N_x}(x)| + |f_{N_x}(x) - g(x)| < \frac{1}{3}\varepsilon + \frac{1}{3}\varepsilon = \frac{2}{3}\varepsilon$$

이 성립된다. 따라서 함점열 (f_n)은 g에 일양수렴한다. [정리 8.3.2]에 의하여 g는 연속함수이므로 $g \in C(I)$이다. 한편

$$\rho(f_m, g) = \|f_m - g\| \leq \sup\{|f_m(x) - g(x)| \mid x \in I\} \leq \frac{2}{3}\varepsilon < \varepsilon$$

이므로 함점열 (f_n)은 $(C(I), \rho)$에서 g에 수렴한다. 따라서 $(C(I), \rho)$는 완비거리공간이다. □

연습 문제 8.1

1. Y가 T_1, T_2, 정칙, 연결공간인 경우 점개위상을 갖는 Y^X도 T_1, T_2, 정칙, 연결공간임을 밝혀라.

2. f_n, $g \in C([a, b], R)\ (n = 1, 2, \cdots)$이라 하자. 함점열 (f_n)가 g에 평등수렴할 때

$$\lim_{n \to \infty} \int_a^b f_n(x)\,dx = \int_a^b g(x)\,dx$$

임을 보여라.

Hint : $^\forall \epsilon > 0,\ \exists\, n_0,\ s.t.\ [n \geq n_0$

$$\Rightarrow |f(x) - g(x)| < \frac{\varepsilon}{b-a},\quad {}^\forall x \in [a, b]]$$

3. $f \in C([0, 1], R)$에 대하여 $\|f\| = sup\{\|f(x)\| x \in C([0, 1]\}$이라 하자. $f_n \in C([0, 1], R)\ (n = 1, 2, \cdots)$일 때 $\|f_n\|$가 코시점열이면 임의의 $x_0 \in [0, 1]$에 대해서 $(f_1(x_0), f_2(x_0), \cdots, f_n(x_0), \cdots)$은 R에서 코시점열임을 증명하여라.

4. $f_n \in C([a, b], R)\ (n = 1, 2, \cdots)$가 $[a, b]$에서 미분가능한 함수이고 한 점 $x_0 \in [a, b]$에서 수렴한다고 하자.

만일 (f'_n)가 $g \in C([a, b], R)$에 평등수렴한다면

$$\frac{d}{dx} \lim_{n \to \infty} f_n(x) = \lim_{n \to \infty} \frac{d}{dx} f_n(x) = g$$

임을 보여라.

Hint : ① $^\exists f \in C([a, b], R)\ \ s.t.\ f(x) = \lim_{n \to \infty} f_n(x)$

② $f'(x) = g(x)$

§8.2 함수공간의 성질

X와 Y를 위상공간이라 하고 $A \subset X$, $B \subset Y$라 할 때

$$(A, B) = \{f \in C(X, Y) \mid f(A) \subset B\}$$

이라 두자.

정의 8.2.1 $(X, \mathfrak{T})$, $(Y, \mathfrak{T}')$를 위상공간이라 하고

$$\mathscr{K} = \{C \subset X \mid C\text{는 컴팩트 집합}\}$$

이라 할 때

$$\mathscr{S} = \{(C, V) \mid C \in \mathrm{K}\ ,\ V \in \mathfrak{T}'\}$$

를 부분기저로 갖는 $C(X, Y)$ 위의 위상을 **컴팩트개위상**(compact open topology) 이라 한다.

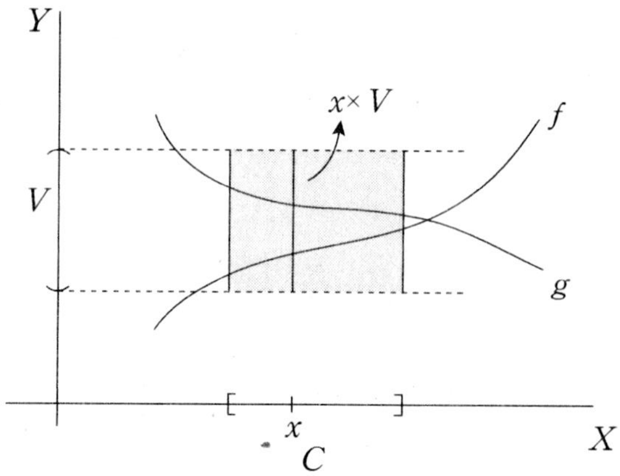

[그림 8.2.1]

[그림 8.2.1]에서 보는 것과 같이 $f \in (C, V)$는 $f \in C(X, Y)$ 중에서, 임의의 $x \in C$에 대하여

$$(x \times V) \cap G(f) \neq \varnothing \quad (G(f)\text{는 } f\text{의 그래프})$$

을 만족하는 함수를 의미한다.

임의의 $x \in X$에 대하여 단원집합 $\{x\}$는 컴팩트이다. 따라서 점개위상의 부분기저의 원소 (x, V)는 컴팩트개위상의 부분기저의 원소가 된다. 따라서 점개위상(점별위상)은 컴팩트개위상에 포함된다.
앞으로 위상공간 $C(X, Y)$는 컴팩트개위상을 갖고 있는 것으로 약속한다.

정리 8.2.1

X, Y를 위상공간이라 하고 함수 $j : Y \to C(X, Y)$를 다음과 같이 정의하면

$$j(y) = C_y \quad (\text{여기서 } C_y : X \to Y,\ C_y(x) = y \text{ 인 상수함수})$$

위 함수 j에 의하여 Y와 $j(Y) \subset C(X, Y)$는 위상동형이다.

증 명 (i) j는 단사이다.

$y_1 \neq y_2 (\in Y)$이면 $C_{y_1} \neq C_{y_2}$인 것은 분명하다.

(ii) 임의의 $y \in Y$와 임의의 $C \in \mathscr{K}$에 대하여

$$y \in V \Leftrightarrow j(y) = C_y \in (C, V)$$

이다. 즉, $j(V) = (C, V) \cap j(Y)$이다. 따라서 $j : Y \to j(Y)$는 위상동형함수이다. □

Y_0가 Y의 부분공간이면 $C(X, Y_0)$는 $C(X, Y)$의 부분공간이다.

정리 8.2.2

X, Y가 위상공간 일 때,

(1) $C(X, Y)$이 Hausdorff 공간이기 위한 필요충분조건은 Y가 Hausdorff이다.

(2) $C(X, Y)$이 정칙일 필요충분조건은 Y가 정칙이다.

증 명 Y는 $C(X, Y)$의 한 부분공간과 위상동형이므로 Y는 $C(X, Y)$의

부분공간으로 볼 수 있다. 따라서 $C(X, Y)$가 Hausdorff, 정칙일 경우 Y가 Hausdorff, 정칙이 되는 것은 자명하다. 그러므로 여기서는 명제 (1), (2)의 역을 증명하겠다.

(1) ($\Leftarrow$) : Y를 Hausdorff라 가정하고 $f \neq g \in C(X, Y)$라 하자. 따라서 적당한 점 $x \in X$가 존재하여 $f(x) \neq g(x) (\in Y)$이고, Y가 Hausdorff 이므로 $f(x)$, $g(x)$ 각각의 적당한 근방 U, V가 존재하여

$$U \cap V = \emptyset$$

을 만족한다. 따라서 $f \in (x, U), g \in (x, V)$이므로 (x, U)와 (x, V)는 각각 f, g의 근방이고

$$(x, U) \cap (x, V) = \emptyset$$

을 만족한다. 따라서 $C(X, Y)$는 Hausdorff 공간이다.

(2) ($\Leftarrow$) : Y를 정칙공간이라 하자. $f \in C(X, Y)$의 임의의 근방 (C, V)에 대하여, Y가 정칙이고 $f(C)$가 컴팩트이므로 적당한 개집합 U가 존재하여

$$f(C) \subset U \subset \overline{U} \subset V$$

가 성립된다. 따라서

$$f \in (C, U) \subset (C, \overline{U}) \subset (C, V)$$

이다. 한편, $\overline{(C, U)} \subset (C, \overline{U})$인 것을 증명하기 위하여 $g \notin (C, \overline{U})$에 대하여, $g(C) \not\subset \overline{U}$이므로 적당한 원소 $a \in C$에 대하여 $g(a) \notin \overline{U}$가 성립된다. 따라서 $g \in (a, Y - \overline{U})$이고 $(a, Y - \overline{U})$는 g의 한 근방이 된다. 한편

$$(a, Y - \overline{U}) \cap (C, U) = \emptyset$$

이므로 $g \notin \overline{(C, U)}$이다 그러므로 $\overline{(C, U)} \subset (C, \overline{U})$이다. 따라서

$$f \in (C, U) \subset \overline{(C, U)} \subset (C, \overline{U}) \subset (C, V)$$

가 성립되므로 $C(X, Y)$는 정칙공간이다. □

일반적으로 Y가 정규공간일 지라도 $C(X, Y)$는 정규공간이 아닌 경우가 있다. X가 이산공간일 경우, $C(X, Y) = Y^X$가 되므로

$$C(X, Y) = Y^X = \prod_{x \in X} Y_x$$

가 된다. 따라서 각 $Y_x = Y$ 가 정규공간일 지라도 적공간 $\prod_{x \in X} Y_x$ 는 정규공간이 아닐 수 있다.

위상공간 X, Y, Z에 대하여, 한 함수 $T: C(X, Y) \times C(Y, Z) \to C(X, Z)$를 다음과 같이 정의하자.

$$T: C(X, Y) \times C(Y, Z) \to C(X, Z),$$
$$T(f, g) = g \circ f \quad (f \in C(X, Y),\ g \in C(Y, Z))$$

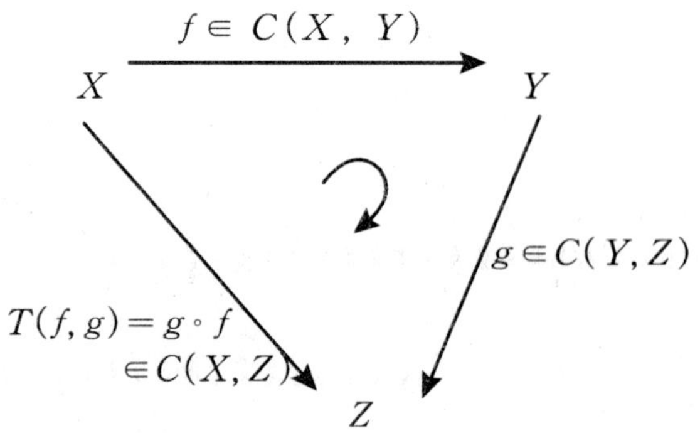

[그림 8.2.2]

대응 T는 잘 정의된 함수이다.

정리 8.2.3

집합 X, Y, Z를 위상공간, 대응 $T: C(X, Y) \times C(Y, Z) \to C(X, Z)$를 $T(f, g) = g \circ f$로 정의된 함수라 하자.

(1) 고정된 한 함수 $f_0 \in C(X, Y)$에 대하여

$$T_1: C(Y, Z) \to C(X, Z),\quad T(g) = g \circ f_0 \quad (g \in C(Y, Z))$$

로 정의된 함수 T_1은 연속이다.

(2) 고정된 한 함수 $g_0 \in C(Y, Z)$에 대하여

$$T_2 : C(X, Y) \to C(X, Z), \quad T(f) = g_0 \circ f \ \ (f \in C(X, Y))$$

로 정의된 함수 T_2는 연속이다.

증 명 (1) $C(X, Z)$에서 $T_1(g) = g \circ f_0$의 한 근방 (C, V)를 취하자. f_0가 연속이고 C가 X에 컴팩트이므로 $f_0(C)$는 Y에서 컴팩트이다.

따라서 $(f_0(C), V)$는 $C(Y, Z)$에 개집합이고, $g \circ f_0 \in (C, V)$이므로

$$g(f_0(C)) = (g \circ f_0)(C) \subset V$$

가 성립한다. 따라서 $g \in (f_0(C), V)$이다. 한편 임의의 $h \in (f_0(C), V)$에 대하여

$$T_1(h)(C) = (h \circ f_0)(C) = h(f_0(C)) \subset V$$

이 성립하므로 $T_1(f_0(C), V) \subset (C, V)$가 만족하여 T_1은 연속함수가 된다.

(2) $C(X, Z)$에서 $g_0 \circ f$의 한 근방 (C, V)를 취하자. g_0가 연속이고 V가 Z에서 개집합이므로 $g_0^{-1}(V)$는 Y에서 개집합이다.

따라서 $(C, g_0^{-1}(V))$는 $C(X, Y)$에서 개집합이고

$$g_0(f(C)) = g_0 \circ f(C) \subset V$$

이므로 $f(C) \subset g_0^{-1}(V)$가 성립한다. 따라서 $f \in (C, g_0^{-1}(V))$가 성립하여 $(C, g_0^{-1}(V))$는 $C(X, Y)$에서 f의 근방이 된다.

또한 임의의 $k \in (C, g_0^{-1}(V))$에 대하여

$$(T_2(k))(C) = (g_0 \circ k)(C) = g_0(k(C)) \subset V$$

가 성립한다. 따라서 $T_2(C, g_0^{-1}(V)) \subset (C, V)$가 만족되어서 T_2는 연속함수이다. □

정리 8.2.4

집합 X, Y, Z를 위상공간이라 하고 Y를 Hausdorff, 국소컴팩트라 하면,

$$T: C(X, Y) \times C(Y, Z) \to C(X, Z)$$
$$T(f, g) = g \circ f \quad (f \in C(X, Y),\ g \in C(Y, Z))$$
는 연속함수이다.

증 명 임의의 $(f, g) \in C(X, Y) \times C(Y, Z)$에 대하여 $T(f, g) = g \circ f$의 임의의 근방을 (C, V)라 하자.

$$(g \circ f)(C) = g(f(C)) \subset V$$

이므로 $f(C) \subset g^{-1}(V)$이다.

$f(C)$가 Y에서 컴팩트이고 $g^{-1}(V)$는 Y에 개집합이므로 Y가 국소컴팩트공간이라는 사실로부터 적당한 개집합 U가 존재하여 $\overline{U}$는 컴팩트이고

$$f(C) \subset U \subset \overline{U} \subset g^{-1}(V)$$

가 성립된다. 따라서

$$f \in (C, U), \quad g \in (\overline{U}, V)$$

이고, 임의의 $h \in (C, U)$, $k \in (\overline{U}, V)$에 대하여

$$(T(h, k))(C) = (k \circ h)(C) = k(h(C)) \subset k(U) \subset k(\overline{U}) \subset V$$

이 성립하므로

$$T((C, U) \times (\overline{U}, V)) \subset (C, V)$$

이 만족된다. 따라서 T는 연속함수이다. □

다음으로 부치함수 e의 연속성에 대하여 살펴보자.

정리 8.2.5

집합 X, Y를 위상공간이라 하고 $C(X, Y)$를 컴팩트개위상을 갖는 함수공간이라 하면

(1) 임의로 한 점 $x_0 \in X$를 고정시켰을 때

$$e_{x_0}: C(X, Y) \to Y, \quad e_{x_0}(f) = f(x_0) \quad (f \in C(X, Y))$$

는 연속이다.

(2) Y가 Hausdorff, 국소컴팩트공간이면

$$e: C(Y, Z) \times Y \to Z, \quad e(f, y) = f(y) \quad (f \in C(Y, Z),\ y \in Y)$$

는 연속이다.

증 명 (1) 임의의 원소 $f \in C(X, Y)$와 $e_{x_0}(f) = f(x_0)$의 임의의 근방 V에 대하여, $\{x_0\}$는 컴팩트공간이고, V가 개집합으로서 $f(x_0) \in V$이므로 (x_0, V)는 f의 근방이 된다. 더욱이 $e_{x_0}((x_0, V)) \subset V$를 만족한다. 왜냐하면, 임의의 $h \in (x_0, V)$에 대하여

$$e_{x_0}(h) = h(x_0) \in V$$

을 만족한다. 따라서 e_{x_0}는 연속이다.

(2) [정리 8.4.4]에 의하여

$$T: C(X, Y) \times CY, Z) \to C(X, Z)$$

는 연속이다. X를 단원집합이라 가정하면

$$C(X, Y) \approx Y, \quad C(X, Z) \approx Z$$

이므로

$$T: Y \times C(Y, Z) \to Z$$
$$T(y, f) = f(y)$$

는 연속이다. 따라서 $Y \times C(Y, Z) \approx C(Y, Z) \times Y$이므로

$$e: C(Y, Z) \times Y \to Z, \quad e(f, y) = f(y)$$

는 연속이다. □

정 의 8.2.2 X를 위상공간, (Y, d)를 거리공간이라 하자.
(f_n)을 Y^X위의 함점열이라 하고, $g \in Y^X$라 할 때, 함점열 (f_n)이 컴팩트위에서 g에 **일양수렴**한다((f_n) converges uniformly on compact to g)라 함은 임의의 $\varepsilon > 0$과 임의의 컴팩트집합 C에 대하여 적당한 자연수 N이 존재하여 $n \geq N$인 모든 n에 대하여

$$d(f_n(x), g(x)) < \varepsilon, \quad \forall x \in C$$

을 만족하는 것이다.

예제 8.2.1 각 $n \in \mathbb{N}$ 에 대하여 $f_n \in \mathbb{R}^{(-1,1)}$을 다음과 같이 정의하자.

$$f_n:(-1,1) \to \mathbb{R}, \quad f_n(t) = |t|^n \quad (t \in (-1,1))$$

함점열 (f_n)은 함수 $g:(-1,1) \to \mathbb{R}$, $g(t)=0$에 점별수렴한다. 그러나 일양수렴하지는 않는다.

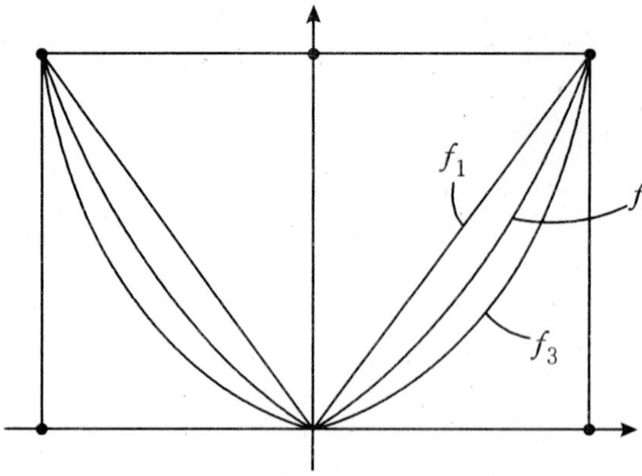

[그림 8.4.3]

그러나 (f_n)은 $(-1,1)$의 컴팩트집합 위에서 g로 일양수렴한다.

정리 8.2.6

집합 X를 위상공간, (Y,d)를 거리공간이라 하자. 컴팩트개위상을 갖는 함수공간 $C(X,Y)$에서 함점열 (f_n)이 $g \in C(X,Y)$에 수렴하기 위한 필요충분조건은 (f_n)이 컴팩트집합위에서 g에 일양수렴하는 것이다.

증 명 $(\Rightarrow)$: 함점열 (f_n)이 $C(X,Y)$에서 g에 수렴한다고 하자. X에서 임의의 컴팩트집합을 C라 두고 함점열 (f_n)이 C 위에서 g로 일양수렴함을 보이자. 한편 컴팩트의 연속함수에 관한 상은 또한 컴팩트이므로 $g(C)$는 (Y,d)에 컴팩트이다. 따라서 임의의 $\varepsilon > 0$에 대하여 적당한 유한집합 $B=\{b_1, b_2, \cdots, b_n\}$가 존재하여

$$g(C) \subset \bigcup_{i=1}^{n} B_d(b_i, \frac{\varepsilon}{3}) \subset \bigcup_{i=1}^{n} \overline{B_d(b_i, \frac{\varepsilon}{3})}$$

을 만족한다. $i=1, 2, \cdots, n$ 에 대하여

$$B_i = B_d(b_i, \frac{\varepsilon}{3}), \ \ U_i = B_d(b_i, \frac{2}{3}\varepsilon)$$

이라 두자. 한편

$$g(C) \subset \overline{B_1} \cup \overline{B_2} \cup \cdots \cup \overline{B_n}$$

이므로

$$C \subset g^{-1}(\overline{B_1}) \cup g^{-1}(\overline{B_2}) \cup \cdots \cup g^{-1}(\overline{B_n})$$

을 만족한다. 각 $i=1, 2, \cdots, n$ 에 대하여

$$C_k = C \cap g^{-1}(\overline{B_k})$$

라 두면,

$$C = C_1 \cup C_2 \cup \cdots \cup C_n$$

$$g(C_k) = g(C \cap g^{-1}(\overline{B_k})) \subset g(C) \cap g(g^{-1}(\overline{B_k})) \subset \overline{B_k} \subset U_k$$

가 성립된다.

한편 C가 컴팩트이고 $g^{-1}(\overline{B_k})$는 폐집합이므로 $C_k = C \cap g^{-1}(\overline{B_k})$도 또한 컴팩트집합이다. $g(C_k) \subset U_k$이므로

$$g \in (C_k, U_k) \ \ (i=1, 2, \cdots, n)$$

을 만족한다. 따라서

$$g \in \bigcap_{i=1}^{n} (C_k, U_k)$$

이다. 즉 $\bigcap_{i=1}^{n} (C_k, U_k)$는 $C(X, Y)$에서 g의 한 근방이 된다.

한편 $(f_n) \to g$ 이므로 적당한 자연수 N이 존재하여

$$n \geq N \Rightarrow f_n \in \bigcap_{i=1}^{n} (C_k, U_k)$$

을 만족한다. 즉 $n > N$인 모든 n에 대하여

$$f_n(C_k) \subset U_k \ \ (k=1, 2, \cdots, n)$$

임의의 $x \in C$에 대하여, $C = \bigcup_{k=1}^{n} C_k$이므로, 적당한 k에 대하여 $x \in C_k$을 만

족한다. 따라서 $n \geq N$인 모든 자연수 n에 대하여

$$f_n(x) \in f_n(C_k) \subset U_k = B_d(b_k, \frac{2}{3}\varepsilon)$$

이다. 즉 $d(f_n(x), b_k) < \frac{2}{3}\varepsilon$ 이다.

따라서

$$d(f_n(x), g(x)) \leq d(f_n(x), b_k) + d(b_k, g(x)) < \frac{2}{3}\varepsilon + \frac{1}{3}\varepsilon = \varepsilon$$

을 만족한다. 그러므로 함점열 (f_n)는 컴팩트집합 C위에서 g에 일양수렴한다.

($\Leftarrow$) 함점열 (f_n)이 컴팩트집합위에서 g에 일양수렴한다고 가정하자.

$C(X, Y)$에서 $f_n \to g$를 증명하기 위하여 (C, V)를 g의 한 근방이라 하자.

$g \in (C, V)$이므로 $g(C) \subset V$이다. 한편 $g(C)$는 컴팩트이고, $V^c = F$라 두면 F는 폐집합이고 $g(C) \cap F = \varnothing$ 이다. 따라서

$$d(g(C), F) = \varepsilon > 0$$

이 성립한다.

한편 (f_n)은 컴팩트위에서 g에 일양수렴하므로 적당한 자연수 N이 존재하여 $n \geq N$인 모든 자연수 n에 대하여

$$d(f_n(x), g(x)) < \varepsilon \quad (\text{임의의 } x \in C \text{에 대하여})$$

을 만족한다. 따라서 임의의 $x \in C$에 대하여

$$d(f_n(x), g(C)) \leq d(f_n(x), g(x)) < \varepsilon$$

이 성립된다. 한편 $d(g(C), F = U^c) = \varepsilon > 0$이므로

$$f_n(x) \notin F$$

이다. 즉 임의의 $x \in C$에 대하여 $f_n(x) \in U$이므로 $f_n(C) \subset U$이다.

그러므로, $n \geq N$인 모든 자연수 n에 대하여

$$f_n \in (C, U)$$

를 만족하므로 $C(X, Y)$에서 $f_n \to g$를 만족한다. □

위 정리의 내용으로부터 컴팩트개 위상을 **컴팩트수렴위상**(topology of compact convergence)라고 부른다.

연습 문제 8.2

1. 위상공간 Y가 T_2-공간이면 컴팩트개위상을 갖는 $C(X, Y)$도 T_2임을 보여라.

2. X와 Y를 위상공간이라 하고 $\mathscr{S}_Y = \{S_\lambda \mid \lambda \in \Lambda\}$ 를 위상공간 Y에 대한 부분기저라 하자. $\mathscr{S}$를

$$\mathscr{S} = \{(A, S) \mid A\text{는 } X\text{에서 컴팩트부분집합이고 } S \in \mathscr{S}_Y \text{ 이다.}\}$$

이라 하면 $\mathscr{S}$는 컴팩트개위상을 갖는 함수공간 $C(X, Y)$의 한 부분기저임을 보여라.

3. X가 이산공간이면 컴팩트개위상을 갖는 Y^X는 적공간 $\prod_{x \in X} Y_x$ (단, $Y_x = Y$)와 위상동형임을 증명하여라.

4. 각 점 $p \in Y$ 에 대하여 $c_p : X \to Y$를 $c_p(x) = p\ (x \in X)$로 정의하자. Y^X가 컴팩트개위상을 가질 때

$$j : Y \to Y^X\ (p \mapsto c_p)$$

에 의하여 $Y \approx j[Y]$ 임을 증명하여라.

제9장 기본군

§9.1 호모토피

이 장에서는 공간의 기하학적 성질을 대수적인 방법에 의하여 나타내는 여러 방법 중에서 호모토피를 적용하여 유도된 기본군(Fundamental group)을 소개한다.

정의 9.1.1 집합 X, Y를 위상공간, 구간 $I=[0, 1]$이라 두자. 두 개의 연속함수 f_0, $f_1 : X \to Y$에 대하여 한 연속함수 $F : X \times I \to X$에 대해서

$$F(x, 0) = f_0(x), \quad F(x, 1) = f_1(x) \quad (\,^\forall x \in X)$$

을 만족할 때, f_0와 f_1은 **호모토픽**(homotopic)하다라고 하고

$$f_0 \simeq f_1 \quad (\text{ 또는 } F : f_0 \simeq f_1 \,)$$

으로 나타낸다. 이때 연속함수 F를 f_0와 f_1 사이의 **호모토피**(homotopy)라 한다.

임의의 $t \in [0, 1]$에 대하여

$$f_t : X \to Y, \quad f_t(x) = F(x, t) \quad (\,^\forall x \in X)$$

로 정의하면 f_t는 연속함수 이다.

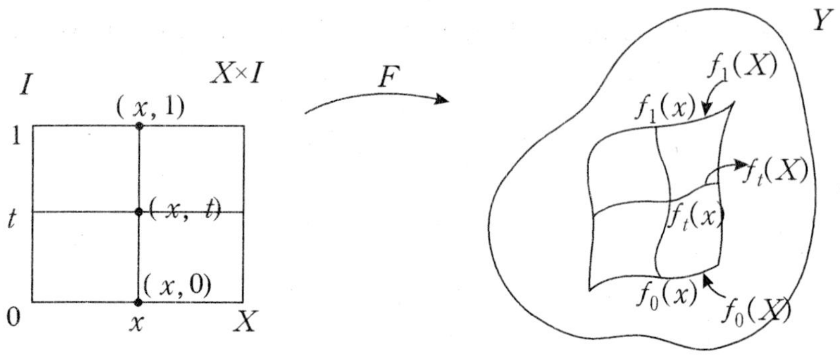

[그림 9.1.1]

예제 9.1.1 함수 $f: I \to Y$를 한 길이라 하고 $C_{f(0)}: I \to Y$를 한 고정길이라 하면 f와 $C_{f(0)}$는 호모토픽하다. 왜냐하면

$$F: I \times I \to Y, \quad F(x, t) = f((1-t)x)$$

라고 정의 하면 F는 연속함수 이고

$$F(x, 0) = f((1-0)x) = f(x)$$

$$F(x, 1) = f((1-1)x) = f(0) = C_{f(0)}(x)$$

를 만족하므로 F는 f와 $C_{f(0)}$ 사이의 호모토피가 된다.

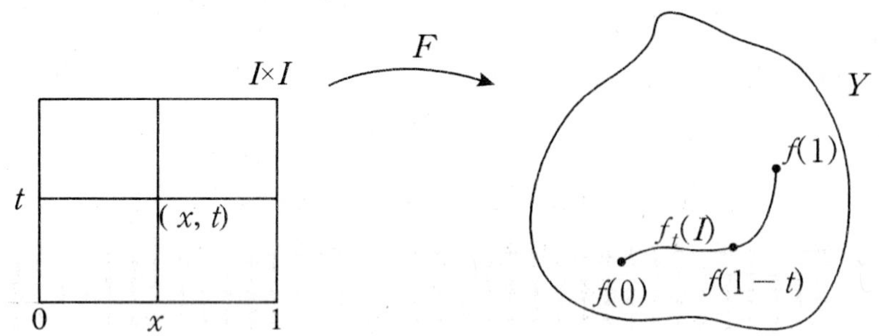

[그림 9.1.2]

정의 9.1.2 A를 위상공간 X의 부분집합이라 하고 두 함수 $f_0, f_1: X \to Y$를 연속사상이라 하자.

f_0와 f_1 사이에 한 호모토피 $F: X \times I \to Y$가 존재하여, 모든 $a \in A$에 대하여

$$F(a, t) = f_0(a) = f_1(a)$$

를 만족할 때, f_0와 f_1은 **A에 관해서 호모토픽**(homotopic relative to A)이라 하고

$$f_0 \simeq f_1 \quad (\text{rel. } A)$$

으로 나타낸다.

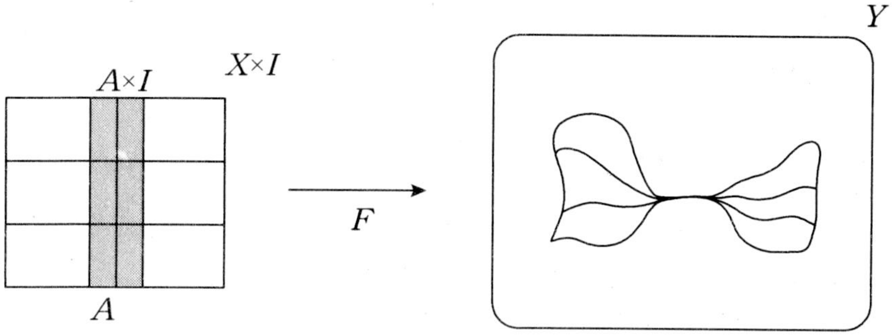

$f_0 \simeq f_1$ (rel. A)

[그림 9.1.3]

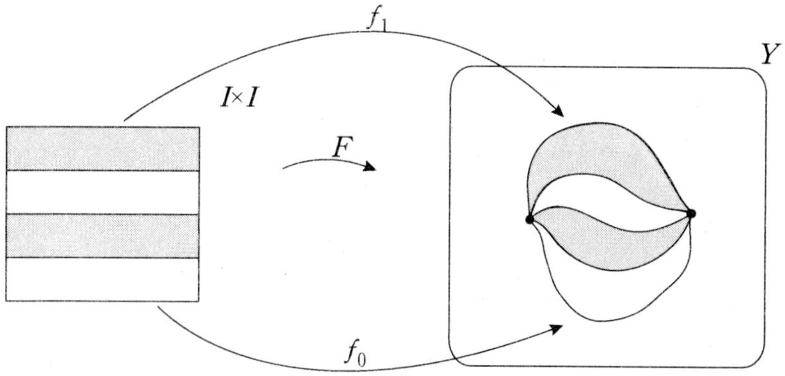

$f_0 \simeq f_1$ (rel. $\{0,1\}$)

[그림 9.1.4]

정 리 9.1.1

X, Y를 위상공간이라 하고, $C(X, Y)$위에 한 관계 $\sim$를 다음과 같이 정의하자. 임의의 $f, g \in C(X, Y)$에 대하여

$f \sim g$이기 위한 필요충분조건은 $f \simeq g$이다.

그러면 $C(X, Y)$위에 관계 $\sim$는 동치관계 이다.

증 명 (1) <반사율> 이 만족함을 보이자.

임의의 $f \in C(X, Y)$에 대하여

$$F: X \times I \to Y, \quad F(x, t) = f(x)$$

로 정의 하면, F는 연속이고

$$F(x, 0) = f(x),$$
$$F(x, 1) = f(x)$$

이므로 $f \simeq f$이다. 따라서 $f \sim f$가 성립된다.

(2) <대칭율> 이 만족함을 보이자.

$f, g \in C(X, Y)$에 대하여 $f \sim g$라 가정하자. 관계 $\sim$의 정의에 의하여 $f \simeq g$이므로 한 호모토피 $F: X \times I \to Y$가 존재하여

$$F: f \simeq g$$

을 만족한다. 한 함수 $G: X \times I \to Y$를 다음과 같이 정의하자.

임의의 $(x, t) \in X \times I$에 대하여

$$G(x, t) = F(x, 1-t)$$

로 정의하면,

$$G(x, 0) = F(x, 1) = g(x)$$
$$G(x, 1) = F(x, 0) = f(x)$$

를 만족한다. 따라서 $G: g \simeq f$이다. 즉 $g \sim f$가 성립한다.

(3) <추이율> 이 만족함을 보이자.

임의의 $f, g, h \in C(X, Y)$에 대하여 $F: f \simeq g$, $G: g \simeq h$라 가정하면, 연속함수 $H: X \times I \to Y$를

$$H(x, t) = \begin{cases} F(x, 2t), & 0 \le t \le \frac{1}{2} \\ G(x, 2t-1), & \frac{1}{2} \le t \le 1 \end{cases}$$

와 같이 정의하면 H는 f와 h사이의 호모토피가 된다. 왜냐하면

$$H(x, 0) = F(x, 0) = f(x)$$
$$H(x, 1) = G(x, 1) = h(x)$$

이기 때문이다. ([그림 9.1.5] 참조)

따라서 (1) (2) (3)에 의하여 관계 $\sim$는 $C(X, Y)$에서 동치관계가 된다. □

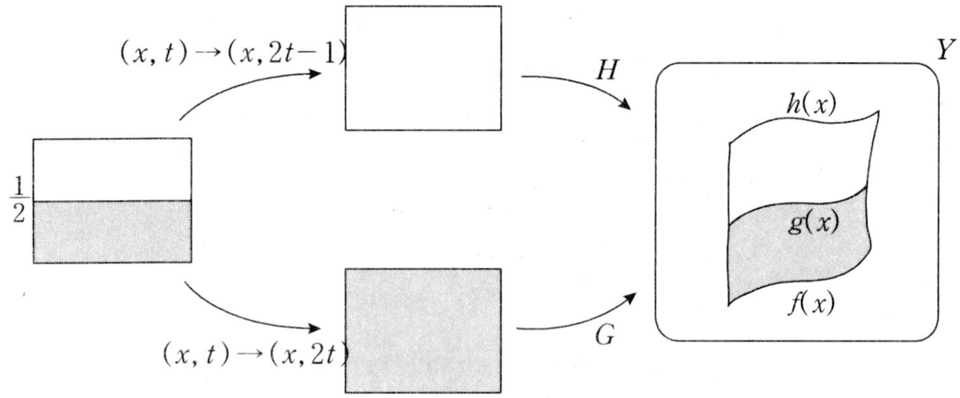

[그림 9.1.5]

관계 $\sim$는 $C(X, Y)$에서 동치관계이므로 동치류에 의하여 한 분할을 만든다. 즉 임의의 $f \in C(X, Y)$에 대하여

$$[f] = \{ g \in C(X, Y) \mid f \sim g \}$$
$$C(X, Y)/\sim = \{ [f] \mid f \in C(X, Y) \}$$

정의 9.1.3 위상공간 X, Y가 같은 **호모토피형**(same homotopy type)을 갖는다 함은 적당한 $f \in C(X, Y), g \in C(X, Y)$가 존재하여 $g \circ f \simeq 1_X$, $f \circ g \simeq 1_Y$일 때를 의미한다.

이때 X와 Y는 **호모토피 동치**(homotopy equivalent)이다라고 한다.

위상공간 X, Y가 위상동형이면 당연히 호모토피 동치가 된다. 그러나 그 역은 성립하지 않는다.

예제 9.1.2 $\mathbb{R}^2$에서 한 점 p를 취하여

$$D=\{q\in\mathbb{R}^2 \mid d(p,q)\le\varepsilon\}$$

이라 하면, $p\in D$이다. 한편 $f:\{p\}\to D,\ f(p)=p$

$$g: D\to\{p\},\ g(x)=p$$

로 정의하면, f와 g는 연속함수이다.

$$g\circ f:\{p\}\to\{p\},\ (g\circ f)(p)=g(f(p))=g(p)=p$$

$$f\circ g: D\to D,\ (f\circ g)(x)=f(g(x))=f(p)=p$$

이므로 $g\circ f=1_{\{p\}}$이고 $f\circ g=C_p$이다. 한편

$$H: D\times I\to D,\ H(x,t)=(1-t)x+tp$$

라 두면 H는 연속함수로서

$$H(x,0)=x=1_p(x)$$

$$H(x,1)=p=C_p(x)$$

이다. 따라서 $H:1_p\simeq C_p=f\circ g$이다. 그러므로 $\{p\}$와 D는 호모토피 동형이다. 그러나 위상동형은 아니다.

정의 9.1.4 위상공간 X가 **축약가능공간**(contractible space)이라 함은 적당한 한 원소 $p\in X$가 존재하여 X와 $\{p\}$가 호모토피동형 일때를 의미한다.

예제 9.1.3 위 [예제 9.1.2]에서 D는 축약가능공간이다.

직관적으로 한 위상공간이 축약가능하다는 것은 그 공간이 그 안의 한 점에 연속적으로 축소될 수 있음을 나타낸다.

정의 9.1.5 위상공간 X위의 두 개의 길 $f,g\in C(I,X)$가 **동치**(equivalent)라 함은 f와 g가 $A=\{0,1\}$에 관해서 호모토픽일 때를 의미한다. 즉 $f\simeq g$ (rel. $\{0,1\}$)일 때이다.

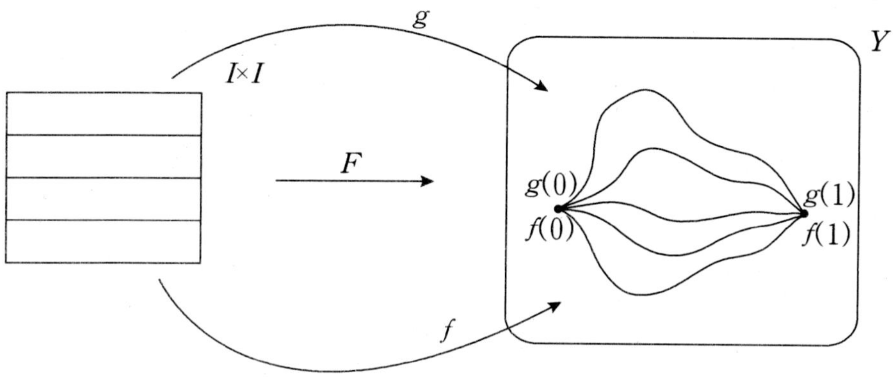

[그림 9.1.8]

두 개의 길 $f, g \in C(I, X)$가 동치이기 위해서는 연속함수

$$F : I \times I \to X$$

가 존재하여

$$F(t, 0) = f(t)$$
$$F(t, 1) = g(t)$$
$$F(0, s) = f(0) = g(0)$$
$$F(1, s) = f(1) = g(1)$$

이어야 한다. 이 경우 $F : f \simeq g$ (rel. $\{0, 1\}$)을 간략하게 $F : f \sim g$로 나타낸다.

$C(I, X)$에서 두 길 $f, g \in C(I, X)$가 서로 $\sim$ 관계가 있을 필요충분조건을 $F : f \sim g$로 정의 하면 관계 $\sim$는 $C(I, X)$에서 동치관계가 되고 이는 $C(I, X)$에서 한 분할을 만든다. 즉, 임의의 $f \in C(I, X)$에 대하여

$$[f] = \{g \in C(I, X) \mid f \sim g\}$$
$$C(I, X)/\sim\ = \{[f] \mid f \in C(I, X)\}$$

임의의 $f, g \in C(I, X)$이고 $f(1) = g(0)$인 경우,

$$[f] \cdot [g] = [f * g]$$

로 정의하면 「·」는 잘 정의된 $C(I, X)/\sim$에서 한 연산이 된다. 이것을 다음 정리에서 밝히자.

정의 9.1.6 $f_0, f_1, g_0, g_1 \in C(I, X)$이고 $f_0(1) = g_0(0)$, $f_1(1) = g_1(0)$일 때 $[f_0] = [f_1]$, $[g_0] = [g_1]$이면 $[f_0 * g_0] = [f_1 * g_1]$이 성립한다.

증 명 $F: f_0 \simeq f_1$ (rel. $\{0,1\}$), $G: g_0 \simeq g_1$ (rel. $\{0,1\}$)이라 하고 함수 $H: I \times I \to X$를 다음과 같이 정의하자. ([그림 9.1.9] 참조)

$$H(t, s) = \begin{cases} F(2t, s), & 0 \le t \le \frac{1}{2} \\ G(2t-1, s), & \frac{1}{2} \le t \le 1 \end{cases}$$

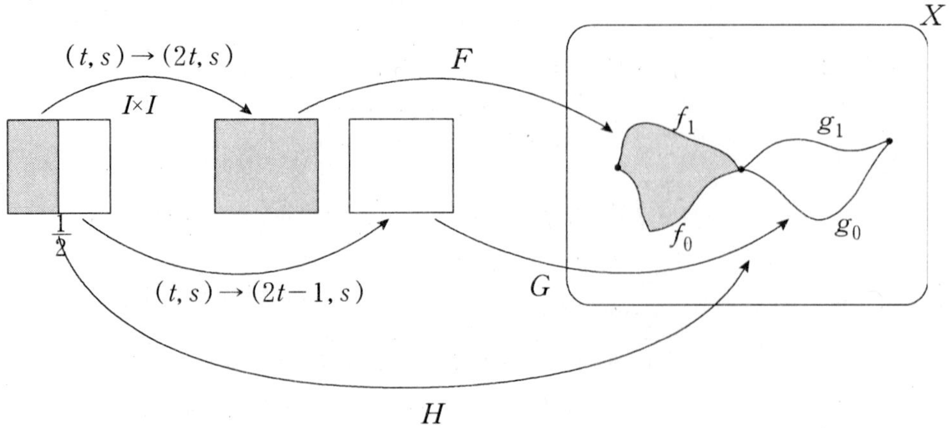

[그림 9.1.9]

H는 연속함수이다. 왜냐하면, $A = [0, \frac{1}{2}] \times I$, $B = [\frac{1}{2}, 1] \times I$라 두면 A와 B는 $I \times I$에서 폐집합들이다. 임의의 $(t, s) \in A$에 대하여 $H(2t, s)$는 연속이고, 마찬가지로 임의의 $(t, s) \in B$에 대하여 $G(2t-1, s)$도 연속이다. 더욱이 임의의 $(\frac{1}{2}, s) \in A \cap B$에 대하여

$$F(2t, s) = F(1, s) = f_1(s) = f_0(s) = g_0(s) = g_1(s) = G(0, s) = G(2t-1, s)$$

이므로 (pasting lemma)에 의하여 H는 연속이다. 또한

$$H(t,0)=\begin{cases} F(2t,0), & 0\le t\le \frac{1}{2} \\ G(2t-1,0), & \frac{1}{2}\le t\le 1 \end{cases}$$

$$=\begin{cases} f_0(2t), & 0\le t\le \frac{1}{2} \\ g_0(2t-1), & \frac{1}{2}\le t\le 1 \end{cases}$$

$$=(f_0 * g_0)(t)$$

$$H(t,1)=\begin{cases} F(2t,1), & 0\le t\le \frac{1}{2} \\ G(2t-1,1), & \frac{1}{2}\le t\le 1 \end{cases}$$

$$=\begin{cases} f_1(2t), & 0\le t\le \frac{1}{2} \\ g_1(2t-1), & \frac{1}{2}\le t\le 1 \end{cases}$$

$$=(f_1 * g_1)(t)$$

그러므로 $H: f_0 * g_0 \simeq f_1 * g_1$ 을 만족한다. 또한

$$(f_0 * g_0)(0)=f_0(0)=f_1(0)=(f_1 * g_1)(0)$$

$$(f_0 * g_0)(1)=g_0(1)=g_1(1)=(f_1 * g_1)(1)$$

을 만족하므로

$$H: f_0 * g_0 \simeq f_1 * g_1 \ (\text{rel. } \{0,1\})$$

을 성립한다. 따라서 $f_0 * g_0 \sim f_1 * g_1$. 즉 $[f_0 * g_0]=[f_1 * g_1]$ 을 만족한다. □

다음 정리에서 우리는 앞의 연산 「·」 이 결합법칙을 만족함을 알 수 있다.

정리 9.1.2

X를 위상공간이라 하고 $f, g, h \in C(I, X)$라 하자.
$f(1)=g(0)$, $g(1)=h(0)$ 라 할 때

$$([f]\cdot[g])\cdot[h]=[f]\cdot([g]\cdot[h])$$

을 만족한다.

증 명 $f, g, h \in C(I, X)$ 이고 $f(1)=g(0)$, $g(1)=h(0)$ 일 때, 이 증명을 위해서는 $(f*g)*h \sim f*(g*h)$ 를 보이면 충분하다.

길들의 곱 $*$ 의 정의에 의하여

$$(f*g)(t)=\begin{cases} f(2t), & 0 \le t \le \frac{1}{2} \\ g(2t-1), & \frac{1}{2} \le t \le 1 \end{cases}$$

이다. 따라서

$$(f*g)(2t)=\begin{cases} f(4t), & 0 \le t \le \frac{1}{4} \\ g(4t-1), & \frac{1}{4} \le t \le \frac{1}{2} \end{cases}$$

이다. 그러므로

$$((f*g)*h)(t)=\begin{cases} (f*g)(2t), & 0 \le t \le \frac{1}{2} \\ h(2t-1), & \frac{1}{2} \le t \le 1 \end{cases}$$

$$=\begin{cases} f(4t), & 0 \le t \le \frac{1}{4} \\ g(4t-1), & \frac{1}{4} \le t \le \frac{1}{2} \\ h(2t-1), & \frac{1}{2} \le t \le 1 \end{cases}$$

이다. 같은 방법으로

$$(f*(g*h))(t)=\begin{cases} f(2t), & 0 \le t \le \frac{1}{2} \\ (g*h)(2t-1), & \frac{1}{2} \le t \le 1 \end{cases}$$

$$=\begin{cases} f(2t), & 0 \le t \le \frac{1}{2} \\ g(4t-2), & \frac{1}{2} \le t \le \frac{3}{4} \\ h(4t-3), & \frac{3}{4} \le t \le 1 \end{cases}$$

이 된다. 일반적으로 $(f*g)*h \neq f*(g*h)$ 이다. 그러나

$$F:(f*g)*h \simeq f*(g*h) \ (\text{rel. } \{0,1\})$$

을 보이기 위하여 한 호모토피 F 를 만들어 보자.

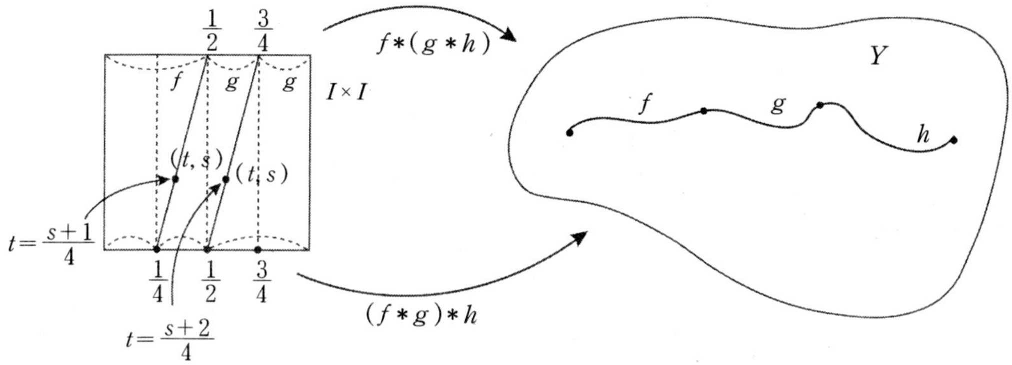

[그림 9.1.10]

$F: I\times I \to X$ 를 다음과 같이 정의 하자.

$$F(t, s)=\begin{cases} f(\frac{4t}{s+1}), & 0\le t\le \frac{s+1}{4} \\ g(4t-s-1), & \frac{s+1}{4}\le t\le \frac{s+2}{4} \\ h(\frac{4t-s-2}{2-s}), & \frac{s+2}{4}\le t\le 1 \end{cases}$$

왜냐하면

$$0\le t\le \frac{s+1}{4} \Leftrightarrow 0\le \frac{4t}{s+1}\le 1$$

$$\frac{s+1}{4}\le t\le \frac{s+2}{4} \Leftrightarrow 0\le 4t-s-1\le 1$$

$$\frac{s+2}{4}\le t\le 1 \Leftrightarrow 0\le \frac{4t-s-2}{2-s}\le 1$$

이므로 자연스럽게 F 를 위와 같이 정의 할 수 있다.

한편 F 는 연속임이 분명하고

$$\text{(1)}\quad F(t, 0)=\begin{cases} f(4t), & 0\le t\le \frac{1}{4} \\ g(4t-1), & \frac{1}{4}\le t\le \frac{1}{2} \\ h(2t-1), & \frac{1}{2}\le t\le 1 \end{cases}$$

$$=((f*g)*h)(t)$$

(2) $F(t, 1)=\begin{cases} f(2t), & 0 \le t \le \frac{1}{2} \\ g(4t-2), & \frac{1}{2} \le t \le \frac{3}{4} \\ h(4t-3), & \frac{3}{4} \le t \le 1 \end{cases}$

(3) $F(0, s)=f(0)=((f*g)*h)(0)=(f*(g*h))(0)$

(4) $F(1, s)=h(1)=((f*g)*h)(1)=(f*(g*h))(1)$

을 만족한다. 따라서

$$F:(f*g)*h \simeq f*(g*h) \ (\text{rel. } \{0,1\})$$

을 만족한다. □

정리 9.1.3

> X를 한 위상공간 이라 하고 $p \in X$, $C_p: I \to X\ (C_p(x)=p, x \in I)$일 때, 임의의 $f \in C(I, X)$, $f(0)=p$, $f(1)=q$에 대하여
>
> $$[C_p] \cdot [f]=[f]=[f] \cdot [C_q]$$
>
> 가 만족 된다.

증 명 임의의 $f \in C(I, X)$에 대하여, $f(0)=p$, $f(1)=q$라 하자. 먼저 $[C_p] \cdot [f]=[f]$를 증명하기 위하여 $C_p*f \sim f$임을 보이자.

$F: C_p*f \simeq f\ (\text{rel. } \{0,1\})$임을 증명하기 위하여 F를 다음과 같이 정의 하자.

$$F: I \times I \to X,\ F(t, s)=\begin{cases} C_p(\frac{2t}{1-s}), & 0 \le t \le \frac{1-s}{2} \\ f(\frac{2t-1+s}{1+s}), & \frac{1-s}{2} \le t \le 1 \end{cases}$$

라 정의하면,

(1) F는 연속함수 이다.

(2) $F(t, 0)=\begin{cases} C_p(2t), & 0 \le t \le \frac{1}{2} \\ f(2t-1), & \frac{1}{2} \le t \le 1 \end{cases}$

$=(C_p*f)(t)$

$$(3)\quad F(t,1)=\begin{cases} C_p(0)=f(0), & t=0 \\ f(t), & 0\le t\le 1 \end{cases}$$

$$=f(t), \qquad 0\le t\le 1$$

$$(4)\quad F(0,s)=C_p(0)=p=f(0)=(C_p*f)(0)$$

$$(5)\quad F(1,s)=f(1)=(C_p*f)(1)$$

가 성립된다. 그러므로 $C_p*f\sim f$이다. 같은 방법으로 $f*C_q\sim f$도 증명할 수 있다.

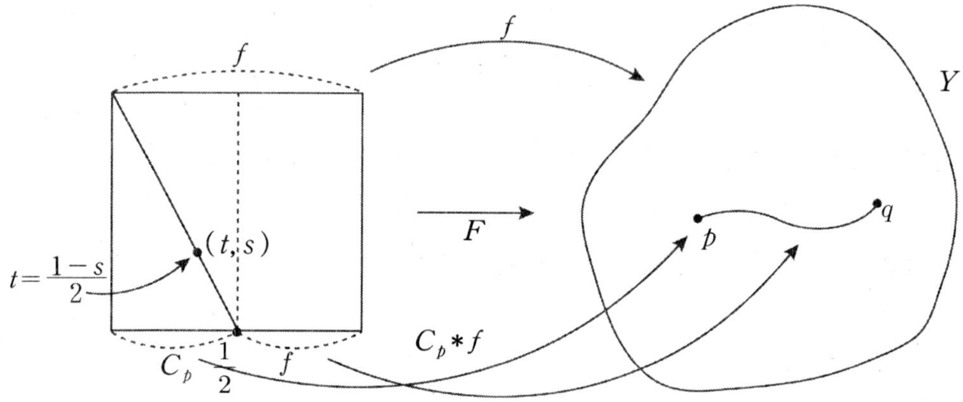

[그림 9.1.11]

고정길 $C_p\in C(I,X)$에 대하여

$$[C_p]=\{f\in C(I,X)\mid C_p\sim f\}$$

에 속하는 길 f는 $f(0)=p$, $f(1)=p$이고 다음 그림에서 보는 바와 같이 연속적으로 점 p로 줄어 든다.

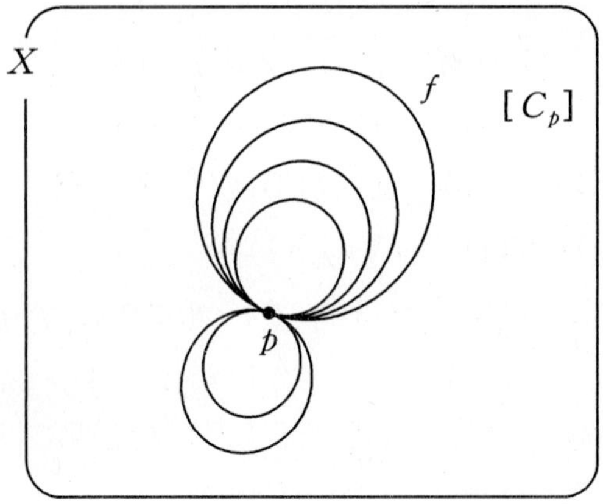

[그림 9.1.12]

임의의 길 $f \in C(I, X)$에서 $\bar{f}(t) = f(1-t)$라 하자. 그러면 $\bar{f} \in C(I, X)$이고

$$F : f \sim g \Leftrightarrow G : \bar{f} \sim \bar{g} \quad (\text{단 } G(t, s) = F(1-t, s))$$

가 성립된다. 즉 $[f] = [g] \Leftrightarrow [\bar{f}] = [\bar{g}]$이다. □

정리 9.1.4

> X를 위상공간, $f \in C(I, X)$, $f(0) = p$, $f(1) = q$일 때
>
> $$[f] \cdot [\bar{f}] = [C_p]$$
>
> $$[\bar{f}] \cdot [f] = [C_q]$$
>
> 가 성립한다.

증 명 $f \in C(I, X)$, $f(0) = p$, $f(1) = q$라 하자.

$$(f * \bar{f})(t) = \begin{cases} f(2t), & 0 \le t \le \frac{1}{2} \\ \bar{f}(2t-1), & \frac{1}{2} \le t \le 1 \end{cases}$$

$$= \begin{cases} f(2t), & 0 \le t \le \frac{1}{2} \\ f(2-2t), & \frac{1}{2} \le t \le 1 \end{cases}$$

이다.

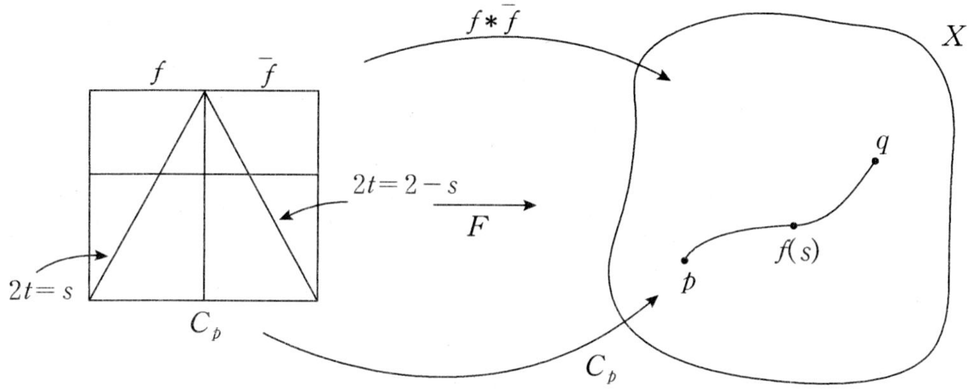

[그림 9.1.13]

$F: I \times I \to X$ 를

$$F(t, s) = \begin{cases} f(2t), & 0 \le 2t \le s \\ f(s), & s \le 2t \le 2-s \\ f(2-2t), & 2-s \le 2t \le 2 \end{cases}$$

로 정의하면 F 는 연속이다. $F: C_p \simeq f * \bar{f}$ (rel. $\{0,1\}$) 임을 보이자.

(1) $$F(t, 0) = \begin{cases} f(2t), & 0 \le 2t \le 0 \\ f(0), & 0 \le 2t \le 2 \\ f(2-2t), & 2 \le 2t \le 2 \end{cases}$$

$$= f(0) = p = C_p(t)$$

(2) $$F(t, 1) = \begin{cases} f(2t), & 0 \le 2t \le 1 \\ f(1), & 1 \le 2t \le 1 \\ f(2-2t), & 1 \le 2t \le 2 \end{cases}$$

$$= \begin{cases} f(2t) & 0 \le t \le \frac{1}{2} \\ f(2-2t), & \frac{1}{2} \le t \le 1 \end{cases}$$

$$= (f*\bar{f})(t)$$

(3) $F(0, s) = f(0) = (f*\bar{f})(0) = C_p(0)$

(4) $F(1, s) = f(0) = (f*\bar{f})(1) = C_p(1)$

따라서 $C_p \sim f*\bar{f}$ 가 성립한다. 같은 방법으로 $\bar{f}*f \sim C_q$ 도 증명할 수 있다. □

위 정리에서 $[\bar{f}]$는 $[f]$에 대하여 역원의 역할을 하고 있음을 알 수 있다. 만약 $f(0)=f(1)=p$ 일 경우

$$[f]\cdot[\bar{f}]=[C_p]=[\bar{f}]\cdot[f]$$

가 되어서 항등원 $[C_p]$에 대하여 $[\bar{f}]$는 동치류 사이의 곱셈에 관하여 $[f]$의 역원임을 알 수 있다.

결과적으로 임의의 $f, g \in C(I, X)$에 관하여

$$f \sim g \Leftrightarrow f \simeq g \ (\text{rel. } \{0,1\})$$

로 정의 하면 ~은 동치관계이고, $C(I, X)/\sim$에서 연산 「·」를

$$[f]\cdot[g]=[f*g]$$

로 정의 하면 ·는 결합법칙, 항등원의 역할을 하는 $[C_p]\cdot[f]$의 역원의 역할을 하는 $[\bar{f}]$가 존재함을 알 수 있다.

연습 문제 9.1

1. 위상공간 X상의 길 f, g, h 로서 $f(1)=g(0), g(1)=h(0)$이고,

(i) $(f*g)*h \neq f*(g*h)$,

(ii) $(f*g)*h = f*(g*h)$

을 만족하는 보기를 각각 들어라.

2. f 를 위상공간 X상의 길이라 하고 $h: I \to I$를 $h(0)=0, h(1)=1$을 만족하는 연속사상이라 할 때 $f \sim f \circ h$임을 증명하여라. (단 $I=[0,1]$)

3. $f, g: I \to X$를 x로부터 y로의 X상의 길들이라 하자. $f \sim g$이기 위한 필요충분조건은 $f*\overline{g} \sim c_x$ 임을 증명하여라.

4. $h: I \to I$ 를 $h(0)=1, h(1)=0$을 만족하는 연속사상이라 하자. f를 한 길이라 하면 $\overline{f} \sim f \circ h$ 임을 증명하여라.

§9.2 기본군

정의 9.2.1 집합 X를 위상공간, $f \in C(I, X)$를 한 길이라 하자.
길 f가 **닫힌곡선**(closed path, loop)이라 함은 시점과 종점이 일치할 때를 의미한다. $f(0)=f(1)=p(\in X)$일 때 점 p를 f의 **기점**(base point)이라고 한다.

앞으로 $C(I, X)/\sim$의 부분집합족 $\Pi(X, p)$를 다음과 같이 생각하기로 한다.

$$\Pi(X, p)=\{[f] \mid f \in C(I, X),\ f(0)=p=f(1)\}$$

정리 9.2.1

임의의 위상공간 X와 $p \in X$에 대하여 $\Pi(X, p)$는 한 군(group)이 된다.

증 명 임의의 $[f], [g] \in \Pi(X, p)$에 대하여, 연산 「·」를

$$[f] \cdot [g]=[f * g]$$

와 같이 잘 정의할 수 있다. 왜냐하면 $f(1)=g(0)=p$이기 때문이다.
$(\Pi(X, p), \cdot)$가 군이 됨을 보이기 위하여

(1) 임의의 $[f], [g], [h] \in \Pi(X, p)$에 대하여

$$f(1)=g(0)=g(1)=h(0)=p$$

이므로 $(f * g) * h,\ f *(g * h)$이 잘 정의되고, [정리 9.1.2]에 의하여

$$([f] \cdot [g]) \cdot [h]=[f] \cdot([g] \cdot [h])$$

가 성립된다. 즉 연산 「·」이 결합법칙을 만족한다.

(2) 항등원 $[C_p] \in \Pi(X, p)$이 존재한다. 왜냐하면, 임의의 $[f] \in \Pi(X, p)$에 대하여 [정리 9.1.3]에 의하여 $[C_p] \cdot [f]=[f]=[f] \cdot [C_p]$가 만족 된다.

(3) 임의의 $[f] \in \Pi(X, p)$에 대하여 역원 $[f]^{-1}=[\bar{f}]$이 존재한다. 왜냐하면 [정리9.1.4]에 의하여

$$[f]\cdot[\bar{f}]=[\bar{f}]\cdot[f]=[C_p]$$

가 성립한다. 따라서 $[\bar{f}]\in\Pi(X, p)$이고 $[\bar{f}]=[f]^{-1}$가 성립한다.
그러므로 (1), (2), (3)에 의하여 $(\Pi(X, p), \cdot)$는 한 군(group)이 된다. □

정의 9.2.2 X를 한 위상공간, $p\in X$라 할 때 군 $(\Pi(X, p), \cdot)$를 점 p를 기점으로 하는 **기본군**(fundamental group)이라 한다.

X가 단원집합 $X=\{p\}$라면 $\Pi(X, p)=\{[C_p]\}$이다. 즉 $\Pi(X, p)$는 항등원 하나로 이루어진 군이다.

정리 9.2.2

X를 위상공간, $p, q\in X$라하고, 만약 $f\in C(I, X)$로서 $f(0)=p$, $f(1)=q$라면, 두 군 $\Pi(X, p)$와 $\Pi(X, q)$는 군동형(group isomorphic) 이다.

증 명 군 $\Pi(X, p)$와 $\Pi(X, q)$ 사이에 한 군동형사상(group isomorphism)을 정의해 보자.

$$h_f:\Pi(X, p)\to\Pi(X, q)$$

$$h_f([g])=[\bar{f}*g*f],\quad {}^{\forall}[g]\in\Pi(X, p)$$

라고 하면 함수 h는 잘 정의된다. 왜냐하면

$$\bar{f}*g*f: I\to I$$

$$(\bar{f}*g*f)(0)=\bar{f}(0)=q$$

$$(\bar{f}*g*f)(1)=f(1)=q$$

이다. 따라서 $[\bar{f}*g*f]\in\Pi(X, q)$이다.

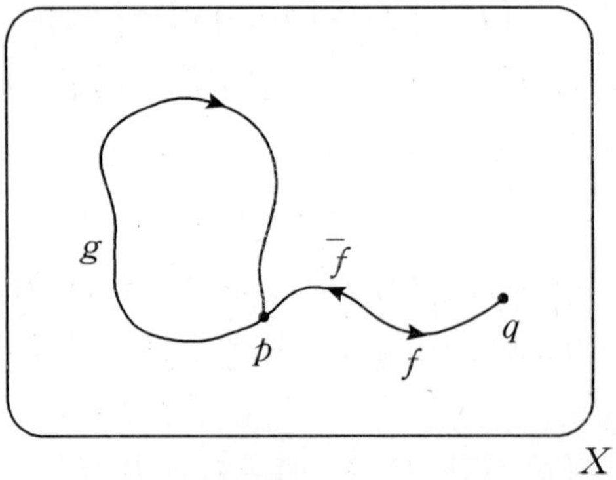

[그림 9.2.1]

더욱이 h_f는 군동형사상이 된다. 왜냐하면

(1) $h_f : \Pi(X, p) \to \Pi(X, q)$가 군준동형사상(group homomorphism)이 됨을 보이자. 임의의 $[g_1], [g_2] \in \Pi(X, p)$에 대하여

$$\begin{aligned} h_f([g_1] \cdot [g_2]) &= h_f([g_1 * g_2]) \\ &= [\bar{f} * g_1 * g_2 * f] \\ &= [\bar{f} * g_1 * C_p * g_2 * f] \\ &= [\bar{f} * g_1 * f * \bar{f} * g_2 * f] \\ &= [\bar{f} * g_1 * f] \cdot [\bar{f} * g_2 * f] \\ &= h_f(g_1) \cdot h_f(g_2) \end{aligned}$$

이 성립된다. 따라서 h_f는 군준동형사상이다.

(2) $h_f : \Pi(X, p) \to \Pi(X, q)$는 전단사이다. 왜냐하면 $\bar{f}$를 이용하여 h_f의 역함수

$$f_h^{-1} : \Pi(X, q) \to \Pi(X, p)$$

$$f_h^{-1}([k]) = [f * k * \bar{f}], \quad {}^{\forall}[k] \in \Pi(X, q)$$

를 정의할 수 있다. 왜냐하면

$$\begin{aligned} (h_f \circ h_f^{-1})([k]) = h_f(h_f^{-1}[k]) &= h_f([f * k * \bar{f}]) \\ &= [\bar{f} * (f * k * \bar{f}) * f] \\ &= [(\bar{f} * f) * k * (\bar{f} * f)] \end{aligned}$$

$$
\begin{aligned}
&= [C_q * k * C_q] \\
&= [k] = 1([k])
\end{aligned}
$$

$$
\begin{aligned}
(h_f^{-1} \circ h_f)([g]) = h_f^{-1}(h_f[g]) = h_f^{-1}([\bar{f} * g * f]) &\\
&= [f * (\bar{f} * g * f) * \bar{f}] \\
&= [(f * \bar{f}) * g * (f * \bar{f})] \\
&= [C_p * g * C_p] \\
&= [g] = 1([g])
\end{aligned}
$$

이 성립된다.

(1), (2)에 의하여 $h_f : \Pi(X, p) \to \Pi(x, q)$는 군동형사상이 된다. □

따름정리 9.2.3

위상공간 X가 길로연결이면, 임의의 $p, q \in X$에 대하여 $\Pi(X, p)$와 $\Pi(X, q)$는 군동형이다.

정리 9.2.4

X, Y를 위상공간이라 하고 $\psi : X \to Y$를 연속함수라 하자.

(1) 만약 $f \in C(I, X)$이면 $\psi \circ f \in C(I, Y)$

(2) 임의의 $f, g \in C(I, X)$에 대하여 $f \sim g$이면 $\psi \circ f \sim \psi \circ g$이다.

(3) $[f] \in \Pi(X, p)$이면 $[\psi \circ f] \in \Pi(Y, \psi(p))$이다.

다음 부터 $\psi \circ f$를 간단히 ψf로 쓰기로 한다.

정리 9.2.5

X, Y를 위상공간이라 두고 $\psi : X \to Y$를 연속함수라 하자.

$$\psi_* : \Pi(X, p) \to \Pi(Y, \psi(p))$$

$$\psi_*([f]) = [\psi f] \qquad \forall [f] \in \prod(X, p)$$

로 정의되는 함수 ψ_*는 군준동형사상이다.

증 명 임의의 $[f], [g] \in \prod(X, p)$에 대하여

$$\begin{aligned}\psi_*([f]\cdot[g]) &= \psi_*([f*g]) \\ &= [\psi(f*g)] \\ &= [\psi f * \psi g] \\ &= [\psi f]\cdot[\psi g] \\ &= \psi_*([f])\cdot\psi_*([g])\end{aligned}$$

가 성립된다. 따라서 ψ_*는 군준동형사상이다. □

정의 9.2.3 위상공간 X, Y에서 $\psi: X \to Y$가 연속함수일 때

$$\psi_*: \Pi(X, p) \to \Pi(Y, \psi(p)),\ \ \psi_*([f]) = [\psi f]$$

로 정의된 ψ_*를 ψ에 의하여 **유도된 군준동형사상**(induced homomorphism by ψ)이라 한다.

정리 9.2.6

위상공간 X, Y, Z에서,

(1) $\psi: X \to Y,\ \phi: Y \to Z$ 를 연속함수라 하면 $(\phi \circ \psi)_* = \phi_* \circ \psi_*$가 성립된다.

(2) $(1_X)_*: \Pi(X, p) \to \Pi(X, p)$는 항등동형사상이다.

증 명 (1) 임의의 $[f] \in \Pi(X, p)$에 대하여

$$\begin{aligned}(\phi\circ\psi)_*([f]) &= [(\phi\circ\psi)f] \\ &= [\phi(\psi f)] \\ &= \phi_*([\psi f]) \\ &= \phi_*(\psi_*([f]))\end{aligned}$$

$$=(\phi_* \circ \psi_*)([f])$$

이다. 따라서 $(\phi \circ \psi)_* = \phi_* \circ \psi_*$ 이다.

(2) 임의의 $[f] \in \Pi(X, p)$ 에 대하여

$$(1_X)_*([f]) = [1_X f] = [f]$$

이므로 $(1_X)_* = 1_{\Pi(X, p)}$ 이다. 즉 $(1_X)_*$ 는 항등동형사상 이다. □

정리 9.2.7

함수 $\psi : X \to Y$ 가 위상동형사상이면 $\psi_* : \Pi(X, p) \to \Pi(Y, \psi(p))$ 는 군동형사상이다.

증 명 $\psi : Y \to X$ 가 위상동형사상이면 $\psi^{-1} : Y \to X$ 도 위상동형사상이다.

$$\psi^{-1} \circ \psi = 1_X$$

$$\psi \circ \psi^{-1} = 1_Y$$

이므로 $(\psi^{-1} \circ \psi)_* = \psi^{-1}{}_* \circ \psi_* = 1_{\Pi(X, p)}$

$(\psi \circ \psi^{-1})_* = \psi_* \circ \psi^{-1}{}_* = 1_{\Pi(Y, \psi(p))}$

이므로 ψ_* 는 군동형사상이다. □

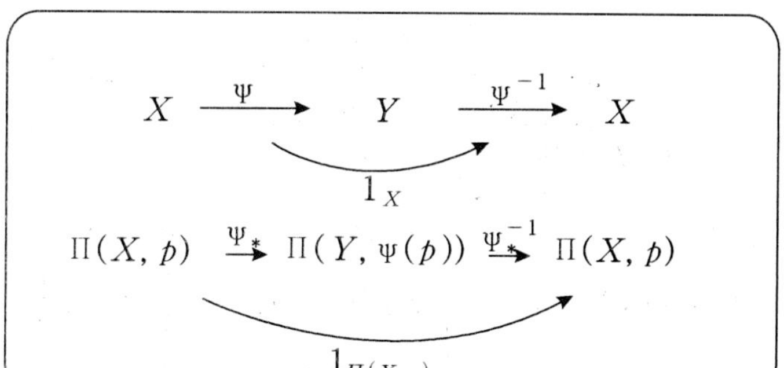

[그림 9.2.1]

정리 9.2.8

두 함수 $\psi, \phi : X \to Y$를 연속사상이라 하고 $F : \psi \simeq \phi$라 하자. 임의의 $p \in X$에 대하여 $f \in C(I, Y)$를 $f(t) = F(p, t)$로 정의된 $\psi(p)$로부터 $\phi(p)$로의 한 닫힌곡선이라 하자. 두 준동형사상

$$\psi_* : \Pi(X, p) \to \Pi(Y, \psi(p))$$

$$\phi_* : \Pi(X, p) \to \Pi(Y, \phi(p))$$

사이에는 $\phi_* = h_f \circ \psi_*$가 성립한다.

증 명 위 $\phi_* = h_f \circ \psi_*$가 성립되기 위하여 아래의 도형이 가환임을 보이자.

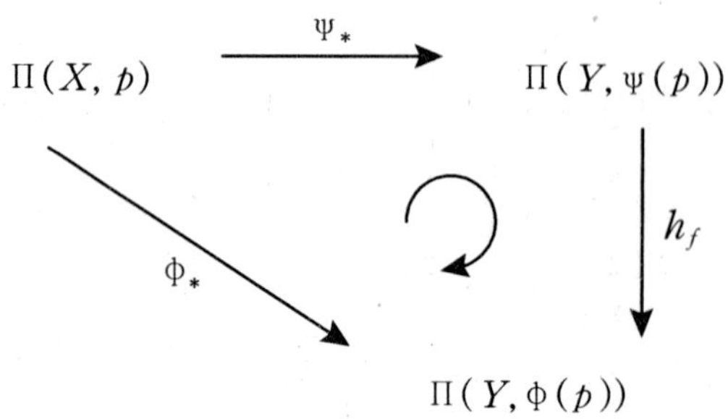

임의의 $[g] \in \Pi(X, p)$에 대하여

$$\begin{aligned}(h_f \circ \psi_*)[g] &= h_f(\psi_*([g])) \\ &= h_f([\psi g]) \\ &= \bar{f} * \psi g * \bar{f}\end{aligned}$$

이다. 한편 임의의 $t \in I$에 대하여

$$((\bar{f} * \psi g) * f)(t) = \begin{cases} \bar{f}(4t), & 0 \le t \le \frac{1}{4} \\ \psi g(4t-1), & \frac{1}{4} \le t \le \frac{1}{2} \\ f(2t-1), & \frac{1}{2} \le t \le 1 \end{cases}$$

$$=\begin{cases} f(1-4t), & 0\le t\le \frac{1}{4} \\ \psi g(4t-1), & \frac{1}{4}\le t\le \frac{1}{2} \\ f(2t-1), & \frac{1}{2}\le t\le 1 \end{cases}$$

이고 여기서 $f(t)=F(p, t)$, $F(x, 0)=\psi(x)$이므로

$$((\bar{f}*\psi g)*f)(t)=\begin{cases} F(p, 1-4t), & 0\le t\le \frac{1}{4} \\ F(g(4t-1), 0), & \frac{1}{4}\le t\le \frac{1}{2} \\ F(p, 2t-1), & \frac{1}{2}\le t\le 1 \end{cases}$$

이다. 한편 $F(x, 1)=\phi(x)$이므로

$$\phi g(t)=F(g(t), 1) \quad (t\in I)$$

이 성립한다.

$$(\phi g)(0)=\phi(g(0))=\phi(p)=\phi(g(1))=(\phi g)(1)$$

이므로

$$\phi_g \sim (C_{\phi(p)}*\phi g)*C_{\phi(p)}$$

가 성립된다. 한편

$$(C_{\phi(p)}*\phi g)*C_{\phi(p)}=\begin{cases} \phi(p), & 0\le t\le \frac{1}{4} \\ \phi g(4t-1), & \frac{1}{4}\le t\le \frac{1}{2} \\ \phi(p), & \frac{1}{2}\le t\le 1 \end{cases}$$

$$=\begin{cases} F(p, 1), & 0\le t\le \frac{1}{4} \\ F(g(4t-1), & \frac{1}{4}\le t\le \frac{1}{2} \\ F(p, 1), & \frac{1}{2}\le t\le 1 \end{cases}$$

이다. 한편 $H: I\times I\rightarrow Y$ 를

$$H(t, s)=\begin{cases} F(p, 1-4t(1-s)), & 0 \leq t \leq \frac{1}{4} \\ F(g(4t-1), s), & \frac{1}{4} \leq t \leq \frac{1}{2} \\ F(p, 1+2(t-1)(1-s)), & \frac{1}{2} \leq t \leq 1 \end{cases}$$

로 정의하면 H는 연속함수이고

$$H(t, 0)=\begin{cases} F(p, 1-4t), & 0 \leq t \leq \frac{1}{4} \\ F(g(4t-1), 0), & \frac{1}{4} \leq t \leq \frac{1}{2} \\ F(p, 2t-1), & \frac{1}{2} \leq t \leq 1 \end{cases}$$

$$=((\bar{f} * \psi g) * f)(t)$$

$$H(t, 1)=\begin{cases} F(p, 0), & 0 \leq t \leq \frac{1}{4} \\ F(g(4t-1), 1), & \frac{1}{4} \leq t \leq \frac{1}{2} \\ F(p, 1), & \frac{1}{2} \leq t \leq 1 \end{cases}$$

$$=((C_{\phi(p)} * \phi g) * C_{\phi(p)})(t)$$

$$H(0, s)=F(p, 1)=\phi(p)$$

$$H(1, s)=F(p, 1)=\phi(p)$$

이다. 따라서

$$H:(\bar{f} * \psi g) * f \simeq (C_{\phi(p)} * \phi g) * C_{\phi(p)} \ (\text{rel. } \{0,1\})$$

따라서 $(\bar{f} * \psi g) * f \sim \phi g$가 성립된다.

그러므로

$$(h_f \circ \psi_*)[g]=[\bar{f} * \psi g * \bar{f}]=[\phi g]=\phi_*[g]$$

이다. □

정리 1.2.3

연속함수 $\psi : X \rightarrow Y$에 대하여 X와 Y가 호모토피동치라면 임의의 $p \in X$에 대하여

$$\psi_* : \Pi(X, p) \rightarrow \Pi(Y, \psi(p))$$

는 군동형사상이다.

증 명 X와 Y가 호모토피동치이므로 연속함수 $\phi : Y \to X$가 존재하여

$$\phi\psi \simeq 1_X$$

$$\psi\phi \simeq 1_Y$$

가 성립한다. 위 정리에 의하여 아래 도형이 가환이다.

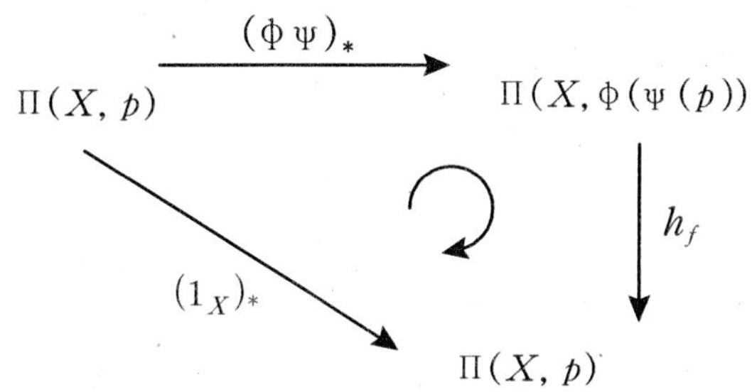

여기서 $f \in C(I, X)$, $f(0) = \phi(\psi(p))$, $f(1) = p$ 이다.

한편 h_f와 $(1_X)_*$가 군동형사상이므로 $(\phi\psi)_*$도 군동형사상이고

$(\phi\psi)_* = \phi_* \circ \psi_*$이므로 ψ_*는 단사이다.

한편 $(\psi\phi)_* = \psi_* \circ \phi_*$도 군동형사상이므로 ψ_*는 전사이다. 그러므로 ψ_*가 군준동형사상으로서 전단사함수이므로 군동형사상이다. □

정리 9.2.10

위상공간 X가 축약가능이면 임의의 원소 $p \in X$에 대하여 $\Pi(X, p)$는 자명한 군이다.

증 명 X가 축약가능이므로 적당한 $Y = \{y\}$에 대하여

$$X \simeq Y$$

이다. [정리9.2.9]에서 임의의 $p \in X$에 대하여

$$\Pi(X, p) \approx \Pi(Y, y)$$

이다. $\Pi(Y, y)=\{[C_y]\}$ 이므로 $\Pi(X, p)$ 도 자명군이 되어야 한다. □

정의 9.2.4 위상공간 X 가 길로연결이고 임의의 $p \in X$ 에 대하여 기본군 $\Pi(X, p)$ 가 자명군인 경우 X 를 **단순연결공간**(simply connected space)라고 한다.

정리 9.2.11

X, Y 를 길로연결공간이라 하면

$$\Pi(X \times Y, (x, y)) \approx \Pi(X, x) \otimes \Pi(Y, y)$$

이 성립한다.

증 명 $p: X \times Y \to X$, $q: X \times Y \to Y$ 를 사영함수라 하자.

$$\psi: \Pi(X \times Y, (x, y)) \to \Pi(X, x) \otimes \Pi(Y, y)$$

$$\psi([f]) = (p_*([f]), q_*([f]))$$

로 정의하면 ψ 는 잘 정의된 함수이다. 왜냐하면 $[f]=[g]$ 라면 $F: f \simeq g$ (rel. $\{0,1\}$)이다. 즉 연속함수 $F: I \times I \to X \times Y$ 가 존재하여

$$F(t, 0) = f(t)$$
$$F(t, 1) = g(t)$$
$$F(0, s) = F(1, s) = (x, y)$$

이 성립한다. 따라서

$$p \circ F: p \circ f \simeq p \circ g \text{ (rel. } \{0,1\})$$
$$q \circ F: q \circ f \simeq q \circ g \text{ (rel. } \{0,1\})$$

가 만족된다. 그러므로

$$p_*([f]) = [p \circ f] = [p \circ g] = p_*([g])$$
$$q_*([f]) = [q \circ f] = [q \circ g] = q_*([g])$$

이다. 따라서

$$\psi([f]) = (p_*([f]), q_*([f])) = (p_*([g]), q_*([g])) = \psi([g])$$

가 성립한다. ψ 가 동형사상임을 보이기 위하여

(1) ψ는 준동형사상이다.

임의의 $[f], [g] \in \Pi(X\times Y, (x, y))$에 대하여

$$\begin{aligned}\psi([f]\cdot[g]) &= \psi([f]*[g]) \\ &= (p_*([f]*[g]),\ q_*([f]*[g])) \\ &= ([p(f*g)],\ [q(f*g)]) \\ &= ([pf*pg],\ [qf*qg]) \\ &= ([pf]\cdot[pg],\ [qf]\cdot[qg]) \\ &= ([pf],[qf])\cdot([pg],[qg]) \\ &= (p_*([f]),\ q_*([f]))\cdot(p_*([g]),\ q_*([g])) \\ &= \psi([f])\cdot\psi([g])\end{aligned}$$

가 만족된다.

(2) ψ가 전사이다.

임의의 $([f_1], [f_2]) \in \Pi(X, x)\otimes\Pi(T, y)$에 대하여

$$f: I \to X\times Y,\ f(t) = (f_1(t),\ f_2(t))$$

라고 하면 f는 연속함수이고

$$f(0) = (f_1(0),\ f_2(0)) = (x, y)$$

$$f(1) = (f_1(1),\ f_2(1)) = (x, y)$$

이므로 $[f] \in \Pi(X\times Y, (x, y))$이다. 또한

$$\begin{aligned}\psi([f]) &= (p_*([f]),\ q_*([f])) \\ &= ([pf],\ [qf]) \\ &= ([f_1],\ [f_2])\end{aligned}$$

이다.

(3) ψ가 단사이다.

$\psi([f]) = \psi([g])$라 하자.

$$\psi([f]) = (p_*([f]),\ q_*([f])) = (p_*([g]),\ q_*([g])) = \psi([g])$$

이므로 $F: pf \simeq pg$ (rel. $\{0,1\}$), $G: qf \simeq qg$ (rel. $\{0,1\}$)가 성립된다.

함수 $H: I\times I \to X\times Y$를

$$H(t, s) = (F(t, s),\ G(t, s))$$

라고 정의하면 H는 연속함수 이다. 또한

$$H(t,0)=(F(t,0),G(t,0))=(pf(t),qf(t))=f(t)$$

$$H(t,1)=(F(t,1),G(t,1))=(pg(t),qg(t))=g(t)$$

$$H(0,s)=(F(0,s),G(0,s))=(pf(0),qf(0))=f(0)=(x,y)$$

$$H(1,s)=(F(1,s),G(1,s))=(pf(1),qf(1))=f(1)=(x,y)$$

가 성립된다. 따라서 $H:f\simeq g$ (rel. $\{0,1\}$)이 되어 $[f]=[g]$가 성립된다. □

연습 문제 9.2

1. X가 이산위상공간이면 $\pi(X, x)=\{1\}$ 임을 보여라.

2. X를 $\pi(X, x)=\{1\}$을 만족하는 위상공간이라 하자. f, g를 $f(0)=g(0)=x=f(1)=g(1)$을 만족하는 길이라 할 때 $f\sim g$를 보여라.

3. x, y를 위상공간 X상의 두 점이라 하자. x로부터 y로의 두 개의 길 f, g가 $\pi(X, x)$로부터 $\pi(Y, y)$로의 같은 동형사상을 정의하는 필요충분조건은 $[g*\bar{f}]$가 $\pi(X, x)$의 중심(center)에 속하는 것이다. 이것을 증명하여라.

4. 유리수 집합 Q를 실직선 $(R, \mathscr{U})$의 부분공간이라 할 때, $\pi(Q, 0)$을 구하여라.

5. A를 X의 retract라 하고 $r: X\to A$를 retraction 이라 하자. 임의의 점 $a\in A$에 대하여 $i*:\pi(A, a)\to\pi(X, a)$는 단사준동형사상이고 $r_*:\pi(X, a)\to\pi(A, a)$는 전사준동형사상임을 밝혀라. ($i: A\to X$는 포함사상이다).

6. A가 강변형 retract일 때 임의의 $a\in A$에 대해서 $i_*:\pi(A, a)\to\pi(X, a)$가 동형사상임을 증명하여라.

7. $\phi: X\to X$가 $\phi\simeq 1_X$ 을 만족하는 연속사상일 때 임의의 $x_0\in X$에 대해서 $\phi_*:\pi(X, x_0)\to\pi(X, x_0)$가 동형사상임을 보여라.

8. 두 개의 단순연결위상공간의 적공간은 단순연결임을 보여라.

§9.3 S^1의 기본군

S^1을 $\mathbb{R}^2$에서 단위원이라 하자. 즉

$$S^1 = \{(x, y) \in \mathbb{R}^2 \mid x^2 + y^2 = 1\}$$
$$= \{\cos 2\pi t + i \sin 2\pi t \mid t \in \mathbb{R}\}$$

여기서, $\cos 2\pi t + i\sin 2\pi t = e^{2\pi t i}$라고 쓰기도 한다.

예제 9.3.1 보통실수공간$\mathbb{R}$에서 $\Theta : \mathbb{R} \to S^1$, $\Theta(t) = e^{2\pi t i}$로 정의된 함수 Θ는 개함수이고, 또한 연속함수이다. U를 $\mathbb{R}$에서 개집합이라 하자.

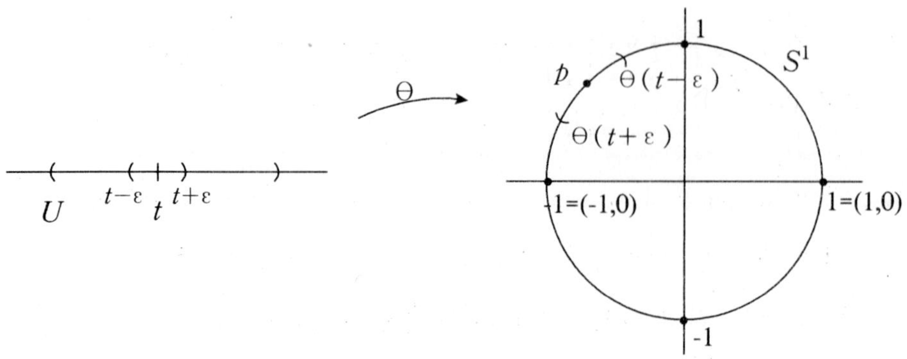

[그림 9.3.1]

임의의 점 $p \in \Theta(U) \subset S^1$에 대하여, 적당한 $t \in U$가 존재하여 $\Theta(t) = p$가 성립된다. U는 $\mathbb{R}$에서 개집합이므로 적당한 $\varepsilon > 0$이 존재하여

$$(t-\varepsilon, t+\varepsilon) \subset U$$

를 만족한다. Θ에 의하여 $(t-\varepsilon, t+\varepsilon) \simeq \Theta(t-\varepsilon, t+\varepsilon)$이고 $p \in \Theta(t-\varepsilon, t+\varepsilon)$이므로 $\Theta(t-\varepsilon, t+\varepsilon)$는 p의 근방이고

$$\Theta(t-\varepsilon, t+\varepsilon) \subset \Theta(U)$$

이므로 $\Theta(U)$는 S^1에서 개집합이고 따라서 Θ는 개함수이다.
한편, $\Theta(t)=(\cos 2\pi t,\ \sin 2\pi t)$에서 $\Theta_1(t)=\cos 2\pi t$, $\Theta_2(t)=\sin 2\pi t$가 연속이므로 Θ도 연속이다.

함수 Θ의 정의역을 $(-\frac{1}{2}, \frac{1}{2})$로 제한하면 Θ는 전단사 함수이다. 따라서 $(-\frac{1}{2}, \frac{1}{2})$과 $\Theta(-\frac{1}{2}, \frac{1}{2})=S^1-\{-1\}$은 위상동형이 된다. 그러므로 Θ의 역함수 $\phi: S^1-\{-1\}\to(-\frac{1}{2}, \frac{1}{2})$, $\phi=\Theta^{-1}$를 정의할 수 있다. 여기서 -1은 S^1에서 $(-1, 0)$을 의미한다.

정리 9.3.1

함수 $f\in C(I, S^1)$를 시점이 1인 한 길이라 하면 $\mathbb{R}$ 상에 시점이 0인 유일한 한 길 $f'\in C(I, \mathbb{R})$이 존재하여 $\Theta\circ f'=f$를 만족한다.

증 명 아래 도형이 가환임을 보이면 충분하다.

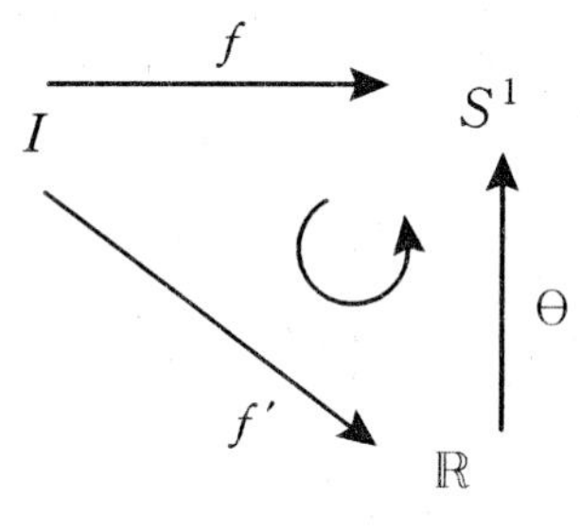

[그림 9.3.2]

함수 $f: I\to S^1$이 연속이고 I는 컴팩트이므로 f는 일양연속이다. 따라서 $\varepsilon=1$에 대하여 적당한 $\delta>0$가 존재하여

$$|t-t'|<\delta \Rightarrow \|f(t)-f(t')\|<\varepsilon$$

을 만족한다. 또한 $|t-t'|<\delta \Rightarrow f(t)\neq -f(t')$이다. 왜냐하면, 만약

$f(t)=-f(t')$ 라면

$$\|f(t)-f(t')\|=\|f(t)+f(t)\|=2\|f(t)\|=2>1$$

이므로 $\|f(t)-f(t')\|<1$ 에 모순이 된다.

따라서 $\dfrac{f(t)}{f(t')}\neq -1$ 이므로 $\dfrac{f(t)}{f(t')}\in S^1-\{-1\}$ 이고 $\phi\left(\dfrac{f(t)}{f(t')}\right)\in\left(-\dfrac{1}{2},\ \dfrac{1}{2}\right)$

이다. 한편 $\delta>0$ 이므로 충분히 큰 자연수 n 이 존재하여

$$0<\frac{1}{n}<\delta$$

를 만족한다. 따라서 임의의 $t\in I$ 에 대하여 $f':I\to\mathbb{R}$ 을 다음과 같이 정의하자.

$$f'(t)=\phi\left(\frac{f(t)}{f\left(\frac{n-1}{n}t\right)}\right)+\phi\left(\frac{f\left(\frac{n-1}{n}t\right)}{f\left(\frac{n-2}{n}t\right)}\right)+\cdots+\phi\left(\frac{f\left(\frac{1}{n}t\right)}{f(0)}\right)$$

한편, ϕ 와 f 가 연속이므로 $f':I\to\mathbb{R}$ 도 연속이고

(1) $f'(0)=\phi(1)+\phi(1)+\cdots+\phi(1)=0+0+\cdots+0=0$

(2) $$(\Theta\circ f')(t)=\Theta\left(\phi\left(\frac{f(t)}{f\left(\frac{n-1}{n}t\right)}\right)+\phi\left(\frac{f\left(\frac{n-1}{n}t\right)}{f\left(\frac{n-2}{n}t\right)}\right)+\cdots+\phi\left(\frac{f\left(\frac{1}{n}t\right)}{f(0)}\right)\right)$$

$$=\Theta\phi\left(\frac{f(t)}{f\left(\frac{n-1}{n}t\right)}\right)\cdot\Theta\phi\left(\frac{f\left(\frac{n-1}{n}t\right)}{f\left(\frac{n-2}{n}t\right)}\right)\cdot\cdots\cdot\Theta\phi\left(\frac{f\left(\frac{1}{n}t\right)}{f(0)}\right)$$

$$=\frac{f(t)}{f\left(\frac{n-1}{n}t\right)}\cdot\frac{f\left(\frac{n-1}{n}t\right)}{f\left(\frac{n-2}{n}t\right)}\cdot\cdots\cdot\frac{f\left(\frac{1}{n}t\right)}{f(0)}$$

$$=\frac{f(t)}{f(0)}$$

$$=f(t)$$

이다. 따라서 $\Theta\circ f'=f$ 를 만족한다.

다음 f' 의 유일성을 보이기 위하여 $f'':I\to\mathbb{R}$ 을 한 길로서 $f''(0)=0$ 이고 $\Theta\circ f''=f$ 라고 가정하자.

$$\Theta((f'-f'')(t))=\Theta(f'(t)-f''(t))$$

$$= \frac{\Theta f'(t)}{\Theta f''(t)}$$

$$= \frac{f(t)}{f(t)}$$

$$= 1$$

이므로 $(f'-f'')(t) \in \Theta^{-1}(1)$ 을 만족한다. 한편 $\Theta^{-1}(1) = \mathbb{Z}$ 이므로 $(f'-f'')(t) \in \mathbb{Z}$ 이다. 즉 $(f'-f'')(I) \subset \mathbb{Z}$ 이다. 한편 $I = [0, 1]$ 이 연결집합 이므로 $(f'-f'')(I)$ 도 연결집합이고 $(f'-f'')(I) \subset \mathbb{Z}$ 이므로 $(f'-f'')(I)$ 는 한 정수가 되어야 한다. 즉 $f'-f''$ 는 상수함수이다. 따라서 임의의 $t \in I$ 에 대하여 $(f'-f'')(t) = n \in \mathbb{Z}$ 라 하면

$$n = (f'-f'')(0) = f'(0) - f''(0) = 0$$

이다. 따라서 $f'-f'' = 0$ 이다. 즉 $f' = f''$ 이다. □

정리 9.3.2

$f, g \in C(I, S^1)$, $f(0) = g(0) = 1$ 이라 하고 대응하는 길을 $f', g' \in C(I, \mathbb{R})$ 이라 하자.

만약 $F : f \simeq g$ (rel. $\{0,1\}$) 이면 유일한 한 호모토피 $F' : I \times I \to \mathbb{R}$ 이 존재하여 $F' : f' \simeq g'$ (rel. $\{0,1\}$) 이고

$$\Theta \cdot F' = F$$

를 만족한다.

증 명

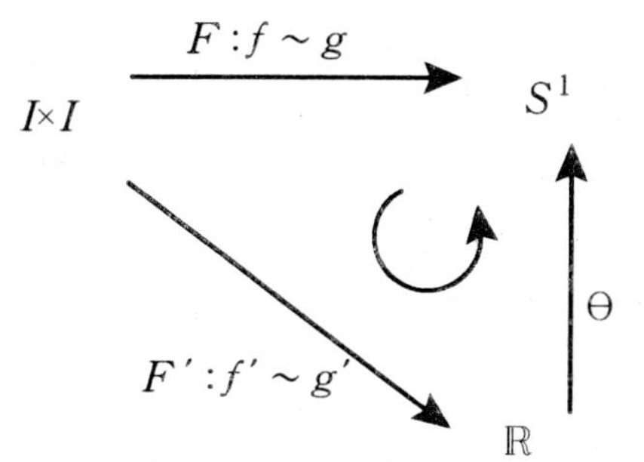

[그림 9.3.3]

$I\times I$ 는 컴팩트이므로 연속함수 $F: I\times I\to S^1$은 일양연속이다. 따라서 $\varepsilon=1$ 에 대하여 적당한 $\delta>0$가 존재하여, 임의의 $p, p'\in I\times I$에 대하여

$$\|p-p'\|<\delta \Rightarrow \|F(p)-F(p')\|<1$$

를 만족한다. 특히 $\|p-p'\|<\delta$인 $p, p'\in I\times I$에 대하여 $F(p)\neq -F(p')$이다. 왜냐하면, $F(p)=-F(p')$이면

$$\|F(p)-F(p')\|=2\|F(p)\|=2$$

를 만족하므로 $\|F(p)-F(p')\|<1$이라는 사실에 모순이다.

$\dfrac{F(p)}{F(p')}\neq -1$ 이므로 $\dfrac{F(p)}{F(p')}\in S^1-\{-1\}$이다. 따라서 임의의 $p\in I\times I$에 대하여 적당한 자연수 n이 존재하여 $\|\frac{1}{n}p\|=\frac{1}{n}\|p\|<\delta$ 되게 할 수 있다. 즉 $\|p\|<n\delta$ 되게 할 수 있다.

$F': I\times I\to\mathbb{R}$ 을 다음과 같이 정의하자. 임의의 $p\in I\times I$에 대하여

$$F'(p)=\phi\left(\frac{f(p)}{f\left(\frac{n-1}{n}p\right)}\right)+\phi\left(\frac{f\left(\frac{n-1}{n}p\right)}{f\left(\frac{n-2}{n}p\right)}\right)+\cdots+\phi\left(\frac{f\left(\frac{1}{n}p\right)}{f(0)}\right)$$

ϕ와 F가 연속이므로 F'도 연속함수이고

(1) $F'(0,0)=\phi(1)+\phi(1)+\cdots+\phi(1)=0$

(2) $(\Theta\circ F')(p)=\dfrac{F(p)}{F(0,0)}=\dfrac{F(p)}{f(0)}=F(p)$

$F': f'\simeq g'$ (rel. $\{0,1\}$)임을 보이기 위하여, 임의의 $s\in I$에 대하여 $(\Theta\cdot F')(0,s)=F(0,s)=f(0)=g(0)=1$이므로 $F'(0\times I)\subset\Theta^{-1}(1)=\mathbb{Z}$이다. 한편 $0\times I$가 연결집합이므로 $F'(0\times I)$도 연결집합이다. 따라서 적당한 정수 n이 존재하여

$$F'(0\times I)=\{n\}$$

이다. 따라서 $F'(0,0)=0$이므로 $n=0$ 이 되어야 한다.

그러므로 $F'(0\times I)=0$이다. 한편

$$(\Theta\circ F')(1\times I)=F'(1\times I)=\{f(1)\}=\{g(1)\}$$

이고 $r\in\Theta^{-1}(f(1))$ 이라 두면

$$F'(1\times I)\subset r+Z=\Theta^{-1}(f(1))$$

이다. $1\times I$ 가 연결집합이므로 $F'(1\times I)$도 $\mathbb{R}$위의 한 점이다.

$f'(t)=F'(t,0)$, $g'(t)=F'(t,1)$이라 두면

$$F':f'\simeq g' \ (\text{rel. } \{0,1\})$$

이고 (1) $(\Theta\circ f')(t)=\Theta(f'(t))=\Theta(F'(t,0))=F(t,0)=f(t)$

(2) $(\Theta\circ g')(t)=\Theta(g'(t))=\Theta(F'(t,1))=F(t,1)=g(t)$

(3) $f'(0)=F'(0,0)=0$

(4) $g'(0)=F'(0,1)=0$

이다. 따라서 f', g' 는 f, g에 대응되는 $\mathbb{R}$ 에서 길이 된다.

F' 의 유일성은 앞 정리의 증명방법과 같다. □

여기서 중요한 S^1의 기본군 $\Pi(S^1, 1)$을 계산해 보자.

정리 9.3.3

$\Pi(S^1,1)\approx\mathbb{Z}$이다.

증 명 함수 $h:\Pi(S^1,1)\to\mathbb{Z}$ 를 다음과 같이 정의하자.

$$h:\Pi(S^1,1)\to\mathbb{Z},\ \ ([f])=f'(1)$$

(여기서 $f'\in C(I,\mathbb{R})$는 f와 대응되는 길, 즉 $\Theta\circ f'=f$를 만족하는 길이다.)

(1) h는 잘 정의된 함수이다.

$[f]=[g]$, 즉 $F:f\simeq g$ (rel. $\{0,1\}$) 이라 하자. [정리 9.3.2]에 의하여

$F':f'\sim g'$ (rel. $\{0,1\}$)이 된다. $F'(1,s)=f'(1)=g'(1)$ 이므로

$$h[f]=f'(1)=g'(1)=h[g]$$

이다. 즉 h는 잘 정의된 함수이다.

(2) h는 준동형사상이다.

임의의 $[f],[g]\in\Pi(S^1,1)$에 대하여, $f'(1),\ g'(1)\in\Theta^{-1}(1)=\mathbb{Z}$ 이므로 적당한 정수 m, n이 존재하여 $f'(1)=m,\ g'(1)=n$을 만족한다.

함수 $g'':I\to\mathbb{R}$ 을 $g''(t)=g'(t)+m$ 으로 정의 하자. 한편

$$(\Theta\circ g'')(t)=\Theta(g'(t)+m)=e^{2\pi(g'(t)+m)i}$$

$$
\begin{aligned}
&= e^{2\pi \cdot g'(t) i} \\
&= \Theta(g'(t)) \\
&= g(t)
\end{aligned}
$$

이므로 $\Theta \circ g'' = g$ 이다.

$g''(0) = g'(0) + m = 0 + f'(1)$ 이므로 $f' * g''$ 이 가능하고, 다음으로 $\Theta(f' * g'') = f * g$ 이고 다음으로 $(f' * g'')(0) = (0)$ 임을 보이자.

$$
\Theta(f' * g'')(t) = \begin{cases} \Theta f'(2t), & 0 \le t \le \dfrac{1}{2} \\ \Theta g''(2t-1), & \dfrac{1}{2} \le t \le 1 \end{cases}
$$

$$
= \begin{cases} f(2t), & 0 \le t \le \dfrac{1}{2} \\ g(2t-1), & \dfrac{1}{2} \le t \le 1 \end{cases}
$$

$$
= (f * g)(t)
$$

이므로 $\Theta(f' * g'') = f * g$ 이고 $(f' * g'')(0) = f'(0) = 0$ 이다. 즉 $f' * g''$ 가 $f * g$ 에 대응되는 $C(I, \mathbb{R})$ 의 한 길이다. 그러므로

$$
\begin{aligned}
h([f] \cdot [g]) &= h([f * g]) \\
&= (f' * g'')(1) \\
&= g''(1) \\
&= g'(1) + m \\
&= g'(1) + f'(1) \\
&= h([f]) + h([g])
\end{aligned}
$$

이다. 따라서 h 는 준동형사상이다.

(3) h 는 전사이다.

임의의 $n \in \mathbb{Z}$ 에 대하여 $f' \in C(I, \mathbb{R})$ 을 $f'(t) = nt$ 로 정의하자. $f = \Theta \circ f'$ 로 정의하면 $f \in C(I, S^1)$ 이고 $f(0) = \Theta \circ f'(0) = \Theta(0) = 1$, $f(1) = (\Theta \circ f')(1) = \Theta(n) = 1$ 이므로 $[f] \in \Pi(S^1, 1)$ 이고

$$
h[f] = f'(1) = n
$$

이 된다. 따라서 h 는 전사이다.

(4) h 는 단사이다.

임의의 $[f] \in \ker(h)$에 대하여 $[f]=[1]$임을 보이자. $h[f]=f'(1)=0$ 이므로 f는 $\mathbb{R}$에서 한 닫힌 길이다. $f' \sim 0$ 을 보이기 위하여

$$F' : I \times I \to \mathbb{R}, \quad F'(t, s) = (1-s)f'(t)$$

라고 하면 F' 은 연속함수 이고

$$\begin{aligned} &F'(t,0)=f'(t) \\ &F'(t,1)=0(t)=0 \\ &F'(0,s)=(1-s)f'(0)=0=f'(0)=0(0) \\ &F'(1,s)=(1-s)f'(1)=0=f'(1)=0(1) \end{aligned}$$

이다. 즉 $F' : f' \simeq 0$ (rel. $\{0,1\}$) 이다. 그러므로 $\Theta \circ F' = F$ 라 두면

$$F : f \simeq 1 \text{ (rel. } \{0,1\})$$

이다. 따라서 $[f]=[1]$ 이다. □

따름정리 9.3.4

토러스의 기본군 $\Pi(S^1 \times S^1, (1,1))$ 은 $\mathbb{Z} \otimes \mathbb{Z}$ 이다.

증 명 정리 9.2.11 에 의하여 $\Pi(S^1 \times S^1, (1,1)) \approx \Pi(S^1, 1) \otimes \Pi(S^1, 1)$ 이고 정리 9.3.2 에 의하여 $\Pi(S^1, 1) \approx \mathbb{Z}$ 이므로

$$\Pi(S^1 \times S^1, (1,1)) \approx \mathbb{Z} \otimes \mathbb{Z}$$

이다. □

정리 9.3.5

$\mathbb{R}^2$에서 $D=\{(x, y) \mid x^2+y^2 \le 1\}$ 이라 두면, 임의의 연속 함수 $f: D \to D$는 부동점(fixed point)를 갖는다.

증 명 한 연속함수 $f: D \to D$가 부동점을 갖지 않는다고 가정하자. 임의의 $x \in D$에 대하여 $f(x) \neq x$ 이므로 함수 $g: D \to S^1$을

$$g(t) = tx + (1-t)f(x), \quad t \ge 1, \quad \|g(t)\| = 1$$

로 정의하자. ([그림 9.3.4] 참조)

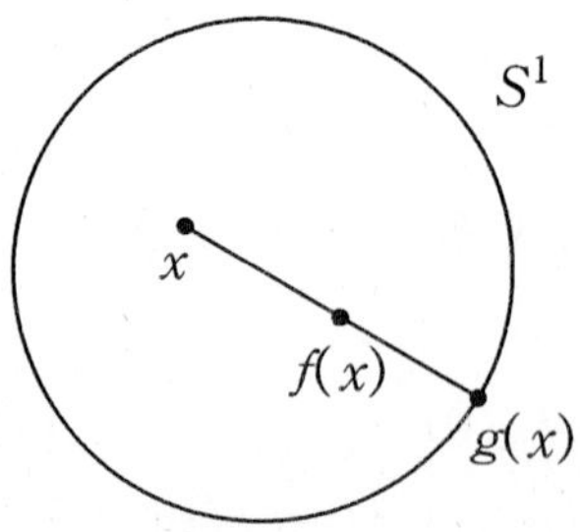

[그림 9.3.4]

g는 연속함수로서, 만약 $j: S^1 \to D$를 포함함수라 하면

$$(g \circ j)(x) = x = 1_{S^1}(x)$$

를 만족한다. D는 축소가능공간이므로 $\Pi(D, 1) = \{1\}$이고

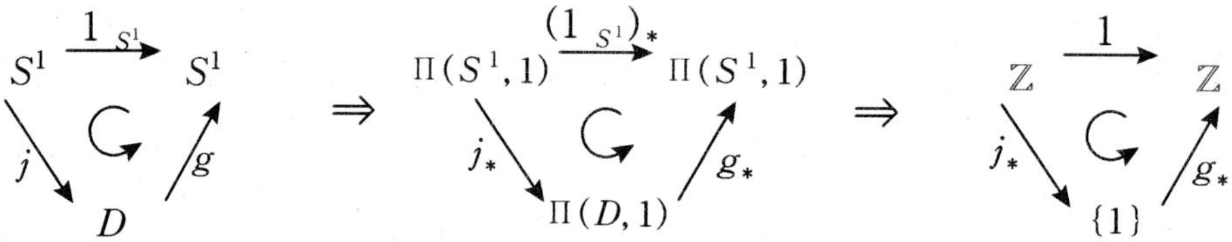

[그림 9.3.5]

이므로 이는 모순이다. 즉 $\mathbb{Z} \xrightarrow{\ 1\ } \mathbb{Z}$ 가 가환이 될 수 없기 때문이다.

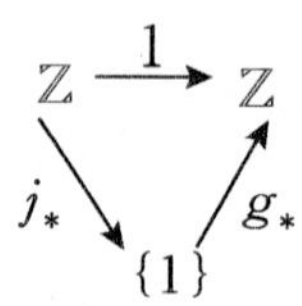

□

연습 문제 9.3

1. $f: X \to S^1$이 전사가 아닌 연속사상일 때, f는 정치사상과 호모토픽임을 밝혀라. (단, $S^1 = \{(x.y) \mid x^2 + y^2 = 1\}$).

2. $D - \{z\}$가 단순연결공간이 되는 $z \in D$ 의 집합은 S^1임을 증명하여라 (단, $D = \{(x, y) \mid x^2 + y^2 \leq 1\}$).

3. $f: D \to D$이 위상동형사상이면 $f[S^1] = S^1$임을 증명하여라.

4. $C - \{0\}$상의 한 점을 z_0라 할 때 $\pi(C - \{0\}, z_0)$을 구하여라. (단, C는 복소수 전체의 집합이다).

찾아보기